市政工程施工新技术丛书

生态景观施工新技术

刘晓明　陈伟良　编著

中国建筑工业出版社

图书在版编目（CIP）数据

生态景观施工新技术/刘晓明，陈伟良编著. —北京：
中国建筑工业出版社，2014.1
（市政工程施工新技术丛书）
ISBN 978-7-112-16119-5

Ⅰ．①生…　Ⅱ．①刘…②陈…　Ⅲ．①景观设计-
工程施工　Ⅳ．①TU986.2

中国版本图书馆 CIP 数据核字（2013）第 273474 号

　　本书从生态景观施工技术的角度阐述目前国内外生态景观施工技术的热点领域，旨在为读者展现生态施工技术的发展现状与运用前景。本书为《市政工程施工新技术丛书》的分册，分为总论和各论 2 部分，其中各论包括有屋顶花园、垂直绿化、特殊空间绿化、河道治理的生态景观技术、山体边坡治理、湿地的再造与修复、大苗种植、容器苗、盐碱地绿化技术、种植土、雨水花园等内容。

* 　 * 　 *

责任编辑：于　莉　田启铭　王　磊
责任设计：张　虹
责任校对：陈晶晶　赵　颖

市政工程施工新技术丛书
生态景观施工新技术
刘晓明　陈伟良　编著
*
中国建筑工业出版社出版、发行（北京西郊百万庄）
各地新华书店、建筑书店经销
霸州市顺浩图文科技发展有限公司制版
北京君升印刷有限公司印刷
*
开本：787×1092 毫米　1/16　印张：14½　字数：355 千字
2014 年 4 月第一版　2014 年 4 月第一次印刷
定价：45.00 元
ISBN 978-7-112-16119-5
（24845）

前　言

在过去的一百多年里，随着大城市化进程的加快、人口的增加和汽车的发展以及产业的聚集，大城市的环境变得愈来愈差，已呈病态。实践证明，成功医治这种城市病的重要行业之一就是融科学技术和艺术为一体的、既古老又年轻的风景园林（Landscape Architecture）。说它古老，是因为自古以来，美好人居环境的营造都离不开它；说它年轻，是因为当代诸多环境问题的解决或缓解更离不开它。该行业的各界人士在国内外大量成功的实践已经为改善人居环境作出了重大贡献。

实际上，城市是随着人类社会发展而逐步发展起来的聚集地理空间，是人类在改造和适应自然环境的过程中，建立起来的"自然-经济-社会"复合生态系统。城市景观是多种要素通过物质和能量代谢、生物地球化学循环，以及物质供应和废物处理等过程，镶嵌在一起，具有特定结构、功能和服务的统一体，具有人类主导性、生态脆弱性、破碎性等特点。如何构建人与自然和谐统一的城市生态景观，已被政府、社会各界、学者、设计者等所重视。当前，城市生态景观研究缺乏统一内涵和定量标准，导致生态景观的投入产出效率、市场认可度等存在不确定性，成为影响生态景观深入推广的主要原因之一。

城市伴随着人类社会的进步而快速发展，据预测，经过高速的城市化进程，到2030年将有超过60％的世界人口居住在城镇区域。城市的扩张促进了市场活动、商业经营以及服务业的发展，也导致了城市地形、气候、水文和生态环境的巨大变化，使得城市生态系统成为一个极其脆弱的系统。近年来，建设健康的、生态的、可持续的城市景观，使之能够担当支撑城市成为新一轮财富富集的经济增长点，得到了政府、专家和公众的广泛重视。但是，城市中很多已建或在建的"生态景观"并不"生态"，尤其表现在生态完整性遭到破坏、生态经济效益较低，以及艺术性和人文价值不高等。因此，探讨和明确生态景观的内涵、原则和标准是进行城市景观规划和设计的迫切需求。

不同的专家学者对于生态景观有不同的理解，他们纷纷从各自的角度提出了生态景观的概念和内涵。生态景观的建设能够提高城市生态系统功能和人居环境质量，实现城市生态安全，生态景观设计与建设直接关系到广大民众的切身利益。但是，对于公众如何理解生态景观，目前关注较少，而公众对生态景观的理解和认可程度，能够为城市生态景观建设提供基础背景和重要依据。

有相关学者曾经作过生态景观的内涵、特点、存在的问题和挑战、评价指标等相关内容的公众调查，调查对象随机选取，包括在校学生、教学和科研人员、景观规划从业人员、非专业公众等。经过对问卷数据进行总体评价和分类评价，分析每个调查主题中不同选项的选择比例，反映各项指标的公众认可程度。调查结果表明，多数公众已经比较理性地认识到纯自然的景观不是真正意义的生态景观，而对可持续发展、减少人为干扰、功能协调、维持和保护生态过程等选择的比例较高。公众对生态景观的期望很高，对现有景观中存在的问题也有较深刻的认识，但是在生态系统结构和功能、能源资源和材料等方面认可程度较低，说明还需要通过更多的教育和宣传来完善与公众的沟通渠道，提高生态景观的理论和技术的认可程度。

生态景观施工技术是建设生态景观基础措施的重要保障，与生态景观的发展前景有密不可分的关系。但目前阶段，公众对生态景观施工技术了解甚少，有的甚至简单地认为只要绿化量足够大就可以算作生态景观。实际上生态景观的施工工艺极其复杂。本书从生态景观施工技术的角度阐述目前国内外生态景观的发展，旨在为读者展现生态施工技术的发展现状与前景。

目　录

1 总 论

生态思想在城市空间结构研究中的应用可以追溯到 19 世纪末，体现为早期对于理想城市的追求和实践，如欧文的协和新村、霍华德的园林城市、柯布西耶的光明城市，强调保护城市中的自然要素，协调城市与自然的关系。20 世纪 70 年代，联合国教科文组织实施人与生物圈计划并成立"联合国人居中心"，推动了生态学理论在城市系统研究的广泛应用。城市空间结构研究开始强调人类、生物和环境之间的相互关系，如日本学者岸根卓郎的城乡融合系统设计。20 世纪 90 年代后，基于土地镶嵌的景观生态学和景观生态规划发展很快，并形成较为成熟的景观格局分析和生态评价方法。近年来，景观生态学的研究对象从以公里为计量单位的大尺度空间如草原、荒漠、森林和大片农田牧场等，开始转移到城市地区。运用景观生态学关于格局与过程的生物空间理论指导城市自然景观的组织，开展新的城市绿地景观建设研究以及城市自然水系恢复研究等，以维护特定物种种群，保护有价值的自然和人文遗迹景观，保护城市中的野生生物生境。

1.1 生态景观概念

生态景观（Ecoscape 或 Ecological landscape）是基于生态学的思想而对景观资源的定义。2002 年在中国深圳召开的第五届国际生态城市大会将生态景观与生态产业（Eco-industry）和生态文化（Eco-culture）作为大会的三大主题。大会组织者之一的王如松教授认为生态景观是自然、人及人创造的社会环境通过生态整合形成的多维生态网络。可以理解成经过生态规划和设计使之符合生态学基本原理的复合生态系统。

在实践运用中生态景观的含义十分庞杂，在建筑、规划、资源环境、生物及社会经济领域中都有出现，内涵也不尽相同。通过对所出现的生态景观一词内涵的分析表明，其存在一定的共性，可以大致归为三类：

（1）作为植被景观或以植被为主的绿色景观的代称，多为林业和植被研究者使用。

（2）指区别于一般视觉景观的具有科学意义的景观，也即通常在景观生态学研究中所特指的包含生物和人文特征的景观。多为运用模型进行景观生态格局变化研究的学者所使用，来指称其模型研究的景观对象。

（3）指经过生态规划或设计，具有可持续性，人与自然和谐统一的景观，多为城市或区域规划及资源环境问题研究者所使用。本文中所指的生态景观基于第三种含义。

1.2 生态景观施工新技术发展概述

生态景观施工新技术是在传统的园林施工技术基础上发展起来的。它是在生态学思想的指导下，结合利用新的工艺和材料的环境营造技术，由于涉及的领域庞大而繁杂，本书着重对国内外的 11 个热点领域，以 11 节的篇幅分别阐述生态景观施工技术：屋顶花园、垂直绿化、特殊空间绿化、河道治理、山体边坡治理、湿地的再造与修复、大苗种植、容器苗种植、盐碱地绿化技术、种植土处理及雨水花园。

屋顶花园施工技术关键在于荷载处理、防水排水处理及种植土的选择这几个方面，其中最重要的是处理好屋顶的防水防渗技术。我国的屋顶花园，由于受到基建投资、建造技术和材料以及传统观念等方面的影响，还处于起步阶段。但近几年随着城市建设法规政策的出台，屋顶花园发展迅速。国内发展屋顶花园较早的城市有深圳、重庆、成都、广州、北京、上海、长沙、兰州、武汉等。20 世纪 60 年代初重庆、成都等一些城市在工厂车间、办公楼和仓库等建筑的平屋顶上开展农副生产活动，种植瓜果、蔬菜等。这种活动既产生了经济收入，又改善了城市环境，增加了绿化面积。近年来这类屋顶通过改造，形成屋顶花园，为本单位职工提供了业余休息、娱乐的场所。20 世纪 70 年代我国第一个大型屋顶花园在广州东方宾馆 10 层屋顶建成。它是我国按统一规划设计与建筑物同步建成的第一座屋顶花园。在 900m² 的屋顶面积上，布置有各种园林小品——水池、湖石及各类适合于当地生长的精致花木。在这块长方形的平面上，布局简洁明朗，空间划分大小适中，层次丰富，体现了岭南园林风格，深受国内外宾客的好评。近年来，我国的城市化速度加快，各大城市提高对屋顶花园的重视，目前北京、上海、重庆、四川、浙江是全国开展屋顶花园建设较好的省市，国内其他大多数省市均已开展了屋顶花园建设。关于屋顶花园的相关政策也正在逐步完善中，同时推动了施工技术的发展。

垂直绿化，也称为立体绿化，垂直绿化与特殊空间绿化是相对于地面绿化而言的，它利用檐、墙、杆、栏等支撑物栽植藤本植物、攀缘植物和垂吊植物，达到防护、绿化和美化的效果。广义的垂直绿化还包含立体绿化景观。建筑垂直绿化是垂直绿化的一种，指在建筑物外表面及室内垂直方向上进行的绿化。垂直绿化可以减缓墙体、屋内直接遭受自然的风化等破坏作用，延长围护结构的使用寿命，改善围护结构的保温隔热性能，节约能源。建筑垂直绿化包括墙体绿化、屋顶花园、阳台绿化、室内绿化及其他等多种形式。垂直绿化的核心理念是利用藤蔓植物攀缘生长的特性增加绿化覆盖率。目前，垂直绿化以及特殊空间绿化施工主要设计的难点在于垂直支撑结构和栽植空间的整合，以及建立合理的灌溉系统。

目前，我国七大江河流域都受到不同程度的污染，在全国 197 条河流的 407 个断面中，低于国家《地面水环境质量标准》中 V 类水体的占 23.6%，其中不达标的河段主要集中在流经城市的河段。水体黑臭已成为我国城市水环境中普遍存在的问题之一。黑臭水体不仅严重影响城市形象，使得河流失去资源功能和使用价值，而且危及居民、企事业单位用水，破坏周围的环境景观，甚至对人们的呼吸系统、循环系统、消化系统产生不良影响，进而危害到河流周围的居民健康。因此，如何尽快解决城市河流的黑臭问题已成为城市环境工作的当务之急。从 20 世纪五六十年代起，英、美等发达国家就开始考虑河流污染的治理问题，我国也于 90 年代开始研究河流污染问题。经过几十年的发展，国内外已开发出许多富有成效的河流治理技术。如引流冲污和综合调水，曝气复氧，底泥疏浚，化学絮凝处理，生物—生态修复以及岸线处理等施工技术。

暴露于大气中受到水、温度、风等自然因素的反复作用的路堤和路堑边坡坡面，为了避免风化作用或（和）坡面径流冲刷作用引起的表层剥落、碎落、表层土溜坍、冲沟等破坏，必须采取一定的措施对坡面加以防护。边坡防护对边坡安全稳定有重要作用，同时可以解决道路排水问题，并对边坡生态有重大影响。合理的边坡治理有利于美化边坡形象，提高观赏价值。常见的边坡工程防护技术包括砌石挡墙、护坡、现浇混凝土、抗滑桩、水泥砂浆喷锚、钢丝石笼、落石防护等形式。目前，边坡防护技术趋向生态化发展，常见的边坡坡面防护与植被恢复技术主要包括钢筋混凝土框架、预应力锚索框架地梁、工程格栅式框格、混凝土预制件组合框架、混凝土预制空心砖、浆砌石框架、松木桩（排）、仿木桩、砌山石、码石扦插等模式。在景观要求较高的边坡，一般采取景观山石植被护坡技术，通过在坡脚和坡面自然摆放或浆砌山石，形成坡脚稳定拦挡，坡面分级拦挡，再结合坡面情况，栽种灌草藤本，提高边坡景观效果。除此以外，目前还有生态植被毯坡面绿化防护技术、生态植被袋坡面绿化防护技术、岩面垂直绿化技术、生态灌浆坡面绿化防护技术、等高绿篱埂坡面绿化防护技术、土工格栅坡面绿化防护技术、液力喷播坡面绿化防护技术、三维网坡面绿化防护技术、铺草皮坡面绿化防护技术等生态防护技术。

湿地是不论其为天然或者人工，长久或者暂时性的沼泽地、泥炭地或水地带，静止或流动的淡水、半咸水、咸水水体，包括低潮时水深不超过 6m 的水域；同时，还包括临近湿地的河湖沿岸、沿海区域以及位于湿地范围内的岛屿或低潮时水深不超过 6m 的海水水体。湿地是地球上水陆相互作用形成的独特的生态系统，不仅提供丰富的生物多样性景观，还可以创造经济效益。目前，我国湿地保护的现状不容乐观。湿地再造与修复技术主要关于基底处理、基质填料处理、水生植物的选择种植、水生动物与微生物的选择与生态修复几个方面。

在园林种植过程中选用较大规格的、苗龄相对较大的幼青年苗木进行栽植，称为大苗种植。大苗种植的施工技术集中于起苗、运输、栽植与养护四大方面。

容器苗是利用各种容器装入营养土或栽培基质，采用播种、扦插或移植幼苗、大苗等方式，通过修剪水肥管理、病虫害防治等措施培育苗木。容器苗与地栽苗的培育是两种完全不同的方式。容器苗是在容器中装入各种人工配制的基质进行栽培，其生长整齐一致，且可随时移栽，可以一年四季用于园林绿化，而不影响成活与生长，绿化及形成的景观效果好。关于容器苗的施工技术与地栽苗着重点不同，主要集中于容器的选择，苗木运输以及容器苗种植养护等方面。除此以外，种植土的选择也是目前施工技术中重要的环节。目前，城市中适合植物生长的土壤有限，绝大多数土壤都不利于植物生长，采用人工调配的种植土可以有效提高植物的成活率与健康度，达到事半功倍的效果。

盐碱地指的是那些盐分含量高，pH 值大于 9，难以生长植物的土壤。大量盐碱地的存在已经严重抑制了农业种植和绿化工作的可持续发展。盐碱地绿化主要涉及排碱技术、栽植技术、植物选择以及栽后养护的相关技术。盐碱地治理通常可以利用水利工程措施：利用淡水洗盐，修筑暗管沟渠排盐；化学改良措施：施加石膏、工业废渣、无机改良剂、有机改良剂。但水利排灌工程要求必须具备充足的优质水源和良好的排水系统，做到灌排相结合，其投资巨大，维护费用高，含盐的排出水处理困难，易造成土壤次生盐渍化及土壤中一些植物必需的矿质元素如 P、Fe、Mg 与 Zn 的流失，一旦停止灌水洗盐，土壤还会逐渐返盐。化学改良方法短期效果显著，但成本过高，单一使用化学改良剂效果不佳，所以对干旱少雨、蒸降比高、淡水资源匮乏的经济贫困地区难于大规模实践。生物改良或称生物修复，包括植物修复与微生物修复。盐碱地生物修复以植物修复为主，其具有经济和生态效益高、节省能源和淡水、改良效果持久、可推广应用面积大等诸多优点，这也是目前生态景观施工技术发展的方向之一。

雨水花园是自然形成的或人工挖掘的，较有审美性和生物保水功能的渗透性浅口绿地，被用于汇聚并吸收来自屋顶或地面的雨水，是一种生态的、可持续的雨洪控制与雨水利用设施。雨水花园在施工上主要包括选址、土壤渗透性检测、结构及深度的确定、面积的确定、平面布局、植物的选择及配置等方面。

1.3   生态景观施工新技术遵循的原则

1.3.1   生态原则

尊重自然，保护自然景观，注重环境容量，增加生态多样性，保护环境敏感区，环境管理与生态工程相结合；人文景观与自然景观有机结合，增加景观多样性；建设绿化空间体系，增加绿化空间及开敞空间。自然环境是人类赖以生存和发展的基础，尊重并强化城市的自然景观特征，把自然山水环境引入城市，使人工环境与自然环境和谐共处，有助于城市特色的创造。

1.3.2   安全原则

在城市的气候上、地形上、资源供给上、环境健康上、防灾减灾及生理和心理影响上具有很强的安全性，为城市的人类、动物、植物、微生物等提供安宁祥和的环境。

1.3.3   合理原则

把结构与功能，内环境与外环境合理安排，达到形与神，客观实体与主观感受，物理联系与生态关系的和谐。合理兼顾不同时间、空间的人类住区，合理配置资源，兼顾社会、经济和环境三者的整体效益，具有地理、水文、生态系统及文化传统的空间及时间连续性、完整性和一致性，协调发展与限制，发展与公平的关系，强调人类与自然系统在一定时空整体协调的新秩序下寻求发展。

1.3.4   可持续发展原则

城市生态景观需要具有可持续性，包括生态的、社会的和经济的可持续性。城市生态景观首先必须遵循生态系统的系统性和动态性，能够维持生态系统结构和生态过程，提供对生物多样性和环境可持续性的保护。其次，需遵循过去和现在、局地和区域尺度的景观格局和过程，并要考虑现实社会约束，以及自然和人文背景因素。因此，生态景观需要将景观生态学、风景园林学、城市规划、建筑学甚至系统科学等方法进行集成，除了利用景观生态学的分析和描述方法对现有景观进行全方位的理解，还要利用多学科交叉的方法提供直观的、创造性解决问题的能力，为未来的景观可持续发展提供经济可行的解决方案。景观的动态性、健康性、系统性、延续性等都是生态景观可持续的要求之一。

2 各 论

2.1 屋顶花园

屋顶花园，其历史可以追溯到公元前2000年左右。在古代幼发拉底河地区的古代苏美尔人曾建造了雄伟的亚叙古庙塔，也称为"大庙塔"，考古发现该塔三层平台上有种植过大树的痕迹，故被后人认为是屋顶花园的发源地。其后的一个著名的屋顶花园的例子是被世人列入"古代世界七大奇迹"之一的古巴比伦"空中花园"。公元前604～562年，巴比伦国王尼布甲尼撒二世为取悦自己的妻子——一位波斯国的美丽公主——下令在平原地带的巴比伦堆筑土山，并用石柱、石板、砖块、铅饼等垒起每边长125m，高25m的台子，在台上层层建造宫室，处处种植花草树木，并动用人力将河水引上屋顶花园，除供花木浇灌外，还形成屋顶溪流和人工瀑布。

中国历史上建筑物顶上大面积种植花木营造花园的例子尚不多见，只是在一些地方的古城墙上有过树木栽种。距今500年前明代建造的山海关长城上种有成排的松柏，山西平定县的娘子关长城上亦有树木种植。另外，1526年明嘉靖年间建造的上海豫园中的大假山上及快楼前均有较大乔木。

今天，随着科技发展、社会进步，世界各国的城市化程度加深，植被资源大量破坏消失，自然灾害频发，人们已经开始深切认识到绿化对人类、对自然环境的重大意义，开始千方百计增加绿化面积。屋顶花园便大力发展起来。

2.1.1 屋顶花园的意义

屋顶花园是以建筑物的顶部平台为依托进行蓄水、覆土来营造园林景观的一种空间绿化、美化形式。当前存在三种屋顶花园的类型，分别是密集型屋顶花园、半密集型屋顶花园和拓展型屋顶花园。无论采用哪种类型绿化的屋顶，都具有吸尘、净化空气、保暖、隔热、节省建筑耗能的作用。保水性良好的屋顶花园可以在雨季缓解城市地面排水的压力，改善城市水域的水质。这一优点在南方尤其重要。

联合国生物圈与环境组织提出：城市居民人均拥有60m² 绿地才能获得最佳居住环境，而屋顶花园这种立体绿化形式，可以有效节约土地，开拓城市空间，是绿化、美化城市的有效方法。屋顶花园的意义可以体现在以下几个方面。

1. 调节城市小气候

城市存在"热岛效应"，而热岛效应80％的原因归咎于绿地的减少，20％才是城市热量的排放，因此植树有利于吸收城市热量，调节城市气温平衡。大面积屋顶绿化之后城市将形成一片"空中森林"，成功实现绿地资源再生，将极大地改善城市的小气候，缓解城区的"热岛效应"。

2. 改善城市空中景观

屋顶花园可以改变屋顶的景观环境，城市上层空间由简单的水泥屋顶变成充满绿色以及其他丰富色彩的屋顶花园。低层建筑屋顶花园和高层屋顶花园形成层次对比。同时，满足了高层建筑住户的心理需求，丰富了城市的空间层次，改变了原来那种毫无生机的空中印象，形成了多层次的空中美景。众所周知，人眼观看最舒适的颜色是绿色，在人的视觉中，当绿色达到了 25％时，人的心情最为舒畅，精神感觉最佳。因此，屋顶花园能很好地调节人的心理，陶冶情操，改变人们的精神面貌。

3. 改善屋顶眩光

随着城市建筑越来越高，原来觉得高的，现在也变得矮了。因此，更多的人将生活在城市的高空，不可避免地会俯视楼下或者远眺，结果他们可能仅仅看到一点绿色，而更多的是冰冷的、毫无创意的建筑，死灰色的水泥路面，在强烈的太阳光照射下反射刺目的眩光。当屋顶花园建设好以后，由于绿色对太阳光的吸收，进入人眼的将是另外一种景色，使人不会再有人在高空中的感觉。

4. 净化城市空气

绿化植物对许多有害气体都具有吸收和净化作用。城市空气中有害物质最普遍的是氮氧化物和粉尘，在工业区对空气污染较严重的还有氟氧化物、二氧化硫等其他气体。利用绿地防止有害气体的危害是城市环境保护的一项重要措施。城市灰尘是指粒径小于 20 目（0.920ram）、分散于城市不同区域之间的表面固体颗粒物。一般是由城市街道灰尘、大气灰尘、大气颗粒物组成。颗粒物半径越小，其所占比例也就越大，其危害性也就越大，越小的越容易飘浮，因此在城市的上空也就越多。一旦有了屋顶花园，不同高度的绿化植物按不同的级别对灰尘进行吸附和净化，达到净化空气的目的，因为绿色植物对灰尘有滞留、吸附和净化作用。

5. 延长保护层使用寿命

因为有了屋顶花园植物对建筑屋面的覆盖，从而防止了太阳光对屋顶的直接照射，减少了屋顶保护层因温差的急剧变化所带来的开裂和快速老化的可能，从而达到保护屋顶保护层的目的。当然，植物根系对建筑物的影响应在设计施工中充分考虑并予以防治。

6. 缓解园林与建筑争地矛盾

正是由于城市发展速度加快，建筑物密度越来越大，从而侵吞了大量的绿地面积，加剧了城市环境的恶化，为解决环境问题，必须两者兼顾，而建筑物屋顶花园几乎能够以等面积偿还支撑建筑物所占的地面，从而解决了这种争地的矛盾。

7. 隔热保温，起到节能作用

绿地和水体的减少，使城市对微气候的调节能力减弱，树木和草坪对太阳的辐射反射率大，土壤含水量多，蒸发耗热多，植物覆盖的地面热容量大，因而绿地在夏季能达到降温的目的，在冬季能达到保温的作用。没有屋顶花园覆盖的平屋顶，夏季由于太阳的直接照射，屋面温度比气温高出很多。在城市大量使用空调的情况下，绿化的节能作用就显而易见。

2.1.2 屋顶花园的原则

政府部门应制定鼓励发展屋顶花园的地方性法规和技术规范，屋顶花园应纳入城市的绿地规划和法制化、社区化管理体系，责成相关单位把屋顶花园建设的硬指标定下来，严格执行。其次，应组织专业人才深入探讨适合当地屋顶花园种植的植物种类，更科学先进地进行建筑设计和绿化设计，提高屋顶花园建设的技术水平，创建生态型屋顶花园示范工程。在设计方面尚应遵循以下原则。

1. 生态性原则

屋顶花园的绿化覆盖率指标必须保证在 $50\%\sim70\%$，才能发挥绿化的生态效益、环境效益和经济效益。所以，建造屋顶花园必须以植物造景为主，把生态功能放在首位，避免在建筑屋顶上出现大面积的硬质景观。屋顶花园往往位于高处，所以风力也比较大，另外屋顶上土层薄、光照时间长、昼夜温差大、湿度小、水分少。在植物选择上，应选择一些喜阳、耐温差大、耐寒、耐旱、耐瘠薄、生命力旺盛的植物。最好是以灌木、盆景、草本植物为主，使用须根较多、水平根系发达、浅根系、能适应土层浅薄要求的植物，尽量避免使用高大的、有主根的乔木。平台屋顶花园一般使用植物的类型，数量变化顺序应是草坪、花卉、灌木、藤本、乔木。

2. 安全和可持续性原则

要确保营建屋顶花园所增加的荷重不超过建筑结构的承载能力，四周围栏的安全以及屋顶排水和防水构造也是要考虑的重要安全因素。在具体设计中，除考虑屋面静荷载外，还应考虑非固定设施、人员流动数量、外加自然力等因素。为了减轻荷载，设计时还要尽量使较重的部位（如亭、廊、花坛、水池、假山等重量较大的景点）设计在承重结构或跨度较小的位置上，同时应尽量选择人造土、泥炭土、腐殖土等轻型材料。屋顶花园需要考虑快速排水，建筑结构层为非渗透层，雨水和绿化洒水必须尽快排出，如果屋面长期大量积水，不仅会造成植物烂根枯萎，重则可能会导致屋顶荷载加大，引发结构安全问题。根据屋顶花园的条件，其种植层的土壤必须具有密度小、疏松透气、保水保肥、适宜植物生长和清洁环保等性能。显然一般土壤很难达到这些要求，因此屋顶绿化一般采用各类介质来配制人工土壤。栽培介质的重量不仅影响种植层厚度、植物材料的选择，而且直接关系到建筑物的安全。密度小的栽培介质，种植层可以设计得厚些，选择的植物也可相应广些。从安全方面讲，不仅要了解栽培介质的干密度，更要测定材料吸足水后的湿密度，以作为考虑设计荷载的依据。为有利养护，充分考虑预设必要的浇灌、运输、支撑等设施也较为重要。

3. 艺术性原则

大多数屋顶花园，在以植物为主的前提下，都要为人们提供优美的游憩环境，加上屋顶花园相对于地面的公园、游园等绿地来讲存在种种问题（面积小、植物生长环境恶劣、承重、远离地面等），因此，在景观设计上具有更大的难度。由于场地窄小，道路迂回，屋顶上的游人路线、建筑小品的位置和尺度，应仔细推敲，既要与主体建筑物及周围大环境保持协调一致，又要体现出特有的园林艺术风格。要巧妙地利用主体建筑物的屋顶、平台、阳台、窗台、檐口、女儿墙和墙面等开辟绿化场地，并充分运用植物、微地形、水体等造园要素组织游赏空间，才能取得较为理想的艺术效果。

4. 经济性原则

与平地造园相比，利用屋顶形成的屋顶花园造价较高，必须结合实际情况，作全面考虑，同时节约施工和后期养护管理所需的人力、物力，尽量降低建园所需造价，最大限度地为业主省钱。从现有条件来看，只有较为合理的造价，才有可能使屋顶花园得到普及。屋顶花园有着悠久的历史，随着社会的发展，屋顶花园有了新的形式，要求也越来越高。屋顶花园在我国存在巨大的市场空间，并将形成一个新的绿化产业，是促进城市生态环境保护与改善的重要途径。

2.1.3   施工技术措施

1. 屋顶荷载处理

屋顶建筑结构荷载是建筑物安全及屋顶花园成功与否的保障。通过结构工程师计算掌握屋顶结构及每平方米允许的载重。采取科学的态度，从基础到屋顶进行全面荷载分析。以便确定屋顶花园的细部设计方案，包括景观设置、园林工程的做法、材料、体量及尺度。

屋顶花园的形式应考虑房屋结构，把安全放在第一位，如砖木结构、钢结构屋面是不允许建屋顶花园的，混合结构的平屋面、混凝土结构的平屋面、坡屋面，则可建造屋顶花园。一般情况下，花园式屋顶花园要求在原屋面上增加提供 $350kg/m^2$ 以上的外加荷载能力。简单式屋顶花园要求在原屋面上增加提供 $200kg/m^2$ 以上的外加荷载能力。屋顶花园的设计形式应考虑房屋结构，依据为：屋顶允许承载重量大于一定厚度种植层最大湿度重量＋一定厚度排水物质重量＋植物重量＋其他物质重量。

1）基质固有的荷载重量

一般情况下，基质荷重占屋顶花园材料总荷重的 $40\%\sim70\%$，如果按照田园土平均30cm厚覆土，密度 $1800kg/m^3$ 计算，荷载应为 $540kg/m^2$，对于一般建筑荷载 $250\sim500kg/m^2$ 而言，基质过重对于建筑结构来讲负荷太大，直接威胁荷载安全和建筑安全。

2）树木生长增加的荷载重量

通常地被植物荷载取值为 $150\sim250kg/m^2$，$1\sim1.5m$ 的小灌木种植荷载为 $100\sim150kg/m^2$，$1.5\sim2.0m$ 的灌木种植荷载为 $50\sim100kg/m^2$，$2.0\sim2.5m$ 高带土球的乔木种植荷载取值为 $50\sim100kg/m^2$。在实际操作中，必须严格计算，从而保证建造成本和建筑安全。同时，加大养护管理力度，通过定期修剪和控制水肥来抑制其生长量，保证安全。

3）排水不畅时的荷载重量

屋顶花园要重视排水问题，应该说屋顶花园排水比蓄水更为重要，直接危及建筑安全。由于瞬时集中降雨往往会加大建筑屋顶排水的负担，若排水不畅易导致雨水蓄存过多，无法及时从屋顶排出，加重建筑荷载。因此，屋顶花园特别强调必须设置排水观察井，必须定时观察排水状况，清理杂物，不要因施工不当，维护不及时、到位，堵塞排水口和使排水系统失效。

2. 屋顶防水处理

屋顶的防水与排水防渗漏是建设屋顶花园的关键。屋顶防水处理一旦失败，造成屋顶漏水，则其上的建设将功亏一篑。屋顶花园的各项园林工程和建筑小品，应在确认屋顶防水及排水工程完整无损的条件下才能施工。

现在屋顶花园的构造层一般要有防水层、保护层、排水层、过滤层和种植土五层。其结构如图 2-1 所示。用 1：2.5 水泥砂浆铺厚度为 20mm 的找平层；用 3mm 厚的抗根防水卷材和 3mm 厚的柔性防水卷材做防水层，卷材纵横搭接不小于 10cm；防水卷材延续至女儿墙，也可以在卷材外侧铺 1：2.5 水泥砂浆作为保护层，防止防水层穿刺。用 1：2.5 水泥砂浆做厚 30mm 的保护（找坡）层，以 1‰～3‰ 的坡度坡向雨水口。

屋顶花园在屋顶楼板上面有土壤和植物覆盖，屋顶长期保持湿润状况，再加上肥料中所含酸、碱、盐物质的腐蚀，会对防水层造成持续的破坏。另外，花草都有根系，须根无孔不入，如果防水层搭接部位处理不好或材料本身有孔隙，须根会侵入并扩展，破坏防水层。

防水层一般有刚性防水层（水泥砂浆掺 5% 防水粉抹面而成）、柔性防水层（油毡或防水卷材粘贴而成）和涂膜防水层（聚氨酯等油性化工涂料，涂刷成一定厚度的防水膜而成）

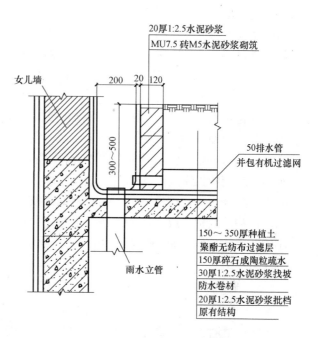

图 2-1　屋顶花园构造层设计示意图

三种形式。市面上比较多的防水卷材属于柔性防水层，不仅能耐腐蚀、抗老化，其抗拉力、抗撕破力、不透水性、延伸率都很好，还能防止植物须根的侵入。

现有很多旧楼屋顶改造，在满足荷载的情况下增加屋顶花园，但该屋顶不能将已有防水层更换为能长时间地抵抗植物根的穿透性的防水层。为解决问题，在常规屋面的完成面之上设置防根穿透性防水板，即根系阻断层，与建筑完成面分离，完成面之上的防水卷材可在不破坏建筑防水层的情况下更换，实施起来更可靠，较易被业主接受。而一般新建楼房建筑完成面按上述方法做好后，就直接铺上保护层，虽然这是一个比较节约的方法，但不便于日后的维护与更换。保护层不仅是对植物根的防护层，而且还可以保护防水层。它能够对屋顶上产生的各种各样的荷载，如树池重力、剪草机运作等起到防止机械损坏的作用；当排水层由有棱角的矿物材料如火山碎屑组成时，保护层起阻隔作用，避免棱角刺穿防水层。保护层可采用水泥砂浆抹面制成，还可采用塑料等材料。

3. 屋顶排水处理

排水层的作用是吸收种植层中渗出的降水，并将其排到排水装置中，同时防止其阻塞后变得潮湿，在大部分情况下，当所用的材料可以储水时，排水层就会很容易被根系穿透，因为根系都有向水生长的特性。该层是屋顶花园处理防排水的关键。

屋顶排水处理时首先要确定排水层所用的材料。排水层材料的品种多样，如有天然矿物质里的砂砾、砾石、陶粒、熔岩、浮石；还有组合矿物质及塑料制成的排水层。其次，要确定排水层的厚度。不同的材料有不同的厚度，对于常用的碎屑状排水材料，则根据不同的需要选择不同的厚度和粒度组成的材料，粒度取决于厚度，厚度大则粒度大，要求结构板的承载能力也大，因而结构板的造价就会明显增大。

目前多采用 10～15cm 厚的碎石或陶粒做排水层，再用每平方米 250～300g 的聚酯无纺布做过滤层，阻止泥土流失；最后是 15～30cm 厚的种植土层。种植土层的厚度也要根据所选植物的不同而有所不同。碎石排水层结合排水坡度基本上可以达到良好的疏水效果，但这样的构造加上种植土层使花基达到 40～50cm 高，大大超出了屋顶花园楼板需承受 350kg/m² 的外加荷载能力的荷载要求。因此，要减低屋顶花园的荷载，可考虑选用新型塑料排水板，替代密度比较大的 10～15cm 厚的碎石排水层（图 2-2）。

塑料排水板（图 2-3）表面有凸起的塑料颗粒，粒径为 10～40mm，具有一定的承载能力。排水板使屋面土壤间形成一个空腔，空气可以在其间流动，增强了土壤的透气性和透水性。同时下雨、浇水时多余的水分可以从颗粒间的空隙顺着坡度有效排出，避免造成积水而导致植物根系腐烂的问题。塑料排水板的使用，要选择人造土、泥炭土、腐殖土等轻质土壤减轻重量，这样可以大幅度降低荷载，使种植土层厚度至少需要 40～50cm 的小乔木类植物的栽植也成为可能，增加了绿化种植选择的多样性。另外，也避免了一些面积较小的花园建 50cm 高的相对较大的花基的矛盾。

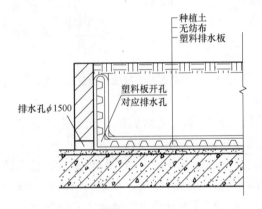

图 2-2 新型塑料排水板

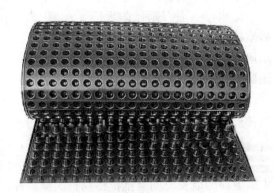

图 2-3 塑料排水板

另外，在进行屋顶花园排水设计时，应遵照原屋顶排水系统，进行综合规划考虑，不应封堵、隔绝原排水口或改变坡度。屋顶的排水一般在房屋的雨水系统设计时已考虑，但屋顶花园的绿化表面往往彼此隔开，在绝大多数情况下排水口也并不是随处可见并且有可能不足以排掉每个分区的水分。这就需要在屋顶花园周边设置排水沟，在绿化种植区与排水沟之间预留多个排水口，屋面找坡坡向排水口，保证在下大雨的情况下种植池内的多余水分能顺畅排出、不积水。在部分人行道与铺装区域阻隔了排水时，下面应考虑铺设具有相应承载力要求的排水板，更好地连接绿化排水区域，确保水流能自由通畅地排除。施工时，无纺布铺设应平整，搭接缝处重叠的宽度不应小于 200mm。覆土时，使用工具应注意不损坏无纺布及渗排水材料。目前，排水板已应用到车库顶板、架空层、屋顶花园的绿化排水等地方。

4. 屋顶种植土处理

屋顶花园在植物栽植之前，首要的工作是针对其特殊性选择栽种基质（土壤）。选择时要注意以下要求：

（1）要肥沃，保水保肥，疏松透气，以保证植物正常生长发育。

（2）要轻质，减轻荷载，不致对建筑物产生较大影响和破坏。

（3）有一定的化学缓冲能力，如稳定的氢离子浓度，处理根系分泌物，保持良好的水、气、养分的比例，同时应有较高的阳离子交换量（CEC），以利保肥。基质的 pH 值在 5.5～7.0 之间。

（4）在物理性质方面，理想的基质密度应在 0.1～0.9g/cm³，最好是 0.5g/cm³。同时大小孔隙比在 1：（1.5～4.0），或有 30%～50% 的持水孔隙和 15%～20% 的通气孔隙。

（5）获取容易，造价便宜。

屋顶种植基质层关系到植物的生长和房屋结构承重的问题，为了使花草树木旺盛地生长并考虑建筑物或构筑物的承载能力，可以选择不同的种植基质。现阶段用于屋顶花园的种植基质种类很多，有自然土壤、改良土壤和人造土壤（轻量基质）。

采用自然土壤，取材方便，有利于植物的自然生长，但荷载较重。为了减轻建筑物或构造物屋顶的附加荷载，可以选择改良土壤或人造土壤（轻量基质），使用改良土壤屋面荷载较轻，对屋顶的承重结构有利，但种植的植物受到一定的限制。人工土壤（轻量基质）主要的配比材料为无机介质。

目前，国内外常用的轻型介质和壤土的物理性质对比如表 2-1 所示。

常用轻型介质和壤土的物理性质比较 表 2-1

材料名称	密度（t/m³）		持水量（%）	空隙度（%）
	干	湿	35.7	1.8
砂壤土	1.58	1.95		
木屑	0.18	0.68	49.3	27.9
稻壳	0.10	0.23	12.3	68.7
蛭石	0.11	0.65	53.0	27.5
珍珠岩	0.10	0.29	19.5	58.9

从表 2-1 中可以看出，与砂壤土相比，稻壳和珍珠岩的密度最小，相同体积的介质质量轻，孔隙度大，木屑和蛭石的持水量大，保湿性能好。从价格上考虑，木屑和稻壳比蛭石和珍珠岩容易取得，且价格便宜许多。了解了各种轻型介质的物理性质后，可以根据植物生长需要确定配比和铺设的厚度。

5. 植物选择及种植

屋顶花园的植物选配形式，应根据其使用要求而不同。但无论哪种使用要求和形式，屋顶花园主体应是绿色植物。在屋顶有限的面积内，各类植物所占比例应有 50%～70% 以上。植物品种应比陆地花园更为精美。植物有自己的形态特性与生长特性。在选植物品种前，应了解其生长特性，根据屋顶的土壤环境及采光、通风等条件确定植物的品种、大小以及形式。如是木本还是草本，是常绿还是落叶，是一年生还是多年生，是速生品种还是慢生品种，观赏期如何等。根据植物对环境的适应性，选择植物时应根据以下原则。

1）选择耐寒、耐热、耐旱性强的低矮灌木和草本植物

由于屋顶花园一般楼层较高，夏季气温高、风大、土层保湿性差，冬季保温性差，因而应该选择耐干旱、抗寒性强的植物，同时考虑到屋顶的特殊地理环境和承重要求，最好选择低矮的灌木和草本植物，易于植物的运输和栽种。

2）选择阳性、耐瘠薄的浅根性植物

屋顶花园大部分为全日照直射，光照强度大，应尽量选择喜阳植物。不过在一些特定的小环境中，比如花架下或墙角边可以选择一些半阳性植物，从而丰富屋顶花园的植物品种。为了防止植物根系对屋面结构的破坏，应尽量选用浅根系植物。由于环境因素的限制，屋顶花园最好减少施肥量，以免影响周围环境，故尽量种植耐瘠薄的植物种类。

3）选择抗风、不易倒伏、耐积水的植物种类

屋顶上空风力比地面大，尤其是台风季、梅雨季或者冬季。而且屋顶种植土壤土层薄，土壤蓄水能力差，大规模降水时容易造成短时间积水，故应选择一些抗风、不易倒伏、耐积水的植物。

4）选择抗污染能力强的植物种类

城市空气质量较差，空气中有大量的硫化物、氮氧化物及粉尘等污染物，故应尽量选择抗污染能力强的植物品种。

5）选择耐病虫害的植物品种

屋顶的种植环境并不是植物的最佳生长环境，植物易发生病虫害，故应选择耐病虫害的植物品种。

6）选择耐移植和修剪的植物

屋顶花园需考虑到屋顶的承重能力，不能让植物无限制地生长下去，故会经常采取人工措施控制植物的大小，但又不能影响植物的美观，故应选择耐修剪和耐移植的植物。

7）选择常绿植物为主，落叶植物为辅，选择冬季能陆地越冬的植物

屋顶花园的目的是为了增加城市绿化面积，故应尽量选择常绿植物，宜用叶形和株形秀丽的植物品种。可以增加一些芳香和彩叶品种，增加屋顶花园的丰富性。同时，还可选择一些盆栽的时令花卉，使屋顶花园更有观赏性。

8）选用乡土植物

选择适应能力强、管理粗放的乡土植物，这样不仅能表现地方特色，而且便于今后的养护管理。

因场所狭小，所选用的植物应估计其生长速度，以及其充分生长后所占有的空间和面积，以便计算栽植距离及达到完全覆盖绿地面积所需时间。屋顶花园既然要保持一定数量的植物种类，就要有适应其生长的种植区。因此，应用各种材料，修建形态各异、深浅不同的种植区或种植池。其中，花池（花坛、花台）的高度根据植物品种、景观而定。种植土厚度从 10~200cm，以满足植物生长发育要求。自然式种植区大型屋顶花园，特别是与建筑同步建造的屋顶花园多采用自然式种植池。

种植区内首先可根据地被、草坪、花灌木、乔木的品种和形态，形成一定的绿色生态群落；其次，可利用种植区不同的植物要求、种植土深度，使屋顶出现局部的微地形变化，增加屋顶的造景层次，微地形既适合种植的要求，又便于排水；第三，自然式种植区与园路结合，可使中国造园的基本特点得以体现。屋顶花园可采用绿化植物的形式，按植物的用途和应用方式分类可包括园景树、花灌木、地被植物及草坪草、藤本及绿篱。

6. 屋顶花园养护

1）灌溉

与地面绿化不同的是，屋顶花园不能浇太多的水，一般应以少量、常浇为原则。宜选择滴灌、微喷、渗灌等灌溉系统。有条件的情况下，应建立屋顶雨水和空调冷凝水的收集

回灌系统。灌溉间隔一般控制在 10～23 天。以佛甲草为主的屋顶花园，在极端干旱或长时间没有降雨的时期对其进行适量的灌溉，可维持其最佳的景观效果和生态效益。

2）施肥

肥料的选择以不污染环境为前提，要注意长期使用化学肥料会造成土壤板结和盐分积累。肥料的种类和用量取决于种植基质的肥力和栽培植物的生长状况，与地面绿化不同的是，应采取控制水肥的方法或生长抑制技术，防止植物生长过旺而加大建筑荷载和维护成本。

3）修剪

根据植物的生长特性，进行定期整形修剪和除草，并及时清理落叶。为了植物更健康地成长，避免细根带来的危害，在欧洲和日本剪根也是常见的维护工作。剪根通常在秋末树进入休眠期前进行。一般在树池内壁切出 60～90cm 的口子，直到树池底部。用锋利的刀片把根茎切除，之后在此区域重新填上种植基质，夯实，然后浇水。

4）病虫害防治

屋顶环境对植物病虫害的传播有一定的抑制作用，但是在养护方面也需要引起足够的重视。应采用对环境无污染或污染较小的防治措施，如人工及物理防治、生物防治、环保型农药防治等措施。

5）防风措施

种植较大规格的乔灌木时，植物被屋顶强风吹倒的可能性比较大。为了防止事故的发生，就要对屋顶花园植物进行必要的防风措施。一般对植物根部采用的防风措施有：根部绳陀固定和种植土内加金属网两种，种植土内加金属网是用铁网来固定树木的技术，铁网的尺寸取决于树木的高度、土壤的厚度以及可能的风力。此外，根据植物抗风性和耐寒性的不同，还可以采取搭风障、支防寒罩和包裹树干等措施进行防风防寒处理。使用材料应具备耐火、坚固、美观的特点。

2.1.4　典型案例

1. 北京长城饭店屋顶花园

地点：北京长城饭店裙楼屋顶

面积：2100m²

建成日期：1984 年

施工单位：北京市花木公司

长城饭店屋顶花园是我国北方统一规划设计建造起的第一座屋顶花园。从与建筑空间的关系来看，它是屋顶大露台屋顶花园，是一座具有中国传统特色的中西结合的山水园，园内建有琉璃瓦顶的方亭、自然石、喷泉，有各种几何式的种植池、花台、水池，种植了桧柏、龙爪槐、大叶黄杨、地锦等 20 余种植物（表 2-2），长势基本良好（图 2-4）。其屋顶花园构造采用的是多层构造形式（图 2-5），种植基质选用 50％田园表层土、25％泥炭、25％硅石混合的人工改良土，至今土壤整体状况良好，根据屋顶上的地形改造和植物品种的不同要求种植土的厚度为 30～105cm，种植池内覆土 0.7～1.7m。采用玻璃纤维布作为过滤层，选用北京建工研究院与相关厂家合作研制的橡胶薄膜——三元乙丙防水布。至今没有进行过大规模的翻建。

长城饭店屋顶花园植物表   表 2-2

长势情况	名 称
良好	桧柏、龙柏、紫叶李、龙爪槐、石榴、天目琼花、碧桃、金银木、连翘、大叶黄杨、迎春、地锦、月季、萱草、芍药、佛甲草、玉簪
较差	黄栌、樱花、早园竹(抗风性差)

图 2-4　植物长势良好

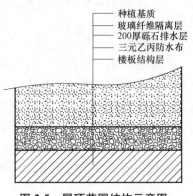

图 2-5　屋顶花园结构示意图

2. 科技部节能示范楼屋顶花园

地点：八层屋顶、四层露台

面积：1340m²

建成日期：2004 年

施工单位：北京市园林科学研究所

科技部节能示范楼位于北京市海淀区玉渊潭南路 55 号，总占地面积 2200m²，建筑主体采用框架结构，建筑高度 34.1m，是 1998 年中美两国签订的应用新型材料进行建筑综合节能示范的国际项目。屋顶花园是科技部节能示范楼总项目的分项目之一，主要分布于八层顶部（图 2-6）和四层楼平台，总面积 1340m²，绿化面积 843m²。

四层北侧露台因采光较差且无灌溉水源，采用了低成本、低维护的景天科多年生草本佛甲草进行绿化，形成空中绿茵效果。

屋顶采用自然式园林设计手法，建造自然的屋顶休憩赏景空间。突出生态和景观效益，从原木种植围挡、青石板和砾石透水铺装、木质观景平台、花架、汀步和坐凳等建筑材料的选择上，体现自然、简洁、质朴的风格。注重塑造有季相变化的延续性景观，突出不同季节花、叶、果、枝的观赏特性，并且适当选择既适应屋顶环境又体现传统园林文化内涵的植物，如造型油松、龙爪枣、龙爪槐、玉兰、紫叶李等。

八层屋顶恒荷载 300kg/m²，活荷载 200kg/m²，屋顶面积 1200m²，选用韩国产超轻量种植基质，种植区域平均覆土 25cm，小乔木局部覆土 60cm，灌木覆土 30～60cm，排水系统采用聚丙烯 PST-20 排水板。屋顶花园综合考虑雨水利用，在八层屋顶设两个雨水收集池，储量 8m³（每个收集池 2.5m×1.5m×1.07m），主要收集八层屋顶的雨水。建筑周边设有排水沟，汇集雨水与绿化多余水分，排入地下集水池，地面集水池储量 30m³（5.0m×2.0m×3.0m）。屋顶植物经过两年多的生长，情况发生了一些变化。实地调查，有一些植物因不适应屋顶环境，长势不好，如早园竹抗风性差，在屋顶生长状况不佳。大

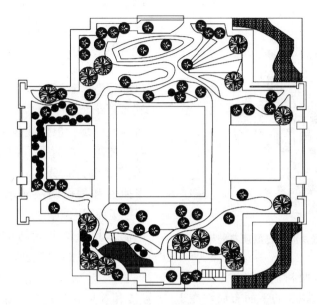

图 2-6 屋顶花园平面图

部分生长状况不佳的主要原因是没有专业的养护人员进行指导，养护管理水平较差，虫害、病害不能得到及时的解决。即使在这种情况下，我们仍然可见有些抗性强的外来植物落户屋顶（表 2-3、图 2-7）。

科技部节能示范楼屋顶花园植物表　　　　　　　　　　表 2-3

长势情况	名　　称
良好	白皮松、油松、龙柏、砂地柏、丝兰、玉兰、龙爪槐、龙爪枣、紫叶李、紫叶矮樱、绣线菊、蜡梅、棣棠、红瑞木、紫薇、紫荆、丁香、花石榴、红王子锦带、紫叶小檗、金叶女贞、大叶黄杨、小叶黄杨、月季、迎春、常春藤、玉簪、萱草、鸢尾、佛甲草、粉八宝景天
较差	紫藤、贴梗海棠、早园竹、早熟禾类
灭失	匍植毛茛、美人蕉
外来	榆树、构树、臭椿

3. 桂林鑫隆置业广场屋顶花园

地点：桂林市鑫隆置业广场三层顶楼

面积：$1000m^2$

鑫隆置业广场是桂林市区南端瓦窑口目前建设规模最大、功能设施齐全的高层商贸住宅区之一。鑫隆大厦以 2 栋 16 层高约 50m 的建筑为主体；1、2 号楼之间通过 1 号地块的 3 层建筑而连成一体。大厦 1、2、3 层为商贸、办公区；4～16 层为商品房住宅区。开发公司要在大厦 1、2 号楼间连接的 1 号地块的 3 层建筑屋顶

图 2-7 科技部节能示范楼屋顶花园

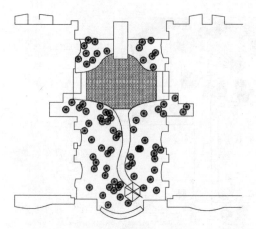

图2-8　桂林鑫隆置业广场屋顶花园平面图

平面上营造一个屋顶花园，以供业主休息、观赏。花园规划东西长40m，南北宽25m，总面积1000m²。

大厦的建筑总体设计及施工过程中均已充分考虑到了在1号地块3层屋顶上兴建屋顶花园。屋顶为现浇钢筋混凝土肋形楼盖平屋顶。根据建设单位提供的设计参数，屋顶平板荷重可达1000kg/m²；屋顶承重梁允许荷重为4000kg/m²。屋面做了刚性和柔性两层防水，与此相连的1、2号楼商品住宅的外墙面也做了高60cm的防水层。整个屋面呈微龟背形，配置了多处完备的地漏排水系统。为屋顶花园的设计施工提供了便利。

首先，设计确定花园的平面布局，在1、2号楼和3层建筑通向屋顶门楼梯口设置为一小型集散广场，以屋顶西侧为花园主景区，东侧为次景区，全园以植物造景为主体，结合微地形起伏变化，以木制琉璃瓦顶六角亭为景点中心，配以棕榈科观叶植物蒲葵、散尾葵、鱼尾葵、苏铁，观叶的红花檵木，观花的杜鹃，闻香的含笑等植物（图2-8）。小广场铺设粉红色广场砖，园路以鹅卵石饰面。在屋顶面设计安装盲渠排水。用直径100mm和直径60mm的PVC水管，蜂巢状，钻孔直径5mm，外包钢丝网，呈树枝式布置形式，端头与原屋面排水地漏相接。管外再以1~3cm厚的石渣覆盖，以加强屋顶种植层的排水能力。按设计线形砌1/2砖，高20cm，外贴白色瓷砖，围合构成种植池。底部铺垫6cm厚的煤渣，以聚酯纤维无纺布做过滤层，上盖改良种植土，并作微地形处理，以适应不同植物生长所需土层厚度。木制六角亭的建造位置选在屋面承重梁上方。先在屋面倒制厚15cm的六角形钢筋混凝土板做亭面基础，并预埋6套铁件伸出基础之上，用以固定六角亭的6支木质立柱。六角亭顶面盖以黄色琉璃瓦，全园具有较好的立面和俯视效果。

4. 上海民立中学屋顶花园

地点：上海民立中学教学大楼顶层

面积：3400m²

建成日期：2004年

施工单位：上海景观实业发展有限公司

上海市民立中学位于静安区威海路，新校址教学大楼顶部建有美丽的屋顶花园，面积3400m²，其中屋顶2276m²，内庭1124m²。空中花园里由乔、灌、草组合营造出的优美景观效果，完全可以与街旁绿地景观媲美。

屋顶花园在设计时首先考虑承重，一般要达到300~500kg/m²。在排水系统设计过程中，要保证栽植后屋顶排水顺畅，还要考虑后期养护管理，预先布置1寸浇水管及6cm水龙头。栽植介质的配比为珍珠岩：介质：山泥的比例为2：3：6。为了达到景观效果，屋顶花园内布置了园林小品和花架。

在施工时，应注意小品的基础要牢固，施工周期要短。水电施工主要考虑给水、排水的合理安排。滤水层施工是重点，用碎细的轻质砖做垫层，并用青石子做找平层，再用无纺布做滤水层。另外，要确保种植草皮使用最少土层，在乔木种植处土层适当加厚，并利用堆置种植土适度做地形。在栽植和养护苗木时要重视植物固定、供水及防积水等问题（图 2-9）。

图 2-9　上海民立中学屋顶花园

2.2　垂直绿化

垂直绿化一般常用的英文名称是"Vertical planting"。Vertical 的中文含义是垂直的、纵向的。有些文献认为最先提出垂直绿化概念的国家是苏联，但也无从考究。在实际应用中垂直绿化经常与攀缘绿化、立体绿化、屋顶花园等多个概念相混用。在不同的文献中也出现多种不同的定义。如"垂直绿化指利用攀缘植物绿化墙壁、栏杆、棚架、杆柱及陡直的山石等"，还有如"垂直绿化又叫立体绿化，就是为了充分利用空间，在墙壁、阳台、窗台、屋顶、棚架等处栽种攀缘植物。在各类建筑物和构筑物的立面、屋顶、地下和上部空间进行多层次、多功能的绿化和美化。充分利用不同的立地条件，选择攀缘植物及其他植物栽植并依附或者铺贴于各种构筑物及其他空间结构上的绿化方式，包括立交桥、建筑墙面、坡面、河道堤岸、屋顶、门庭、花架、棚架、阳台、廊、柱、栅栏、枯树及各种假山与建筑设施上的绿化。垂直绿化指用攀缘植物来美化建筑物外体的一种绿化形式"等几种定义。随着绿化技术水平的不断提高，垂直绿化已远远超出了它最初界定的范围。

广义的垂直绿化指：对各类构筑物的垂直或平行于地面的立面或顶面进行绿化的形式。这种概念与立体绿化相类似。广义的垂直绿化涉及的绿化形式相对丰富，种植的植物种类也相对多。比如屋顶花园的建设，以及曾经流行过的竖直墙壁上增建种植槽，槽内可以种植小灌木或花卉的形式等。

狭义垂直绿化的含义即利用攀缘植物进行构筑物的立面或顶面绿化、美化。这一概念就为目前大多数学者或文献所认同。它与"攀缘绿化"的概念类似。这种概念限定了种植的植物类型，同时反映了植物在空间中的伸展形态。在目前多数文献中已经将垂直绿化与屋顶、阳台绿化相区分，此时的垂直绿化即为狭义概念的垂直绿化。

本书认为以下垂直绿化定义更加准确——垂直绿化是指绿化与地面垂直或近垂直的点和面,它包括建筑物的墙面、围栏、栅栏、立柱、桥梁、花架等方面的绿化。它与地面绿化相对应,在立体空间进行绿化,不仅可以增加建筑物的立面生态艺术效果,使环境更加整洁美观、生动活泼,而且具有占地小、见效快、绿化生态效率高等优点,同时对近来提出的绿视率的提升也起着关键的作用。

2.2.1 垂直绿化的意义

1. 社会效益

社会效益主要是指:垂直绿化可以改善人居环境。垂直绿化能增加城市绿化面积,创造优美的城市整体环境,调节人们的生理机能,提高工作效率;绿色植物能增加空气中的负离子,调节人体神经系统,提高免疫能力,防治多种病症;赋予建筑物季节感,形成景观的季相变化,给人们带来新鲜感。这些功能主要通过三种方式表现:①绿色的植被能够给人生机和活力,调节人的心理健康,产生满足和舒适感。我们可以对垂直绿化进行整体规划,建造空中花园,加深城市层次,丰富城市的艺术效果,弥补城市构筑物线条平直的缺陷。垂直绿化可以改善城市的物理环境,绿色植物可以有效处理机动车、住宅、办公室产生的大气污染物,能够有效地提高大气质量。从屋面还有人工地面及墙面中开展绿化工作,能够有效地吸收太阳辐射,控制实际温度,减少室外温度升高,减轻热岛效应,另外能够科学有效地管理、调节空气湿度。②推动人们放松身心,保持良好的状态。社会不断进步,社会效率不断提高,给人们造成了沉重的压力,长期处于有空调的房间,放眼望出窗外,到处是钢筋水泥的森林,抬起头来看到的又是日光灯、霓虹灯,对外界刺激愈加麻木,生活像一部机器。在城市空间上创造绿色,有了绿色,建筑也可以变得柔和,产生更好的造景视觉效果。绿化景观会起到按摩心理、消减压力的作用。③有效借助于耐火性非常突出的植物开展建筑外立面绿化工作,能够有效降低火灾出现的可能性,以及减少火灾造成的损失。另外,借助植物此类突出的性质,将其合理搭配设计,提高在火灾时人们选择避难逃生道路的安全性。

2. 经济效益

垂直绿化可以提高经济性,垂直绿化在具有生态功能的同时,也可创造土地,通过垂直绿化的方式,将建筑占用的土地补偿回来。缓解城市用地矛盾,即缓解城市建筑用地与生态绿化用地之间的矛盾。城市垂直绿化带来间接效益,绿化产业成为一个新的产业体系,随着其规模的扩大、分工的细化,将带动相关行业的发展,拉动就业,形成一个新的经济增长点。垂直绿化工程能够推动并形成一个都市新兴产业,蕴涵巨大的商机。其中,包括都市农业、园林园艺设计、施工、垂直绿化维护养护等多种新型产业,这方面的产业化和规模化,将有助于带动社会经济发展,形成新的就业岗位和新的发展机遇。垂直绿化的许多植物,除供观赏外,还有一定的经济价值。有的是香料植物,可用以提炼香精,如薰衣草;有的是药用植物,可收取药材,如何首乌、金银花等;有的可食用,如猕猴桃、丝瓜、葡萄等。所以,垂直绿化既可为人们创造物质财富,还可解决城市蔬菜、水果、药材等供应问题。垂直绿化的间接作用是可以保护建筑物,从墙面开展绿化工作能够有效降低酸雨、紫外线造成的恶劣影响,推动建筑物使用年限有所增加;借助在屋顶还有墙面开展绿化工作,从夏季能够有效调节室内温度,冬季可以增加室内的保温性,节省空调的使用、节约能源。

3. 生态效益

垂直绿化增加绿地面积,改善城市生态环境。从减少噪声污染、空气污染、缓解人们视觉疲劳等方面来说,垂直绿化有重要的生态意义。立体绿化的植物覆盖于建筑物的表面,增加了城市的绿化面积,调节空气中氧气和二氧化碳的含量。绿色植物的蒸腾作用可调节环境的温度和湿度。垂直绿化有减尘的效果。植物的枝叶能削弱声波传递的能量,有降低噪声的作用。绿色植物在光线方面的反射能力一般,可有效吸纳能够损坏视力的紫外线,另外可以降低由于建筑物反射强光造成的影响,推动城市环境更加宜人。垂直绿化美化环境,植物具有不同的形态,还有不同的色彩,推动了城市具备朝气和美感。有关资料表明,未绿化屋面的二氧化硫含量是绿化屋面的 1.3～2.5 倍;绿化后二氧化氮含量也大大降低。植物能够产生很多挥发物质,对不同的细菌能够进行有效的科学杀除,能够保证人们维持良好的身体状态。

2.2.2 垂直绿化的原则

1. 适应性原则

垂直绿化中适应性原则主要表现为植物对环境的适应方面,主要体现为适地适树。

适地适树是使栽植树种的生物学特性和绿化地区的立地条件相适应,以利该树种良好地生长发育,达到绿化的目的。

园林绿化中的适地适树最主要考虑的是根据绿化场地的主要功能来确定,例如在疗养场所,适地适树的标准是可分泌杀菌物质的树木;在防护林带,适地适树的标准是抗污染、防风的树木;在公共观赏游憩绿地,适地适树的标准是栽植有观赏价值的树木。适地适树的目的是为了植物在以后的生长中,便于养护管理,并能适应当地环境,满足绿地功能的需求。垂直绿化植物大多与构筑物相依相存,城市的重污染区更需要垂直绿化,还有要快速地达到绿化效果的地方和护坡、斜坡等不方便人工进行管理的地方,因此垂直绿化适地适树的标准是抗污染耐瘠薄、生长迅速、管理粗放、耐阴、耐阳、吸附攀缘力强等。

适地适树就要大力推广乡土树种,乡土树种是指原产于当地或通过长期的驯化养殖,已经非常适合本地环境的植物种类。乡土树种不但生命力、适应性强,能够有效地防止病虫害,而且从乡土树种中筛选出的园林植物,不但能反映地方特色,还能保护当地的生态系统,容易获取种苗,成本低廉。我国的植物物种丰富,推广乡土树种种类的开发有极大的潜力。

城市的土壤被不同程度地扰动、移走或覆盖,完全打乱了原土层的自然层次,且污染随着人类活动所产生的物质进入土壤不断积累,超出了土壤自身的净化能力,引起土壤的组成、性质和功能劣变,从而影响植物的健康。绿地土壤大都位于人口稠密区,遭受的污染相当多,例如建筑残渣、重金属、放射元素、有机农药、寄生虫卵、有害微生物等都存在土壤中,仅土壤一项就可以对植物生长产生限制作用。因此,绿化工作要甄别当地的各项环境指标,并由此来选择植物,尽量选择能够防污吸尘、降噪、释放杀菌物质的植物。

植物与植物之间还存在相生相克关系,但一般来说垂直绿化植物选择种类有限,物种间极少形成相生相克现象,故本处暂时不考虑。

2. 多样性原则

垂直绿化的多样性原则包含物种的多样性、景观类型的多样性、应用类型的多样性。垂直绿化物种多样性不仅指植物种类的多样性，还包括植物生活形态的多样性。多样性程度越高，植物景观越丰富，丰富的植物材料不仅能够为垂直绿化植物景观营造提供更多的选择，还能够形成更加稳定平衡的垂直绿化景观。物种多样性应该在推广乡土树种的前提下，适当引进适合本地生长的新品种，美化环境，增加观赏价值。

垂直绿化应该尽量选择多种植物种类，创造不同类型的景观，丰富城市景观效果，运用乔木、灌木、草本、藤本来打造层次丰富、各具特色的植物群落景观。垂直绿化的应用类型包括墙面垂直绿化、篱笆与栅栏绿化、护坡绿化、廊架绿化、立交桥垂直绿化等形式，在城市大部分场所都可以安排各种形式的垂直绿化，结合垂直绿化新技术，打造丰富的垂直绿化植物景观。

3. 景观性原则

垂直绿化的景观性原则包含垂直绿化的美学原则，与地方特色、意境的营造。其中，美学原则又包括垂直绿化植物的形态特征、色彩构成、植物的质感三个因素，单个植物的形态、色彩及质感是整个垂直绿化植物景观的美学构成要素，不同形态、色彩、质感的植物组合在一起会形成不同观感的植物景观。

1）地方特色

打造有地方特色的垂直绿化景观，必须遵循乡土化的原理，要营造乡土化景观就必须做到垂直绿化设计材料的乡土化和设计理念的乡土化。多数园林创造成功的实例，无论是佛教庙宇庭园，还是 Kent Brown 的英国式风景园林，都可以认为是由于设计对当地自然的深刻理解和顺应于自然规律的结果，即遵循生态原理设计的结果。优秀的造园师则更加尊重自然的生态系统，我们对生物圈的作用了解越多，所能欣赏到的园林景色也就越丰富，只有深刻体会到人类与植物是属于自然的一部分，才能提高我们对自然的欣赏能力。国内越来越多的优秀设计师都意识到生态园林的必要性，俞孔坚曾经强调"设计应该根植于所在的地方"，就是应遵从乡土化的原理。

2）美学原则

垂直绿化的目的是改善和美化环境，在重视生态学的原则下，通过艺术构图原理体现植物的个体及群落的形式美。垂直植物景观中如何运用美学原则，苏雪痕先生曾提出植物景观设计同样遵循着绘画艺术和造园艺术的基本原则，即统一、调和、均衡和韵律四大原则。还有学者将园林作品的美学概括为多样与统一、对称与平衡、对比与照应、比例与尺度、节奏与韵律。植物是自然的一部分，植物具有独特的形态、颜色、质感，如果不充分考虑这些因素，任何种植设计都将成为一种没有特色的混杂体。植物的外形随着季节的转换而变化，一年中每一种植物至少可以出现 6 种不同的外观，以下是对植物的形态、色彩、质感进行的总结归纳。

（1）形态

植物的形态在园林的总体布局中，起着统一、调和的作用。植物的生长习性决定了它的形状，针叶乔木的形状有圆柱形、尖塔形、圆锥形、广卵形、卵圆形、盘伞形、苍弯形；针叶灌木的形状有密球形、倒卵形、丛生形、堰卧形、匍匐形。阔叶树的形状更加丰富，有圆柱形、笔形、圆锥形、卵圆形、棕榈形、倒卵形、球形、伞形、攀缘形、匍匐形、垂直形、龙游形等。

不同的植物形状会赋予景观不同的特色，比如钻天杨的圆柱形树体，直立向上的线条给空间提供一种垂直感和高度感；垂直形的植物有向下的线条，能将视线引向地面，例如垂柳多种在水边，与水面的水平线条形成对比；塔形的植物上尖下宽，给人一种稳重的视觉感受，与圆形的植物搭配在一起对比十分醒目。

（2）色彩

植物的色彩在景观中最容易让人注目，冷色调使人镇静，可以增强环境的宁静感，暖色使人兴奋、温暖，可以增加节日欢快的气氛。植物色彩的应用也随着民族文化、自然环境的不同而不同，例如西方园林色彩绚烂艳丽，园林中大量应用色彩浓艳的球根花卉植物，而东方园林尤其是古典园林则色彩淡雅含蓄，中国的古典园林常用紫藤、白皮松、青桐等色彩恬淡雅致的植物。由此可见，色彩可直观地反映出造景人的情调和心理倾向。

植物的花是观赏的主要部位，开白色花的植物种类十分多：白玉兰（*Magnolia denudata*）、刺槐（*Robinia pseudoacacia*）、金樱子（*Rosa laevigata*）、李（*Prunus salicina*）、白花山碧桃（*Prunus davidiana* 'Albo-plena'）、栀子（*Gardenia jasminoides*）等，白色花带给人清凉的感觉。蓝紫色花有紫藤（*Wisteria sinensis*）、紫玉兰（*Magnolia liliflora*）、紫穗槐（*Amorpha fruticosa*）、紫花地丁（*Viola philippica*）、紫花泡桐（*Paulownia tomentosa*）、鸢尾（*Iris tectorum*）等，蓝紫色给人高贵神秘的感觉。红黄色系的花有扶桑（*Hibiscus rosa-sinensis*）、木棉（*Bombax ceiba*）、石榴（*Punica granatum*）、孔雀草（*Tagetes patula*）等。

植物的叶色具有观赏价值，可以划分为常绿树和色叶树。绿色虽然是自然界的基本色调但也有色调明暗上的差别，例如深绿色的龙柏与蓝绿色的绒柏，同是绿色，种在一处便对比强烈，山楂树长新叶时，新绿色的嫩叶与墨绿色的老叶强烈对比，凸显出层次感。色叶树可以细分为常年色叶树、春色叶、秋色叶三种，常年色叶树例如洒金桃叶珊瑚（*Aucuba japonica Variegata*）、红叶石楠（*Photinia serrulata*）、紫叶李（*Prunus ceraifera* cv. Pissardii）、紫叶小檗（*Berberis thunbergii* cv. Atropurpurea）等，全年呈现彩色叶；秋色叶树和春色叶树，是指在秋季和春季新老叶更换时出现彩色叶的树种，例如栾树（*Koelreuteria paniculata*）、无患子（*Sapindus mukurossi*）、金钱松（*Pseudolarix amabilis*）秋天时树叶金黄；黄栌（*Cotinus coggygria*）、枫香（*Liquidambar formosana*）秋季落叶前则变成斑驳的红黄色，片植在山坡上有层林尽染的意境；而蓝果树（*Nyssa sinensis*）、山麻杆（*Alchornea davidii*）、盐肤木（*Rhus chinensis*）、爬山虎（*Parthenocissus tricuspidata*）、石楠（*Photinia serrulata*）在春天长新叶时幼叶呈现不同程度的红色。植物的果的色彩也有很强的视觉效果，如火棘（*Pyracantha fortuneana*）和枸骨（*llex cornuta*）的累累红果胜过满树红花，十大功劳（*Mahonia fortunei*）、葡萄（*Vitis vinifera*）的果实为蓝紫色。

植物干的色彩也具有观赏性，如白皮松（*Pinus bungeana*）、法国梧桐（*Platanus orientalis*）斑驳的树皮灰白色绿色相间，白桦（*Betula platyphylla*）树树干纯白，青桐（*Firmiana simplex*）主干青绿色，小琴丝竹（*Bambusa multiplex* cv. Alphonse-Karr）竹秆黄绿相间等。

植物的四季变化为创造四时演变的景观提供了条件，给钢筋水泥的城市营造出了包括时间在内的四维空间的流动美感。春华秋实、夏荫冬姿，植物各个季节突显出的特征都能带给人们美的感受，色彩变化是植物季相变化的主要方面，园林植物的色彩主要体现在花、叶、果、干四处，在植物配置中，熟悉植物在不同季节的不同色彩观赏特征，运用单色表现、对比色处理、同色调渲染或者呼应的配置方式，形成与周围建筑及其他景观相和谐的色彩构图。植物的花期或色叶变化期，一般只能持续一两个月，所以要采用不同花期的花木分层配置，以延长花期；或将不同花期的花木和显示一季季相的植物混栽；或用草本花卉弥补木本植物花期较短的缺陷。

（3）质感

质感是植物的重要观赏特性之一，却往往不被人们重视，它不像色彩、姿态、体量那么引人注意，却是一个能引起丰富心理感受的重要因素，质感在植物景观设计中起着重要作用。植物的质感是指单株植物或群体植物直观的粗糙感和光滑感。质感之间的对比会对人的心理产生不同的影响。各种植物的树叶、枝条、树皮皆有不同的质感。植物的质感由两方面决定，一方面是植物的本身：叶片大小、形状，叶表面粗糙度，叶缘形态，树皮的外形，茎干的大小、形状等；另一方面是外界因素，如植物群体之间的对比、排列，植物与环境的对比，观赏视距等。

植物的质感比如粗糙和细腻、重和轻、厚和薄、反光和不反光、密和疏，能给人们带来不同的心理感受和视觉感知。如纸质、膜质叶片呈半透明状，常给人以恬静之感；革质的叶片，具有较强的反光能力，由于叶片较厚，颜色较浓暗，有光影闪烁的感觉；粗糙多毛的叶片，给人以粗野的感觉。质感对景观环境的协调统一、空间氛围的营造，有着直接的关系，例如合欢（*Albizia julibrissin*），枝叶细密，花朵轻柔，让人感觉平静、细致，这种细致朦胧的质感让人感受到的是女性般的柔美；而胡桃科的植物如板栗（*Castanea mollissima*），干纹深刻，果实具芒刺，整体给人粗犷、野趣的感观，让人感受到的是男性的刚强。质感的偏好也因不同地域、不同民族而不同，西方人喜欢粗犷、具有乡野田园趣味的树种，体量高大、树干裂纹明显、叶有绒毛或芒刺的植物都可被选用在自家庭院之中；东方人则喜欢质感细腻、含蓄的树种，因此在我国的古典园林和现代园林中多见树叶光亮、枝叶细密的植物。植物个体的质感大致分为三类。

① 粗质型

粗质型的植物常常叶片大而多毛或者边缘多锯齿，枝干一般疏松而粗壮，树形高大，例如：核桃（*Juglan sregia*）、火炬松（*Pinus taeda*）、广玉兰（*Magnolia grandiflora*）。粗质型植物看起来坚固、刚强。粗质型植物在外形上更加容易在背景中跳跃而出，而且有较大的光线明暗变化，因此粗质型植物可在景观中作为主景，使景观明了刚劲，粗质型植物多用于自然式景观中，在狭小的空间中不宜配置粗质型植物。

② 中间型

中间型植物是指叶片大小适中，枝干密度适度的植物，多数植物属于中粗型，如香樟（*Cinnamomum camphora*）、刺槐（*Robinia pseudoacacia*）、木莲（*Manglietia fordiana*）、山茶（*Camellia japonica*），但是它们之间的质感还有较大差别。在景观设计中，中间型植物应用得十分多，它不像粗质型植物那样显眼，也没有细致型植物那样难发觉，它起了承接过渡的作用，将整个布局中的各种特色部分统一成一个整体。

③ 细致型

细致型植物有着细密微小的枝叶，及整齐密集的特性，如：鸡爪槭（*Acer palma-tum*）、地肤（*Kochia scoparia*）、日本五针松（*Pinus parviflora*）。细致型植物相对于前两者看起来柔软、纤细，在景观中不易发觉，往往需要走到一定的观赏距离时，才能发现细致型植物景观。细致型植物配置在一起可以形成非常文雅的景观，而作为背景时可以显示出紧密、清晰的特征，十分适合布置在狭小的空间。

在一个设计中能够均衡地使用这三种不同类型的植物是最理想的，但也可以根据空间需要进行适当配置，如在西方规则式园林中，大量使用细致型植物，以打造出整洁、有序的景观。

4. 功能性原则

垂直绿化植物景观的功能大体包括：生态功能、保护建筑及宜人的功能。生态防护主要体现在植物生态配置就是利用乔木、灌木、藤本以及草本等植物，通过艺术的手法，充分发挥植物本身的形体、线条、色彩等自然美，创造植物景观，供人们欣赏，使植物既能与环境很好地融合，又能使各植物之间达到良好的协调关系，最大限度地发挥植物群体的生态效应。植物配置遵循生态性原则，是打造生态园林的必要手段，遵循生态性原则，就是尊重自然法则，运用植物创造类型和结构长期稳定共存的植物群落，改善城市环境，创造一个人与自然和谐相处的生态环境。可持续景观设计的一个基本前提就是让那些正在进行着的所有生命的过程保持完好无损，并且与社会发展同步发挥功能。可持续景观设计的首要原则就是"不破坏景观"。

生态性原则在植物配置中表现为：选择适应环境生态因子的植物种类，保证植物栽植后的健康生长和景观效应的发挥；植物种类选择的多样性，模仿自然群落的结构，注重植物种类、群落之间的相互协调；注重植物景观的视觉效果和意境营造，生态型园林应注重将自然界的和谐美感提炼后反映到人工植物景观中。根据"种类多样性促使群落稳定"原理，构建复层植物群落结构，有助于丰富绿地的生物多样性，复层植物群落结构可以增加叶面积，能够有效提高绿地生态效应，有利于提高环境质量。选择多种植物种类，合理进行空间分配，是生态植物配置的基础。一个群落在上层空间有乔木遮荫，低层有地被覆盖地面，中层有丰富的灌木丛，层间层还点缀有适当的藤本植物，创造各种开敞或者封闭的空间，并在整体上兼顾群落林冠线使之获得丰富的景观层次，做到兼顾生态原则与景观特色，构建和谐稳定的植物群落。

2.2.3 技术措施

垂直绿化植物指包括攀缘植物和其他植物在内的适合于垂直面绿化栽植的植物材料。研究将垂直绿化植物分为攀缘植物类型、悬垂植物类型和矮生植物类型。攀缘植物类型是垂直绿化的基础材料，作为城市园林绿化不可缺少的植物种类，对于植物群落的完善具有不可替代的作用。形形色色的攀缘植物攀缘他物的方式并不完全相同。总的来说可分为缠绕类、吸附类、蔓生类、卷须类以及复式类五大类。

（1）缠绕类：诸如紫藤、常春油麻藤、金银花、鸡血藤等借助茎本身的缠绕在支持物上向上攀缘生长的藤本植物。这类缠绕藤本适合花架、开放式曲廊、栅栏式围墙的绿化。

缠绕类攀缘植物按其缠绕方向可以分为右旋性、左旋性和左右旋三种类型。如紫藤按顺时针方向（俯视），即从右向左缠绕支持物，故其茎具右旋性。通常，不同的缠绕藤本只能缠一定粗度的柱状物，不少较柔软的草本缠绕藤花，只能攀缘较细的条材或线绳。

（2）吸附类：茎既不能缠绕，也不具备卷曲缠绕器官，但借茎卷须末端膨大形成的吸盘或气生根吸附于他物表面或穿入内部而附着向上，沿墙攀爬可达20～30m，适合于楼房和砖质院墙的墙体绿化。某些种类还能牢固吸附于光滑物体，如玻璃、瓷砖表面生长。其中一些常绿种类观赏价值高，生长快、耐修剪、抗寒、攀缘能力强，可用于掩饰墙面，或攀缘于高大乔木树干上。

根据吸附器官的不同又可分为茎卷须吸附型和气生根吸附型。茎卷须的顶端膨大成圆形扁平的吸盘，借以吸附他物，常见种有爬山虎、五叶地锦等。气生根吸附型借茎上产生的气生根吸附于他物表面或穿入他物内部而向上，常见种有美国凌霄、扶芳藤、常春藤等。

（3）蔓生类：这类植物茎无卷须，仅靠细柔而蔓生的枝条向上攀缘生长，其中有些种类具有倒钩刺，辅助攀爬，如云实、蔷薇等。这些植物我国园艺上早已运用于花架、开放式曲廊、栅栏式围墙绿化，反映了中国古典园林的特色。

大部分攀缘或蔓生藤本适用于护坡、废弃地、屋顶等场所的绿化。蔓生攀缘藤本如果采用墙面贴植新技术，通过墙面固定、整形处理等技术措施，使其沿墙面生长，可丰富墙面绿化植物种类。

（4）卷须类：卷须类的茎不旋转缠绕，以茎、叶变态形成的卷须或叶柄、花序轴等卷曲攀缠他物而直立或向上生长。卷须类一般只能卷缠较细的柱状体。

根据形成卷须的器官不同，又可分为茎（枝）卷须和叶卷须。茎卷须是由茎或枝的先端变态特化而成的卷曲攀缘器官，分枝或不分枝，如葡萄。叶卷须是由叶、托叶或叶柄等变态特化而成的卷曲攀缘器官，如豌豆、铁线莲等。

（5）复式类：有一些攀缘植物兼具几种攀缘能力，例如，既具有缠绕茎又有特化的攀缘器官的葎草，其茎为缠绕茎，同时生有倒钩刺，这种以两种以上攀缘方式来攀缘生长的植物可称为复式攀缘植物。

将垂直绿化植物分为攀缘植物类型、悬垂植物类型和矮生植物类型，是垂直绿化发展的需要，在进一步创新垂直绿化形式和丰富垂直绿化植物材料中，应当首先明确垂直绿化不仅仅是攀缘植物绿化。然而，现状调查中，可以发现目前垂直绿化仍是以攀缘植物为主的传统垂直绿化，因此在本书的分析中将垂直绿化植物分为缠绕类、吸附类、蔓生类、卷须类和悬垂类等五类，便于讨论。

1. 线索攀缘

线索攀缘指：利用绳索、绳网、细柱等的相对细长的直立辅助物使藤本植物沿着该物缠绕生长，形成线面状的绿化植物景观。

1）植物选择

线索攀缘可选缠绕类和吸附类的藤本植物，线或杆柱较细时多用缠绕类，线或杆柱较粗且表面较规则时可用吸附类，常用种类有五叶地锦、常春藤、油麻藤、三叶木通、南蛇藤、络石、金银花、扶芳藤、蝙蝠葛、南五味子。对于古树枯树类的绿化多选用观赏价值较高的大型种类如紫藤、凌霄、美国凌霄、素方花、西番莲等花叶兼美的藤本植物，另外在条件合适的情况下，对老树的绿化还可采用树生或寄生植物如鹿角蕨、石韦、瓦韦、书带草、肾蕨、铁线蕨等种类。由于一些线杆、灯柱、标牌、广告牌等多数设立在建筑、道路等周围土壤条件比较恶劣的地方，在植物选择上应注意植物的抗性，只有生性强健、耐旱耐涝的种类才能很好地适应该地条件，达到绿化的预期效果。

2）线索攀缘的设计与营造

各种类型的线杆、灯柱、标牌立柱多设立在市区繁华地段且相对其他设施要高出许多。这些杆柱成为城市环境中一个个不和谐的音符，有些城市虽已看不到线杆，然而灯柱和标牌类立柱确实无法隐藏，因而对这些立柱进行多种形式的绿化美化，将使这些立柱类形成城市景观的亮点。而杆柱类的绿化又确实是城市绿化的难点，故今后对杆柱绿化的内容、形式和方法的研究必将成为园林绿化的一个新的研究方向。就目前的状况来看，对杆柱类的绿化基本上都是采用藤本植物，通过缠绕或吸附的形式向上攀爬达到绿化的目的。在有些杆柱的绿化中采用了焊接金属支架，架上放置塑料盆花的花篮式的绿化方式，此种方式由于成本较高，且养护困难，观赏期短，需经常更换盆花等原因而无法大量推广。用地面种植藤本植物绿化则成本低，养护简单，故可重点推广。一般杆柱下可种植三到五株小型藤本，而较高、较粗壮者应用大型的缠绕或吸附型藤本进行绿化，要求藤本植物的固着能力强，以免因风或其他原因滑脱。在栽植初期可采用细线固定引导，待稳固地攀附在杆柱上之后再取掉绳线，或始终不取掉绳线来加强其稳固性。对于可上人的大型杆柱，可借用其扶手梯帮助藤本植物攀升，但植物的生长不能影响扶手梯的使用，对于灯柱的绿化，绿化植物要控制好生长高度，不应遮挡路灯的线路和正常照明使用（图2-10、图2-11）。

图2-10 雪铁龙公园内的垂直绿化（赵静）

图2-11 线索攀缘

2. 支架攀缘

支架攀缘指用一定的植物材料栽植于地下或花盆中，攀爬悬挂于棚架之类构筑物上生长的绿化形式。

1）植物选择

常用的植物材料主要是一些缠绕攀缘类的藤本植物和一些蔓性灌木，这些植物通过自身的卷须、茎蔓、变态的叶片、枝条及各种类型的钩刺，沿支架和栏杆向上生长，逐渐覆盖整个棚架，棚架绿化能充分利用空间，路面上方、水面上方、车棚上、杂物堆上都可设置棚架。建筑物门窗向阳处，可设棚架遮荫、抵挡夏天的烈日，也是人们晚上休息乘凉的好地方。道路棚架一方面起到遮荫作用，一方面也形成独特的街景，不论街道绿地、公园还是庭院绿化，棚架绿化都是其总体景观中的有机组成部分，是人们驻足、停留、休息的理想去处。

如巴黎贝尔西公园（图 2-12）里的紫藤花架，长度近百米，又有几道曲折回环，密密遮盖在花架上形成绿色凉廊，主茎粗壮，接近 10cm，苍劲古朴，动势十足，婉似龙腾九天，开花阶段一片淡紫粉白，架下是人们围坐品茶聊天、打牌娱乐的最佳去处，每到周末或天气晴好之日，此处更是座无虚席，人们都迷恋此处轻松惬意、幽雅清香的环境。

上海嘉定紫藤园内设有许多木质花架，每年四五月紫藤花期时，大片粉色、紫色以及白色的紫藤从花架上垂下，形成一条长长的紫藤瀑布，带给游人童话般的感受（图2-13）。

图 2-12 巴黎贝尔西公园紫藤花架

图 2-13 上海嘉定紫藤园

棚架绿化还包括绿廊、拱门、凉亭等的绿化。绿廊主要指那些较长的有遮挡的通道，多为顶上遮挡两边通透，又多弯曲回环，经常作为连接园中各景点的主要景观通道，中国古典园林中廊的应用较多，多为木柱瓦顶，用于连接各种亭榭厅堂（图 2-14）。

现代园林建设中多用金属制、木制或钢筋制长廊，廊顶部一般不用砖瓦做顶，而是直接任由藤本植物在上覆盖，就这种形式而言，它与花架的区分已不甚明显。另外还有凉亭，也属于此类，即把花架建成古亭的形式，种植攀缘植物进行绿化。还有一些拱形的园门，在门两侧栽植攀缘植物，使其沿拱形门的边柱向上生长，使拱门为绿色所覆盖（图 2-15）。

图 2-14 中国古典园林中的廊架

图 2-15 现代园林中的廊架

2）支架式绿化的设计与营造

支架式绿化（图 2-16）可设置在庭院、公园、学校、机关、幼儿园、医院等场所，既可观赏又可给人提供一个纳凉、休息的理想环境。支架大小可根据具体环境空间大小而定，花架所用材料较多，人工类材料有金属材料、水泥材料、塑胶材料，自然材料包括竹、木以及利用活的树木修剪而成的廊架形式，金属材料常用的有铝材、钢管、钢筋、三角铁架等，水泥材料有水泥粉石、斩石、磨石、瓷砖、钢筋混凝土、空心砖等，塑胶材料有塑胶管、硬质塑胶玻璃纤维等，可以根据设计意图进行合理选择，务必使其既与周围环境协调统一，又能很好地衬托出其上藤本植物的秀丽姿态，尤其是利用现代材料制作的各类别致精巧的小花架，本身已独立成景，再加上适当的植物配置更能使其在园中出类拔萃，别具一格。欧式古典园林中的花架，多有黑色或其他深色钢架结构，具多弧形构造，与其古典建筑的金属门、窗形式统一，而罗马式庭院中，则常用白色大理石建造大型的柱廊，与整个白色大理石为主体的建筑环境协调统一，很好地衬托出其上的绿色植物（图2-17）。

图 2-16　巴黎贝尔西公园内支架式绿化（李晨希）　　图 2-17　德国犹太人纪念馆外弧形花架（李晨希）

花架或绿廊可建为平顶或拱形顶，宽高随周围建筑环境而变，一般 2～5m 宽，高宽比约 5：4，立柱纵向间距 2.5～3.5m，柱子之间有横梁相连，梁上架椽，顶部形成格状或网状结构。按其平面投影形状看有直形、扇形、折曲形、环形等几种形式。凉亭形花架结构较简单，体量较小，可由中间单一立柱支撑，形成伞形、蘑菇形或几根立柱形成喇叭花形结构。各种花架、绿廊、凉亭下均可设坐凳，供休息，有些绿地中可设计一些与坐凳结合为一体的小型花架，轻巧别致。各类支架、绿廊、凉亭等在植物营造时要考虑植物材料与支架类之间的色彩、体形的搭配，植物材料选择要与其材质、色彩、形式、体量相协调。如金属材料花架可栽植丰花植物以增加现代感，天然木、竹结构的支架可种植一些首乌、三七、木通等使之更富野趣。

支架类绿化的种植形式一般有地栽和容器栽植两种，地栽是将藤本植物直接栽植在架旁地下，间距 1～2m 或每个立柱旁栽植 1～2 株，根据支架宽度和植物材料大小决定一面栽植或两面栽植，小型支架一般一面栽植即可，有些花架虽较大，但如果是栽植木香、紫藤、油麻藤等大型木质藤本也一侧栽植即可，而且也不必每根支柱旁都栽植，可适当增大间距。对于要求侧方同顶部同样覆盖的绿廊类，其绿化植物一般都采用两侧栽植，植物在幼时要注意促进侧下方分枝生长而不能过于向上牵引，以免侧方空虚。容器栽植藤本植物要用人工合成种植土、注意肥水，容器内土面可用酢浆草、垂盆草、半支莲、旱金莲、连钱草、虎耳草等进行绿化。

3. 植物选择

我国藤本植物资源异常丰富，全国近 3 万种高等植物中藤本植物约有 3000 种，分属于 80 个科 300 多个属，云南一省的藤本植物就有 2000 种。除了原产我国的种类外，还有相当一部分国外引入的种类。根据垂直绿化植物资源现状的调查分析，以及大量相关资料的搜集整理，提出了垂直绿化常用的及具有较大应用价值的藤本植物资源。

1）垂直绿化常用木质藤本植物资源

爬山虎（*Parthenocissus tricuspidata*），又称地锦、爬墙虎，葡萄科落叶藤本植物，原产我国。性喜阳光，又稍耐半阴，有一定的耐寒力，在我国除亚寒地带外都能陆地越冬。爬山虎生性强健，适应性强，对土质要求不严，好肥亦耐瘠薄土，不甚耐旱，在碱性和酸性土中均能生长。爬山虎枝蔓长度可达 30m 以上，干皮暗土褐色，多分枝，枝上生有多枝小而分叉的卷须，卷须顶端有吸盘，借以吸附他物上升。叶对生，掌状 3 裂，幼苗期叶深裂成 3 小叶，秋叶红。花小，不显，浆果球形，成熟时蓝紫黑色，被白粉。

爬山虎繁殖容易，以扦插、压条为主，繁殖技术与葡萄大致相似，生根容易，压条繁殖春夏秋都可进行，但以雨季为最好。扦插繁殖一般秋冬剪取木化枝条沙藏处理，翌年春露地扦插，苗期需遮荫保护并保持土壤湿润，扦插成活率在 90% 以上，一年生扦插枝长度可达 lm 以上。

爬山虎栽培管理粗放，早春发芽前可裸根栽植，栽植当年生长可达 4～6m，4、5 年可覆盖 6 层楼墙壁。爬山虎一般不用搭建支架，只要将其主茎导向墙壁或其他支持物即可自行攀缘，定植初期需适当浇水并防护，避免意外伤害，成活后不必费心管理。爬山虎叶大而密，叶形美丽，是建筑外墙、实体围墙、山石、立交桥桥体及立柱绿化的最佳植物。用它覆盖墙面，可增强墙面的保温隔热能力并可明显地降低噪声、增加湿度。据测定有爬山虎覆盖的墙面温度比裸露墙面温度低 5～14℃，而室内温度低 2～5℃，墙面湿度增加 10%。

本属其他藤本植物还有东南爬山虎（*Parthenocissus austro—orientalis*）、花叶爬山虎（*Parthenocissus henryana*）、三叶爬山虎（*Parthenocissus himalayana*）等都是落叶木质大藤本，习性、用途、栽培繁殖方式等都与爬山虎相似。五叶地锦（*Parthenocissus quinguefozia*），掌状复叶互生，秋叶色深红，耐阴性较强，对建筑阴面绿化效果好。

木香（*Radix aucklandiae*），又称七里香，蔷薇科蔷薇属半常绿攀缘灌木，茎匍匐蔓生，长可达 10m 以上，小枝绿色无刺或少刺，利用体表少量向下弯曲的镰刀状逆刺勾附在其他物体上向上生长。木香花期 4～5 月，北京地区花期 5～7 月，花白色，芳香，原产中国西南部，现各地园林中多有栽培。木香生性强健，适应性强，耐瘠薄、耐寒、抗旱，广泛分布于华北、华东、华南、西南等地区。木香繁殖可采用压条、嫁接、扦插等方式，扦插可采用 11 月份及萌芽前的硬枝或花后的半硬枝进行，如果采用全光照喷雾扦插法可于 5～9 月份进行，剪取长 10cm 带踵的有叶嫩枝，20 天左右即可生根。生长期芽接与休眠期根接，成活率也比较高，砧木以野蔷薇、十姐妹为佳。压条法可于生长期进行，高空压条与刻伤枝条进行土埋压枝均可。

木香是庭院美化、香化的重要木本爬藤植物，因其花叶并茂、花香馥郁常作花篱、花架、花廊、花墙、花门的绿化材料。

粉团蔷薇（*Rose multiflora* var. *cathayensis*），蔷薇科蔷薇属野蔷薇的一个变种，落叶藤本植物，分枝力强，生长健壮，长达 10m，枝干光滑，近无刺，叶互生，奇数羽状复叶。花期 4～6 月，粉红色重瓣，多朵簇生成伞房花序。粉团蔷薇喜阳光充足、土质肥沃、疏松、排水良好、呈微酸性的土壤，较能耐旱，忌积水。粉团蔷薇可用扦插、压条繁殖，以扦插为主，春季 4～6 月份，秋季 9～10 月份，插条选用长 10cm 左右、生长健壮、无病虫害、带节的新生枝，10 天左右即可生根。粉团蔷薇对栽植时间并不苛刻，一般从休眠期到萌芽前都可栽种，如果在生长期移植必须进行适当修剪并采取遮荫降温、喷水保湿等措施。

粉团蔷薇花色艳丽、花香清雅，花期长，攀缘性好，栽培管理简单，被广泛地应用于花架、花廊、拱门、围墙的垂直绿化。

凌霄 (*Campsis grandiflora*)，又名紫葳、女藏花、中国凌霄。紫葳科凌霄属落叶木质藤本，长可达到 10m，攀附力强，花大而密，花冠唇状漏斗形，红色或橘红色，顶生聚伞或圆锥花序，花期 7～8 月。凌霄喜光而稍耐阴，幼苗宜稍遮荫，喜温暖湿润而耐寒性较差，北京幼苗越冬需加以保护，耐旱、忌积水，喜中性偏酸性土。

凌霄繁殖可用播种、扦插、埋根、压条等多种方法，较多用扦插、埋根法，扦插可于春夏秋三季进行，嫩枝或硬枝均可，30～40 天生根，成活率很高。埋根于落叶期进行，选根截成 3～5cm 根段，直埋法即可。

凌霄树形优美，花色艳丽，生长适应性强，分布广泛，为观赏藤本之佳品，宜依附老树、墙垣、石壁、假山、廊柱、藤架种植。经过修剪、整枝等措施，可以将凌霄培育成直立灌木形观赏。凌霄花粉有毒（因此又称为坠胎花），应用时应注意避免用于人流密集处。

同属还有一种产美国，名美国凌霄，花比中国凌霄略小，花筒长而色浅，我国早已引种，适应性强，现南北各地均有栽培，绿化美化效果好。

紫藤 (*Wisteria sinensis*)，又叫紫藤萝、藤萝，豆科紫藤属落叶木质大藤本，茎枝左旋。奇数羽状复叶，小叶 7～13，花蓝紫色，总状花序，花期 4 月。紫藤喜光、略耐阴，较耐旱，喜深厚肥沃、排水良好的土壤，亦有一定的耐干旱、瘠薄和水湿的能力。生长快，寿命长，对城市环境适应性强，我国南北各地均有分布。

紫藤可用播种、分株、压条、扦插（包括根插）、嫁接等方法繁殖，但实生苗主根深、侧根少，不耐移植。较大植株定植需搭架，并将粗大枝条均匀地绑附在架上，使其沿架攀缘。由于紫藤枝粗叶茂，重量大，所以支架材料必须坚固结实。紫藤管理粗放，只需在休眠期进行适当修剪，也可培养成大灌木状。紫藤枝繁叶茂，花穗紫色，大而美丽，有芳香，春天先叶开放，热烈鲜艳，是支架、门廊、山石、枯树绿化的优良材料。

常绿油麻藤 (*Mucuna sempervirens*)，蝶形花科油麻藤属大型常绿木质藤本，藤蔓长达 5～20m，三出复叶互生，花期 4～5 月，总状花序下垂，长 25～30cm，花蝶形，长 6～8cm，宽 3cm，紫红色。油麻藤产我国江南各地，喜温暖湿润，耐阴又抗干旱，畏严寒，适宜微酸性或中性土壤。

油麻藤可用播种、压条、扦插育苗繁殖，种子秋季采收后沙藏，来年 2～3 月份播种，4 月中下旬出苗。移植时需带土团，并对部分枝叶进行修剪，移植成活后养护管理较简便，墙面绿化时要施以辅助措施以助其向上生长。油麻藤四季常绿，枝叶茂密，生长迅速，是花架、花廊、墙壁绿化的优良材料。

金银花 (*Lonicera Japonica*)，别名忍冬、金银藤、鸳鸯藤，忍冬科忍冬属半常绿木质藤本，茎长 8～9m，多中空，缠绕攀缘。单叶对生，全缘，花两性，花冠唇形，初开白色，2～3 天后变黄，具芳香，花期 5～8 月。原产我国、日本和朝鲜，全国各地普遍栽培。适应性强，喜光也能耐阴、耐寒、耐旱、耐水湿，对土壤要求不严。

金银花主要用种子和扦插繁殖。10 月份采种，去果肉，阴干层储，翌年 4 月上旬播种，10 天左右出苗。扦插可于春季萌芽前进行，选取 1、2 年生健壮枝条，插后保持湿润，15～20 天可生根。也可于 6～10 月间压条繁殖，成活率较高。定植后管理粗放。

金银花分布广泛，适应性强，适于我国各地中、低层建筑垂直绿化，叶凌冬不凋，春夏花开，色、香、形俱美，是一种优良的观赏藤本植物。

本属其他攀缘植物还有大花忍冬（*Lonicera macrantha*）、盘叶忍冬（*Lonicera tragophylla*）、贯叶忍冬（*Lonicera sempervirens*）以及由后两者杂交产生的台尔蔓忍冬（*Lonicera tellmanniana*），皆为优良的观赏垂直绿化藤本植物，台尔蔓忍冬具橙色花，是忍冬属中少见的颜色，花期长达半年之久。

常春藤（*Hedera nepalensis*），别称中华常春藤、爬墙虎、爬树藤，五加科常春藤属常绿木质大藤本，茎长可达 20m，茎节具气生根，吸附攀缘，单叶互生，革质全缘，花小，淡黄白色或淡绿白色，芳香，顶生聚伞花序，花期 4～5 月。分布于我国西北、华中、西南、华南、华东等地区，及日本、苏联。喜光也稍耐阴，耐干旱瘠薄，对土壤要求不严。

常春藤用种子、压条、扦插繁殖，9～10 月份采种，播种可于春秋进行，春播需经春化。扦插应用嫩枝，春季和雨季皆可，幼苗不耐寒，需控制温湿。压条适于雨季进行，枝条埋土部分适当环割。栽培养护简单，一般无须特殊管理，亦不用修剪。常春藤四季常青，叶形秀逸飘洒，是一种优良的攀缘绿化植物，适宜我国大部分地区的机关、厂矿、学校作为庭院和建筑物绿化植物。尤其对墙面的绿化效果与爬山虎不相上下。

本属其他藤本植物还有常春藤（*Hedera helix*），又叫洋常春藤，常绿木质大藤本，茎长可达 30m，花黄色，花期 10 月，原产欧洲，我国南方各地引种栽培，不耐寒，稍耐阴。此外还有多个品种的花叶常春藤类，可作为室内观赏植物。

络石（*Trachelospermum jasminoides*），别名石龙藤、白花藤，夹竹桃科络石属常绿木质大藤本，茎长达 10m，茎节具气生根，兼缠绕攀缘，单叶对生，革质全缘，花白色、芳香，花期 4～6 月。分布于我国华东、华南和华中等地。为半阳性植物，喜温暖阴湿，忌水涝，喜排水良好。

繁殖方法可用种子和扦插，少量也可用分株法，生产上常用雨季嫩枝扦插。因其节具气生根，故扦插生根容易。春播种子经 2～3 月春化处理，浸种 1～2 日，播后覆盖苗床。适于我国中部以南地区中高楼层垂直绿化，尤其是高温高湿地段。园林绿化中可用来点缀假山、石壁、凉棚和拱门。

叶子花（*Bougainvillea spectabilis*），又叫九重葛、毛宝巾、三角花、三角梅，紫茉莉科叶子花属常绿攀缘灌木，茎长可达 10m 以上，常具倒钩刺，密生绒毛。单叶互生，花常三朵簇生于三枚较大的包片内，包片叶状卵圆形，鲜红色、白色或砖红色，为主要观赏部分，花期 5～12 月。原产巴西，现国内各地引种栽培。喜温暖潮湿和阳光充足的环境，及排水良好的砂壤土。

叶子花常用扦插法繁殖，春季 1～3 月份在高温温室内进行，夏季扦插在 7～8 月份进行，可于陆地苗床进行，扦插后需常喷水。北方多盆栽，南方可地栽，定植前施足基肥，生长期需勤施肥水。不论冬夏都应置于阳光充足的地方。

本种枝条下垂，花叶繁茂，南方常用作支架绿篱的攀缘绿化材料，北方用于盆栽观赏。

铁线莲（*Clematis paniculata*），毛茛科铁线莲属落叶或半常绿灌木，二回三出羽状复叶，花单生于叶腋，花梗细长，无花瓣，乳白色，花期夏季。产于华东、华南等地，日本及欧美有栽培。有重瓣及蕊瓣等几个品种。喜光，侧方荫庇时生长更好，喜疏松肥沃、排水良好的石灰质土壤，耐寒性较差。

用播种、压条、分枝、扦插、嫁接等方法繁殖。国内普遍采用压条繁殖，可于4～5月间进行，经常保持湿润，1年后可分离。变种和园艺品种多采用扦插和嫁接法，早春于温室中进行。铁线莲不耐移植，幼苗一次性定植较好。绿化墙面需用钢丝或绳线辅助。

铁线莲花大色美，细枝柔蔓，轻盈婀娜，是点缀院墙、支架、凉亭、花篱的好材料，亦可与假山岩石搭配或作盆景欣赏。

扶芳藤（*Euonymus fortunei*），又称蔓卫茅、爬行卫茅、爬藤黄杨，为卫茅科常绿藤本，单叶对生，革质，卵形或椭圆状卵形，叶缘具粗钝锯齿，浓绿、有光泽，入秋后变红色。花期6～7月份，花小。耐寒性强、耐旱、耐阴、耐瘠薄、对土壤条件要求不高，寿命长。

扶芳藤可播种繁殖，但以扦插为主，一年四季除严寒天气外均可剪枝扦插，无特殊要求，只要保证70%左右的湿度，30天左右即可生根。栽培管理粗放，耐修剪，可整形成各种式样，如球形、悬崖形等。

扶芳藤四季常青，适应性强、管理粗放，在园林绿化中应用前景广阔，可用于掩覆陡坡、花坛缘地、假山石，或绿化美化枯树、断垣、灯柱、花墙等。扶芳藤抗污染气体的能力较强，适宜在污染较重的工矿区绿地推广使用。

2）垂直绿化用其他木质藤本植物资源（表2-4）

垂直绿化用其他木质藤本植物资源　　　　　　　　　　　　　　表 2-4

中文名	学名	科名	习性	产地及分布区	观赏用途
珊瑚藤	*Antigonon lepto-pus*	蓼科	常绿藤本，喜暖热气候	华南、华东地区	观花、观叶，藤架、篱垣
龙须藤	*Bauhinia championi*	苏木科	常绿藤本，喜温暖湿润	华东、华南、西南、华中	观花、观叶，绿篱、围墙
使君子	*Quisqualis indica*	使君子科	落叶或常绿藤状灌木，喜暖、怕寒、喜光	原产于印度东部，分布于我国南部	观花、观叶，棚架、篱垣
毛茉莉	*Jasminum multiflorum*	木犀科	常绿攀缘灌木，喜光，喜温暖湿润，怕寒	原产印度，我国各地栽培	花叶俱美，棚架、篱垣
买麻藤	*Gnetum montanum*	买麻藤科	常绿藤本，喜炎热潮湿，较耐阴	云南、广西、广东	观叶，棚架、假山
大血藤	*Sargentodoxa cuneata*	木通科	落叶大藤本，喜阴，喜温暖湿润	我国东部与南部	绿廊、凉棚
蝙蝠葛	*Menispermum dauricum*	防己科	落叶大藤本，喜光，耐寒、耐旱、怕热、怕湿	我国东北、华北、华东、朝鲜、日本	绿廊、凉棚、假山
五味子	*Schisandra chinensis*	木兰科	落叶大藤本，喜温差大，耐瘠薄，耐阴	东北、华北、华中、西南	观花、树形、绿廊、凉棚
鸡血藤	*Millettia dielsiana*	豆科	蔓生灌木，喜光，喜温暖，耐瘠薄	华东、华南、华中、西南	棚架、假山、石面

中文名	学名	科名	习性	产地及分布区	观赏用途
葛藤	*Pueraria lobata*	豆科	木质大藤本,喜光,喜温暖潮湿,耐旱,耐瘠薄	广布全国及朝鲜、日本	围墙、凉棚、绿篱
南蛇藤	*Celastrus orbiculatus*	卫矛科	落叶木质藤本,喜光,喜温暖,耐寒、耐旱	除华南外广布各地	观花、棚架、绿篱
葡萄	*Vitis vinifera*	葡萄科	落叶木质大藤本,耐寒耐旱,适应性强	原产北美、东亚、西亚,现各地栽培	生产果实,棚架绿化
蛇葡萄	*Ampelopsis sinica*	葡萄科	落叶木质大藤本,耐寒、耐旱,适应性强	广泛分布各地	凉棚、拱门、绿廊
猕猴桃	*Actinidia chinensis*	猕猴桃科	落叶木质大藤本,喜光,亦耐阴、耐寒	中部、南部、西南部、东部	生产果实,棚架绿化
三叶木通	*Akebia trifoliata*	木通科	落叶藤本,喜温暖湿润,稍耐阴	河南、湖北、山西、江苏等省	花架、篱垣、山石
西番莲	*Passiflora coerulea*	西番莲科	常绿蔓性植物,喜温暖、阳光	原产巴西,全国各地有引种	花墙、花篱
石柑子	*Pothos chinensis*	天南星科	常绿大型藤本,喜湿,喜肥、酸性土	广东、广西、湖南南部	岩石、围墙、护坡
绿萝	*Scindapsus aureun*	天南星科	常绿藤本,喜温暖,不耐寒,较耐阴	原产所罗门群岛,现各地栽培	墙、棚、桥等阴面

3) 垂直绿化常用草质藤本植物资源

啤酒花（*Humulus lupulus*），别名忽布、酵母花、酒花，多年生缠绕草本，茎高 2～5m，茎枝绿色，密被细毛和倒钩刺，单叶对生，纸质卵形，叶缘具粗锯齿，叶面密生小刺毛，花期 7～9 月。喜冷凉干燥、阳光充足、昼夜温差大和夏季雨量不多的气候环境。原产于亚洲及美洲，我国新疆北部、甘肃和陕西均有野生种发现，东北、华北等地都有栽培。

啤酒花通常以地下茎的方式繁殖，种苗栽植应在土地解冻后 3～5 月间，栽后 20 天左右可出土。苗出土后，采用一定的支架帮助攀缘。2 年以上的植株，春季进行割芽修根，以使养料集中。

啤酒花株形优美、香气浓郁，很适宜在园林绿化中作花架和凉棚，也可用于阳台窗台绿化遮荫。

牵牛花（*Pharbitis nil*），别名喇叭花、朝颜、裂叶牵牛，旋花科牵牛属一年生缠绕草本，茎长可达 4～5m，绿色，单叶互生，常为卵状心形，花 1～2 朵集生于叶腋。花冠漏斗状，白色、蓝色、紫色等，花期 6～10 月。喜光和温暖，不耐寒，耐旱、耐瘠。原产美洲热带地区，现广泛栽培。

牵牛用种子繁殖，4 月播种，出苗后早搭支架，以后养护很简单，可以适当施肥水。生长过程中可以用细线或钢丝引导其生长方向。牵牛花叶俱美，姿态轻盈，是我国各地广泛栽植的观赏绿化植物，常用作小型花架、绿篱等的绿化点缀。

茑萝（*Quamoclit penata*），又称绕龙花、游龙草、茑萝松，旋花科茑萝属一年生缠绕草本，茎长达 4m，单叶互生，叶片羽状深裂，花数朵集生成聚伞花序，腋生，花冠深红色或白色漏斗状，花期 8～10 月。喜阳光、温暖，耐旱，不耐寒。原产南美洲，现我国各地均有栽培。

茑萝用种子繁殖，4～5 月份播种，出苗后及时搭架支持，后期管理粗放，大苗不耐移植。茑萝叶形细腻，花色多变，广泛用于篱墙及小型支架的绿化美化。本属还有圆叶茑萝（*Q. coccinea*）、槭叶茑萝（*Q. sloteri*），主要在叶形上有所区别，栽培繁殖及应用方式基本相同。

旋花（*Convolvulaceae sepium*），别称离天剑、续筋根、缠绕牡丹、蔓性牡丹，旋花科多年生缠绕草本。全株光滑，叶互生，长卵形，基部戟形，花单生叶腋，花冠漏斗形，淡红色。旋花耐旱、耐寒、喜阳光。全国广泛分布。旋花一般以种子繁殖，但有些品种不产生种子，而是以地下根茎繁殖，用地下根茎长10cm一段，带2～3个芽眼，横埋土中即可生根成活。

旋花花大色艳，尤其是重瓣品种，花叶均似牡丹，具有很高的观赏价值，可以作为各种花廊、绿篱、屏障、凉棚的绿化材料。

何首乌（*Fallopia multiflora*），别名首乌、赤首乌、乌肝石，蓼科蓼属多年生缠绕草本，具块根，质硬，肥大而不规则。茎长3～4m，单叶互生，叶卵形，叶缘波状或全缘。花小，白色，花期8～9月。喜温和潮湿气候，喜光，也稍耐阴，忌干燥和水湿。全国各地分布。

繁殖以扦插为主，也用种子繁殖。扦插用1～2年生硬枝，截成20～25cm长，扦插季节因地而异，华南地区可于2～5月份进行，华中及西南6～7月份，华北地区一般在7～8月份的雨季进行。栽培管理要勤于施肥浇水和整枝。

何首乌具有很高的药用价值，用其来美化庭院、阳台、廊柱、山坡，可以与药材生产相结合，以产生一定的经济效益。

香豌豆（*Lathyrus odoratus*），又称花豌豆、小豌豆，豆科香豌豆属一、二年生缠绕草本，茎有翅。羽状复叶，先端小叶变为卷须，仅剩一对基部椭圆形小叶。总状花序腋生，花蝶形，大而芳香，多色，花期5～6月。喜冬暖夏凉气候，不耐炎热，土壤以深厚肥沃的中性黏壤土最佳，忌移植。原产南欧，现国内各地栽培。

香豌豆枝叶纤细，花大、味香、色艳，是优良的观赏攀缘植物，南方可陆地栽培作为花架、花篱的绿化材料，北方可作为向阳窗台、阳台、支架等的垂直装饰。

栝楼（*Trichosanthes kirilowii*），别名瓜蒌、药瓜，葫芦科栝楼属多年生草质藤本，茎长10m以上，细弱，多分枝，卷须分叉，顶端有膨大的吸盘。圆形单叶互生，花白色芳香，花期6～8月，瓠果近球形，橙黄色，果熟期9～10月。耐寒耐阴，喜温湿气候，对土壤要求不严。我国各地均有分布。

可用种子、分根及压条繁殖，生产上常用分根法，北方春季、南方冬季挖取3～5年生健壮根，截成7～10cm小段开沟栽植。养护管理粗放，栽后保持湿润，半个月可出苗，适时浇水即可。

栝楼具有药用、观赏等多种价值，并具有卷须和吸盘两种攀缘方式，既可以栽植在栅架、栏杆下，也可以栽植在墙下。栝楼还可以作地被植物，覆盖假山、土坡。

观赏南瓜（*Cucurbita moschata*），又叫看瓜、金瓜、观赏西葫芦，葫芦科南瓜属一年生攀缘草本，茎长3～5m，外被粗毛，茎卷须、多分枝，先端螺旋状卷曲。单叶互生，叶广卵形、不规则数裂，缘具细锯齿。花单生，黄色，较大。瓠果球形，直径10～12cm，黄、白、橙等色或具条纹。喜温暖湿润气候，不耐寒，不耐热。原产美洲，现各地栽培。

种子繁殖，北方3月间室内或冷床播种，也可搭建小型塑料棚地播。苗木4月中旬定植，移植后施肥水数次。本种由于树形、果形、果色别具一格，是一种优良的观赏植物，适宜我国南北各地作支架、荫棚、花廊和花门等的绿化材料。

4）垂直绿化用其他草质藤本植物资源（表2-5）

垂直绿化用其他草质藤本植物资源   表 2-5

中文名	学名	科名	习性	产地及分布区	观赏用途
豌豆	*Pisum sativum*	豆科	一年生攀缘草本，适应性强	原产欧亚，现各地栽培	庭院、阳台
扁豆	*Lablab purpureus*	豆科	一年生缠绕草本，喜温暖气候，忌霜	华北、华中、东北	阳台、绿篱、棚架
倒地铃	*Candiospermum halicacabum*	无患子科	一年生攀缘草本，喜温暖湿润，畏寒	热带及亚热带地区	棚架、窗台
月光花	*Calonyction aculeatum*	旋花科	一年生缠绕草本，喜温暖，阳光充足	原产拉丁美洲，各地栽培	小型棚架、花篱
木鳖子	*Momordica cochinchinensis*	葫芦科	多年生草质藤本，喜暖湿，耐阴，畏寒	我国大陆东部、南部及台湾地区	凉棚、绿廊、围墙
丝瓜	*Luffa cylindrica*	葫芦科	一年生攀缘草本，喜暖湿，耐阴，畏寒	全国广布	凉棚、花架、阳台
葫芦	*Lagenaria siceraria*	葫芦科	一年生攀缘草本，喜暖湿，耐阴，畏寒	广布世界热带、温带	凉棚、花架、阳台
党参	*Codonopsis pilosula*	桔梗科	多年生草质藤本，喜光，耐寒，畏湿热	我国北方	小型棚架、花篱
薯蓣	*Dioscorea opposita*	薯蓣科	多年生缠绕草本，喜光，耐寒	全国广布	凉棚、绿廊、围墙
南美牵牛	*Ipomoea fistulosa Mart. ex Choisy*	旋花科	多年生缠绕草本，喜光，畏寒	原产美洲，广东、香港引种	棚架、绿篱

5）注重阳光朝向，合理选配植物

垂直绿化除攀缘方式、植物选择外，还特别要重视阳光朝向因素的影响，要根据绿化要求合理选用适应、适地的植物，以确保种植效果。

4. 养护

垂直绿化立地条件恶劣、土地贫瘠、干旱、立地环境差，种植的植物材料除选用速生、耐贫瘠、耐旱的本地品种外，还应加强后期的管护工作，增强其适应性，从而更好地发挥其绿化、美化、防护功能。垂直绿化的日常管护要抓好以下四个重要环节。

1）加强肥水管理

垂直绿化的科学施肥应根据植物的不同和植物生长的不同时期所需的养分不同，有针对性地进行。一是每年要施一次基肥，基肥应使用有机肥。有机肥应经过腐熟后穴施。基肥应于秋季落叶或春季发芽前进行。容器种植或栽植槽种植的条件可以在冬季施肥。二是追肥应在春季萌芽后至当年秋季苗木生长期间进行，追肥可采用根部追肥或叶面追肥两种方式。叶面喷肥宜在早晨或傍晚进行，也可结合喷药一并喷施。科学浇水应根据不同季节、不同环境条件和植物的不同特性掌握好浇水量和浇水次数，保证植物正常生长。新植和移植的植物，应及时浇定根水，转入正常养护后，应根据当时的环境和气候条件灵活掌握浇水。攀缘植物根系浅、占地面积少，因此在土壤保水力差或天气干旱季节应适当增加浇水次数和浇水量。

2）整形修剪

结合人工牵引，根据其不同功能进行修剪，或以均匀为主，或以水平整齐为主，一般不剪蔓，只对下垂枝、弱枝进行修剪，从而促其生长。修剪可以在植株秋季落叶后和春季发芽前进行，剪掉多余枝条，减轻植株下垂的重量，为了整齐美观也可在任何季节随时修剪，但主要用于观花的种类，要在落花之后进行。攀缘植物的整形尤其要注意栽植初期的理藤、造型，使其向指定方向生长，以达到预期效果。

3）中耕除草

中耕除草的目的是保持绿地整洁，减少病虫害的发生条件，保持土壤水分。除草应在整个杂草生长季节内进行，以早除为宜，要对绿地中的杂草彻底除净，并及时处理，在中耕除草时不得伤及攀缘植物根系。容器种植植物1～3年后应进行翻盆，通过翻盆达到松土的目的，翻盆时间根据植物生长习性确定，一般多在春、秋季进行，总的原则是在植物进入生长阶段前，或即将进入休眠时，应避开即将开花的时期。植物生长快、开花多的应每年翻盆一次；生长缓慢的可2～3年翻盆一次。

4）做好病虫害防治工作

在防治上应贯彻"预防为主，综合防治"的方针，因地、因树、因虫制宜，采用人工防治、物理机械防治、生物防治、化学防治等各种有效方法加以防治。在栽植后要保持通风透光，防止或减少病虫害的发生；应加强水肥管理，增强植株抗病虫害的能力。垂直绿化植物的主要病虫害有：蚜虫、螨类、叶蝉、天蛾、虎夜蛾、斑衣蜡蝉、白粉病等，一旦出现病虫害，应及时清理带病虫害的落叶、杂草等，消灭病虫源以防止扩散、蔓延。化学防治时，应选用对天敌较安全，对环境污染轻的农药，既控制住主要病虫的危害，又注意保护天敌和环境。

2.2.4 典型案例

1. 桥梁绿化

如今，立交桥在城市交通中扮演着不可或缺的角色。它减少了道路对地面的占有，增加了人们活动的地面空间。就全国绿化的实践来看，立交桥的绿化已经成了大势所趋。这种绿化形式是提高城市绿化的绝佳手段（图2-18）。

图 2-18 桥梁绿化   图 2-19 外墙绿化

2. 外墙绿化

外墙绿化不仅可以增加建筑的艺术效果，而且使环境更加整洁美观、生动活泼。同时，外墙绿化还能使呆板的墙面充满绿色的生机，扩大城市有限平面绿化率。例如：北京林业大学生物楼外墙、学生宿舍等利用爬山虎进行垂直绿化（图2-19）。

3. 栏杆、篱笆绿化

栏杆、篱笆的绿化不仅能提高绿化率，同时也是增加庭院气氛的很好手段。同时，带刺的绿篱植物还能起到一定的防护作用（图2-20）。

图 2-20 栏杆、篱笆绿化

4. 花架、支架绿化

花架和棚架是藤本植物景观营造的一种方法。一方面能够为人们在烈日炎炎的夏日遮挡太阳；另一方面，还能独自成景，营造出具有不同空间的植物景观。如紫藤花开的浪漫，瓜果成熟的丰收喜悦，浓郁夏荫的凉意（图2-21）。

图 2-21 花架、支架绿化

5. 门庭绿化

门是建筑的入口和通道，并且和墙一起分隔空间，门应该和路、石、植物等一起组景形成优美的构图，植物在其中能起到丰富建筑构图、增加生机和活力、软化门的几何线条、增加景深、扩大视野、延伸空间的作用。

如藤本月季用于拱门的装饰（图2-22）。

图 2-22　门庭绿化

2.3　特殊空间绿化

2.3.1　特殊空间绿化的意义

本书所指特殊空间绿化主要是立体花坛绿化、垂直绿墙、室内绿化装饰这三类。本书从三部分内容来阐述其各自的意义。

1. 立体花坛绿化的意义

1）美化环境

立体花坛在园林构图中常作为主景，它那缤纷的色彩和丰富的造型，具有很好的环境效果和欣赏效应，从而美化了城市环境，拉近了人与自然的距离，协调了人与城市环境的关系，提高了人们艺术欣赏的兴趣。其独有的装饰作用是其他城市建设项目不可比拟的。

2）有效柔化硬质景观

在城市中，由于大量的硬质楼房，形成轮廓挺直的建筑群体，而立体花坛则为柔和的软质景观，能充分绿化、美化硬质景观，削弱硬质景观给人们带来的压迫感和空间上的单调感，从而有效柔化了硬质景观，塑造了人性化的生活空间。

3）科普教育

通过精心设计、布置，立体花坛将不同的图案花纹、不同的色彩配置、不同的植物种类，一一展现在人们面前，寓教于乐，集科普教育与环境美化为一体，增强了人们绿化环境的意识。

4）渲染气氛

立体花坛丰富了城市人的精神文化生活。每逢重大节假日，立体花坛就成了城市美化不可缺少的表现形式，是营造美丽、热闹场面的重要手段，五颜六色、鲜艳夺目的花卉群，烘托了节假日欢乐的气氛。

5）增加城市新的旅游景点

立体花坛为城市增添了新的旅游景点，也为城市居民提供了游玩的去处，大大提高了城市的艺术品位，进一步促进了当地旅游事业的发展。

6）组织交通

在道路交叉口、干道两侧设置立体花坛，有着分隔空间、分道行驶和组织行人路线的作用，不仅提高驾驶员的注意力，使行人也有安全感。

7）标志和宣传

利用不同色彩的花卉组成各种徽章、纹样、图案或字体，或结合其他物品陪衬主体，起到标志和宣传的作用（赵详云，2004）。

8）生态保护

花卉植物，是净化空气的"天然工厂"。花卉不仅可以消耗二氧化碳，供给氧气，而且可吸收氯、氟、硫、汞等有毒物质。有的鲜花具有香精油，而具芳香气味的鲜花都有抗菌作用，飘散在空气中的香味对于杀结核杆菌、肺炎球菌、葡萄球菌以及预防感冒、减少呼吸系统的疾病具有显著效果。

2. 垂直绿墙的意义

1）改善空气质量

植物叶片表面的特性和本身的湿润性决定了植物具有较强的滞尘能力。不但能吸收粉尘、烟尘，吸收二氧化碳，还能吸收有毒气体。

2）调节温度和湿度

植物一方面通过增加建筑的覆盖层降低其表面温度，另一方面可以通过建筑物表面与绿化层之间不流动的空气层，减缓热传导，或通过植物墙的灌溉系统供给的水分蒸发消耗热量而使室内冬暖夏凉。

3）降低噪声

绿色植物枝叶及其基层能削弱声波的传播能量，同时植物表面的气孔和绒毛及基质等能吸收声音。研究表明，噪声遇到重叠的叶片，可改变直射的方向，可以减弱 20％～30％。

4）避免光污染

据测定，白色外墙粉刷面反射系数为 69％～80％，镜面玻璃及光面瓷砖的反射系数为 82％～90％，城市建筑大部分外墙采用浅色面砖或玻璃幕墙已造成严重的光污染，光污染已成为现代城市中主要的污染源之一。而植物墙对光的反射系数非常低，不会产生眩光和光污染。

5）消除热岛效应

据有关资料，如果一座城市 50％的建筑物建设屋顶花园，城市市区全年平均气温将下将 0.7℃，气温超过 30℃的天数将减少约 21％。当一个城市屋顶花园覆盖率达到 70％时，热岛效应可基本消除。因此，推算当一个城市建筑立体绿化达到 20％时，热岛效应就可基本消除。

6）拓展绿化空间

植物墙合理利用了闲置的建筑墙体空间，拓展了城市土地的垂直利用途径，提高了土地资源的利用率，是缓解城市土地紧张矛盾的一种途径。特别是城市在大量建房占地之后，以这种方式进行绿化补偿，为寸土寸金的城市开拓广阔的绿化空间，对城市的可持续发展有重要意义。

7）组织、分割空间

用植物墙组织空间，可以起到类似围栏、屏风的作用。利用植物墙形成或调整的空间，既能保持原有空间的功能，又能起到装饰效果。

8）保护建筑物

植物墙可以调节夏季和冬季的极端温度，减轻过热过冷负荷对建筑材料产生的热胀冷缩，减少建筑物表面的温差裂缝，同时还可以遮挡酸雨及紫外线对建筑物防水层和壁面的恶化作用，减缓建筑物粉刷层的风化和腐蚀，保护建筑墙面，从而延长建筑的寿命。

9）减少视觉污染，调节心理

植物墙具有柔和、丰富和充满生机的景观效果，使人与建筑物建立了一种愉快的视觉联系，可调节高节奏生活带来的紧张和疲劳，降低环境胁迫压力，提高工作效率和改善人们的健康状况。

10）营造经济效益

植物墙系统具有尺度可大可小、人工化程度高的特点，对整个建筑甚至整个场所的品位和整体价值的提高都有很高的商业价值。不论是室外或室内植物墙，提高了建筑及装饰的档次及品位，在经济发达地区无疑具有很大商机。植物墙的直接收益包括自身的使用价值、装饰绿化后的景观效益及景观功能所产生的吸引人们购买欲望的潜在价值，间接收益指建成后在商业过程中产生的经济收益与同一地面区域中商业过程中产生的经济收益的差值。通过植物墙绿化体系联结而生的一些相关的商业体系产生植物墙的间接收益。植物墙的间接收益也包括建筑综合能耗下降，运营成本的降低而产生的经济效益。

3. 室内绿化的意义

1）净化空气，调节气候

室内绿化装饰在调整温度、湿度和净化室内空气方面有极其重要的作用。据中国室内环境委员会监测中心研究发现，很多室内植物有能消除空气中的有毒化学物质的作用。不但叶片能吸收空气中的有害气体，而且其根部共生的微生物也能自动分解污染物，并被根部吸收。同时，还有滞留空气中的尘埃，释放对人体有益的氧气，分泌有益的化学物质抑制空气中的细菌，调节空气湿度和降低噪声等作用。如吊兰、君子兰、虎尾兰、仙人掌、芦荟对吸收甲醛、一氧化碳的作用非常明显，苏铁、常春藤能吸收油漆中的氨、二甲苯；常春藤、苏铁、菊花可吸收苯；棕榈、仙客来、玉簪等可吸收二氧化硫、氟化氢、汞等有害气体；万年青、龙舌兰、雏菊可有效清除三氯乙烯；常春藤、芦荟、无花果、八仙花能吸收细微灰尘及打印机、复印机粉尘。1993 年 B. C. Wofverton 通过实验证明了植物能够吸收室内环境中的甲醛、二甲苯和氨。1995 年 Katzel J. 提出通过科学地选择植物种类和正确地配置，能够清洁室内空气。同年 Foster D. 提出植物可以减轻室内污染，降低室内有毒化学物质。1996 年 Virginial Lo. 和 Earofine H. Pearson-mims 提出植物能够加速室内微粒的沉降，增加室内相对温湿度，从而起到净化空气的作用。2001 年 T. Oyabu 利用氧化亚锡气体感应器测得室内植物能够除去室内化学污染物。2003 年 Oya-bo，Takashi 等人提出植物具有降低室内污染甚至分解室内环境中令人不快的气味，如硫化氢、氨气和 CH_3SH 分子的能力。由于植物叶面多毛或气孔、分泌有油脂性物质或黏液的存在，可以吸附降低室内飘尘含量。通过试验测定，绿化使室内平均飘尘含量由绿化前的平均 $13.2mg/m^3$ 降为绿化后的平均 $5.1mg/m^3$，降幅为 $8.1mg/m^3$，达 61.6%。

室内绿化量对飘尘含量的影响　　　　　　　　　　　　　　　　表 2-6

序号	绿化量(cm²/m³)	绿化前(mg/m³)	绿化后 24 天(mg/m³)	绿化后评价飘尘含量(mg/m³)
1	389.08	39.7	7.9	7.0
2	434.06	8.1	6.4	6.4
3	490.73	11.5	2.0	3.7
4	566.86	31.0	10.4	8.3
5	609.25	7.5	5.2	5.0
6	621.52	5.5	4.8	4.0
7	682.99	10.0	2.5	6.1
8	870.17	4.9	5.4	3.6
9	972.02	4.0	2.0	3.0
平均	626.30	13.2	5.0	5.1

由表 2-6 可见，绿化前与绿化后空气中飘尘的含量大部分项目有明显降低，但由于不同植物叶面结构、叶面面积及叶面形态有所不同，所以产生的滞留飘尘的能力也不同。

湿度是形成室内小气候的主要因素。用除湿机或加湿器来调节室内湿度效果虽好，但代价太高，一般家庭不容易接受。如果运用室内绿化装饰来调节室内湿度，既经济实惠又增加了美好效益。干燥的季节，绿化较好的室内，其湿度会在植物的蒸腾作用下增高，到了雨季，又由于植物具有吸湿性的特点，室内湿度又会降低。植物还能遮挡阳光，吸收辐射热，而起到降温的作用。

2）美化室内环境

室内绿化除了对室内生态环境有良好的改善作用外，对室内环境的美化作用更具有表现力，它有别于其他任何的室内装饰，比一般的装饰物更具有生机和活力。这主要表现在两个方面：

一是室内植物本身的观赏性，包括它的色彩、形态、芳香和寓意。色彩是室内植物美的重要组成部分。在室内植物的众多审美要素中，色彩给人的美感是最直接、最强烈的，因而能给人以最难忘的印象。就植物的形态美来看，既有整个植株的株形美，也有叶片、花果、根部的器官美。不同的香花花瓣里所含精油的成分不同，所以不同种类的花散发出的香气也不同。如白兰、茉莉香气浓郁；兰花、栀子清香四溢；米兰、晚香玉香气浑厚；腊梅、水仙香气淡雅。不同的香味，让你体会到不同的微妙。

二是通过植物与室内环境合理地结合，有机地配置，从色彩、形态、质感、空间等方面产生鲜明的对比与协调而形成美化的环境。

室内家具等物品多用表面光洁细腻的材料制造，外表呈平滑光亮状，而室内植物则具有粗糙、凹凸多变和外形线条优美等特点。有时可能相反，总之两者共同置于室内，形成反差对比。色彩的配置是室内设计中一个重要的方面。室内的器具、墙壁和地面多半采用白、灰、浅褐或浅黄等浅色调，而室内植物多为绿色、红色或杂色等深色调，形成视觉上的冲击，使得绿叶红花更加清晰悦目。室内空间实体具有简洁、干净、整齐的特点。室内植物的自然、多变，如高低、疏密和曲直等就与室内空间实体形成对比，消除了生硬感和单调性，使其相得益彰，进一步增强了室内环境的表现力。例如绿萝、龟背竹由于叶大而有较强的装饰效果，仙人掌类则由于形态奇特而别具情趣。它们均可与别的植物共置于同一空间中形成对比，增强美化作用。

3）心理保健，陶冶情趣

室内绿化装饰不仅具有良好的生态效益，而且还能调节人们的心理状态。室内绿化能提高使用者的认知度，丰富相关知识。了解室内植物的种类、属性、习性，再根据其特点来进一步加强培育技能。在学习培育的过程中，又能观察其生长过程的不同阶段的变化，增加我们植物方面的知识。在培养室内植物时人们还会较仔细地观察花、茎、叶、果、根的生长特点，观察其生活习性，这就需要人们集中注意力加倍呵护，从而提高我们的注意力。在调节情绪方面，室内植物也能起到很重要的作用。在个人的生活或工作环境中摆设一些观赏植物，其外形和内涵能使人感到心情愉悦。比如丁香给人以青春的朝气；君子兰代表了高雅、大度的个人魅力。而花卉的内涵又能陶冶人的情操。中国人对于梅兰竹菊四君子的称赞由来已久，它们的幽芳逸致、风骨清高，让人不禁为之敬佩，深受世人爱意。还有其他的植物都各有品质，培育和欣赏自己喜欢的植物，时间久了也会为其所染。

4）组织空间，引导空间

（1）室内与室外建立联系

借助绿化使室内外景色通过通透的围护体互渗互借，可以增加空间的开阔感和层次变化，使室内有限的空间得以延伸和扩大，通过连续的绿化布置，强化室内外空间的联系和统一。利用绿化建立联系，更鲜明、更亲切、更自然、更惹人注目和喜爱。其次，绿化装饰能限定、分隔室内空间。现代建筑的室内空间越来越大，越来越注重通透性，无论是酒店宾馆、写字楼、医院、博物馆，还是家居小套房，用墙体进行阻隔已经不多见了，取而代之的是用植物进行隔断。利用室内绿化可形成或调整、划分空间，将一个空间划分成不同的组合。根据功能的不同可以组成不同的空间区域，能使各部分既能保持各自的功能作用，又不失整体空间的开敞性和完整性。以绿化分隔空间的应用范围是十分广泛的，某些酒店中的茶餐厅与大厅之间，可以用一排绿色植物进行分隔。这样既能增加两者之间的空间感，又没有完全切断两者之间的联系。

（2）提示、引导室内空间

由于室内绿化具有观赏的特点，能很容易地吸引人们的注意力，因而常能巧妙而自然地起到提示引导的作用。许多饭店、酒楼往往从大门口就开始摆放两排鲜花、绿色植物等，并由门外一直朝门内延伸布置摆放至大堂。通过绿化在室内连续地布置，从一个空间延伸到另外一个空间，特别是在空间的转换、过渡、改变方向之处，有意识地强化植物突出、醒目的效果来吸引视线，就起到了提示、联系和引导空间的作用。

（3）突出室内重点

对于室内空间的重要部位或重要视觉中心，如正对出入口、楼梯进出口处、标志性建筑、主题墙面等，必须引起人们注意的位置，可放置特别醒目、颜色艳丽或造型奇特的绿化造型，以起到强化空间、突出重点的作用。如宾馆、写字楼的大堂中央常常设计摆放一个组合盆花造型，作为室内装饰，点缀环境，突出重点，形成空间中心；在会议室主席台前的绿化布置，能有效地突出会议中心，渲染大会气氛；交通中心或走廊尽端的靠墙位置，也常成为厅室的趣味中心而加以特别装点。

（4）柔化室内空间

现代建筑空间大多是由直线结构形成的几何体，让人产生硬、冷漠的感觉。而通过室内绿化装饰，利用室内绿色植物特有的线条、多姿的形态、柔软的质感、五彩缤纷的色彩和充满生机的动态变化，与冷漠、僵硬的建筑几何形体和线条形成强烈的对比，可以改变人们对空间的印象，并产生柔和的情调，从而改善空间呆板、生硬的感觉，使人感到亲切自然。例如：乔木或灌木以其柔软的枝叶覆盖室内的大部分空间；蔓藤植物，以其修长的枝条，从这一墙面伸展至另一墙面，或由上而下吊垂在墙面、柜架上，如一串翡翠般的绿色枝叶装饰着，这是其他任何饰品、陈设所不能代替的；植物的自然形态，以其特殊色质与建筑在形式上取得协调，在质地上又起到刚柔对比的特殊效果，通过植物的柔化作用补充色彩，美化空间，使室内空间充满生机。

2.3.2 特殊空间绿化的原则

1. 立体花坛的绿化原则

立体花坛虽然具有各种造型，但不是随便堆积而成的，必须根据一定的原则进行设计。在设计中必须权衡其造型、尺寸、主题等是否与周围环境相协调，注重形式美的表现，同时要考虑其结构与施工条件的可行性，在不影响造型审美效果的前提下，力求结构简单合理，施工养护方便易行。在设计时主要考虑以下的原则。

1) 因地制宜，与环境相协调

立体花坛设计与园林设计一样要因地制宜，根据所要摆放的环境和立地条件，如土壤、光照、水源等，整体考虑所要表现的形式、主题思想以及色彩的组合等因素，要达到既与环境协调统一，又能充分发挥立体花坛本身的最佳效果。同时，还要注意花坛设置的具体位置，对所处环境的空间分隔产生的影响。尤其是节日和重大会议期间布置的临时花坛，更要考虑到这一点，否则就可能造成交通和人员的拥堵，甚至引起安全事故。

2) 立意为先

立意为先，这是任何艺术创作的前提。即立体花坛要表现什么样的主题，是以观赏为主、烘托营造气氛为主，还是要表现更深的内涵等，例如国庆花坛要体现节日的欢乐气氛，还要反映出国家的建设成就及繁荣富强的景象。确定了主题才能根据主题的需要来安排植物之间的比例关系以及其他方面。另外，还应充分考虑立体花坛的宣传作用，以充分发挥设计人员的聪明才智，创造出具有新意的艺术造型。

3) 注重和强调形式美的表现

人们对形式美的感知具有直接性，有关研究证明观察者审美态度的获得只需要很短的时间，受到广泛认同的观点认为这一时间只需要 5～8s。形式美的表现有一定的规律可循，例如，对称式的图案给人呈现出一种安静平和的美；均衡式的图案可以弥补对称式图案缺少变化的不足，在庄严中显得活泼而自由。掌握了创造形式美的法则和方法，就可以在立体花坛的设计中根据植物自身特点，选择不同花色的植物来进行设计，打破刻板与单调，营造重点与高潮，营造出优美的图案和造型。

4) 比例和尺度适宜

园林造景处处讲究比例与尺度，立体花坛的设计更是如此。立体花坛本身各部之间，立体花坛与环境之间，立体花坛与观赏者之间等，都存在着比例与尺度的问题。比例与尺度恰当与否直接影响着立体花坛的形式美以及人们的视觉感受，良好的比例关系本身就是美的法则。举例来说,设计一个花篮式的立体花坛,花篮造型的高、宽、篮柄的高度之间的比例,怎样才合乎美的要求,这是比例问题;而这种花篮如设置在一特定的环境中,体量应该多大才与环境相衬,人们在哪个位置能获得最佳的欣赏角度和观赏效果,这就是尺度问题,这两种因素是不可分开的。

5)视错觉的影响

在生活中常会出现由于环境的变化以及光线、形体、色彩等因素的干扰,加上人们本身的生理原因,对于物体的观察有时会发生错误的判断,通常将这种错误感觉称为视错觉。当水平线与垂直线相等长度时,人们会感觉垂直线比水平线长,同样一件物品由于视觉不同,会产生近大远小的感觉。在立体花坛设计时应充分考虑到视错觉的影响,如要设计一个高度较高的动物造型时,应适当扩大头部的尺寸。

2. 垂直绿墙的绿化原则

垂直绿墙的主要素材是植物,能否创造出景观丰富多彩、效果稳定并且易于管理的绿墙,在很大程度上取决于植物材料的选择。一般而言,垂直绿墙植物材料的选择范围相对于传统垂直绿化要宽,但由于植物墙的特殊性,其植物材料的选择较一般的平面绿化和垂直绿化又具有特殊性。无论室外或室内植物墙,必须考虑的环境因素,包括光照、温度、空气和湿度等。具体应用时,须结合地点和用途综合考量各环境因素对植物材料选择的影响;同时也要兼顾植物墙系统本身的限制条件及植物景观的美学效果。因此,要根据绿化装饰功能、目的,因地制宜地选择植物材料,以利于创造出生机勃勃的立体植物景观。

1)垂直绿墙的植物选择原则

(1)选择根系浅、须根发达的轻质植物

由于垂直绿墙系统是采用基质布来支撑植物体的,考虑绿化的特殊性、施工的可行性和安全性,要求所选植物的体量和重量等要小;为较牢固地附着在基质布上,防止倒伏,应选根系发达的植物,以低矮灌木和草本植物为主;为防止防水层被破坏,主根发达和穿刺能力强的植物要慎用。

(2)选择生长速度和扩展性适中的植物

生长过快的植物不利于保持景观的稳定性,也不便于管理;并且出于荷载的安全需要,植物长期在立面上生长,生长过快也会给垂直绿墙系统荷载增加负担;生长过慢,难形成景观和产生防护效益。因此,垂直绿墙的植物选择,以枝叶稠密、覆盖效果好、生长速度和扩展性适中的植物为主。

(3)以常绿灌木和多年生常绿观叶植物为主

考虑垂直绿墙植物群落的稳定性、绿化的长久性与种植成本的节约性,以减少更换植物的次数,应尽量选用生长周期长的种类,以常绿灌木和多年生的植物为佳。某些一、二年生植物,若花色娇艳、花期较长或功能性强,在景观设计时,可适当选择,以丰富色彩、调节观赏期,特别是对于面积小、更换植物方便、观赏要求高的场所。

(4)选择有一定观赏性的植物

垂直绿墙是供人们欣赏的美丽画面,所以植物须具有形体、线条、色彩等自然美。如表现个体美的花果、色彩、质感、姿态等观赏价值;在群体表现方面,给人以群体美的感受,如高度、花期方面的一致性,色彩和覆盖方面的均匀性等。植物的花开花落,不可能确保植物墙的植物材料一年四季不变,不同季节最好能有不同的开花植物,最好能有花期相对较长的植物。

（5）要求尽量选用养护管理简单，不需维护或少维护的植物

考虑垂直绿墙的特殊种植环境、景观效果和养护成本，植物的选择应以日后养护管理的简易为原则，以选择耐粗放管理的植物为主。根据具体应用环境，尽量选用抗污染性强，可耐受、吸收、滞留有害气体或污染物质的植物，以生长特性和观赏价值相对稳定、滞尘、控温能力较强的当地常用和引种成功的植物材料为主。

（6）植物选择应注意人性化要求

垂直绿墙植物配置，要在满足植物生长的前提下，充分考虑人的因素。尤其在小型空间、室内或人容易接触到的地方，尽量不选择带刺、有毒或释放刺激性气味的植物种类，以免伤人或引起不适。

2）垂直绿墙的种植设计原则

垂直绿墙的种植设计要考虑发挥出植物最大的效益，并且要营造出一种相对长期稳定的植物群落景观。完美的植物景观设计须具备科学性和艺术性的统一，以生态学理论为指导，遵循艺术原则，营造具有景观美和意境美，同时符合场地性质和功能的植物景观。

（1）符合植物习性

植物生活在一定的生态环境中，温度、水分、光照、大气、养分等生态因子影响着植物的生长和发育，因此，要根据植物所处的生态环境条件，选择适宜生长的植物。在荫蔽处，适宜种植喜阴或耐阴植物，如白鹤芋、太阳神、一叶兰等；在阳光充足的地方，宜种植较喜阳的植物，如九里香、黄金叶等；在植物墙的顶部，宜种植相对耐旱和适应性强的植物种类，如虎尾兰、山芥兰等；在植物墙的底部种植喜湿的植物，如：蕨类、书带草、合果芋等。

（2）符合场地性质和功能

不同的场合有不同的功能，植物墙的应用有不同的要求，应根据绿化装饰的场合特点进行设计。如医院最好设计具有杀菌功能的植物墙，休闲场所宜用芳香植物种类。

（3）注重整体性

每种植物在形态、色彩、质感等方面都表现出不同的特色，在展示植物个体美的同时，更要符合整体的协调性。配置在一起的各种植物须讲究构图完整，高低错落，植株之间能共生而不能相互排斥。不仅彼此间色彩、姿态、体量、数量等要协调，而且相邻植物间的生长强弱、繁衍速度也应大体相近，防止一种植物被另一种植物遮蔽，最好不要看到明显的空秃。

（4）重视景观美

垂直绿墙除发挥其生态功能外，绿化装饰功能也是其重要内容。依照美学原理，通过艺术设计，明确主题、合理布局、分清层次，协调植物丰富的色彩美、形体美、线条美和质感美等，使绿化布置自然地与装饰艺术联系在一起。如利用叶形、叶色，可利用开花、结果和具有气生根的植物来丰富景观；还可以先配置灌木，再以生长比较矮小的草本植物对基部进行覆盖，或利用苔藓进行基质覆盖，这样可以构建出更加紧凑精美的景观。

（5）巧妙营造意境美

植物景观的意境美是指观察者在感知的基础上通过情感、联想、理解等审美活动获得的植物景观内在美。很多植物被赋予不同象征和含义，并被广泛接受。植物装饰与其他手

段相结合，可以形成特定气氛和意境，通过联想，达到陶冶性情的作用。因此，运用植物的形态特征和象征意义进行巧妙配置可给人带来意想不到的感受，引发人的联想，从而创造出特殊的意境，陶冶人们的性情。

3. 室内装饰绿化原则

1）整体原则

从整个室内环境来看，室内绿化设计应是室内整体环境的一个重要组成部分，因而室内绿化设计无论从植物的形态、颜色、风格还是植物的体量、大小等方面都应与室内环境保持整体协调性。不同功能的室内空间要表现的艺术特质和情感氛围各不相同，这就对室内绿化设计形成了不同程度的规约。如书房需要营造雅致宁静的氛围，则应选用枝叶纤细、色彩淡雅的植物为宜，如文竹、兰花等。而客厅是家人团聚、会客休闲的空间，需要营造热烈而温情的氛围，而且一般空间面积也较大，因而选用具有一定体量且枝叶浓密的植物为宜。此外，植物的大小、体量与家具应构成良好的比例关系，如大家具配置体量较大的植物，小家具则配置小型植物等，以达到视觉上的和谐性。植物的颜色也应与室内环境保持整体协调性，或形成统一的色调，或构成对比的色调等，以整体和谐为美。

2）适量原则

室内绿化设计尽管有许多好处，但在室内空间内要注意适量，不是越多越好。应明确一般情况下绿化只是室内环境的点缀物，是调节室内空间氛围的一门艺术，过多的绿化陈设不仅占用空间，而且会使室内其他功能不能充分发挥。同时，滥用绿化还将使室内变得"俗气"，给人一种堆砌之感。

3）自然生态原则

室内绿化设计最主要的目的就是让室内充满自然的生机，因而，在进行绿化设计时，要尽量遵循自然生态的原则，主要有几方面：一是绿化设计选用的植物除盆景、插花等特殊品类外，都力求保持其自然特征的外观形状，使空间富有生机和活力，以化解人们对几何形室内空间的单调沉闷感。二是室内绿化尽量考虑使用天然性的材料，少用或不用人工材料。如室内园景，尽量使用天然石来装饰，可获得更佳的效果，给人一种回归自然之感。三是充分考虑绿化植物自身的自然生态习俗，并非所有的植物都适合于室内绿化。此外，特别注意有些植物的枝叶、花卉虽然美丽，但会分泌一些对人体有害的物质，也不宜放在室内。

4）审美原则

绿化设计作为室内设计的一个有机组成部分，应充分表现物质审美和精神审美的双重属性。物质审美是指绿化的质、形、色及排列布置方式和位置对空间的装饰美化，对环境的渲染衬托，以构成视觉的审美，创造一种可观、可赏、可玩、可游的别具形式美感的空间。同时，室内绿化设计还要与室内其他设计手段相配合，使空间环境具有某种气氛和意境，满足人们个性和性情的精神需求，创造温情暖意的心灵空间，使有限的空间发挥最大的艺术形式效应，起到陶冶性情、净化心灵的作用。

2.3.3　特殊空间绿化施工技术

1. 立体花坛绿化

1）立体花坛结构

立体花坛由于种类不一，结构要求也不同，但所有立体花坛的结构设计都必须满足以下两个要求：

（1）骨架外形设计应当符合造型的外观形象要求，结构稳定、坚固。

（2）支撑骨架的基础部分要牢固。

前者是保证造型的形体形象、生动、不变形的先决条件，后者则是保证形体在空间位置的固定，不因外力（指自然破坏因素）或重力的影响而产生位移、倾斜、破坏的必要条件。下面分别论述这两方面的设计要点。

（1）骨架设计图片

立体花坛的骨架设计必须考虑外观形象、植物造型手法、力学结构、骨架的安装固定及便于施工养护等方面，可以说骨架是立体花坛造型的基础。

① 骨架外形设计要按立体花坛的尺寸来确定骨架轮廓，结构体框架各边的尺寸要适当地小于原设计造型的外形尺寸，因为在完成结构框架形体制作后，还要绷遮阳网、栽植植物。因此在设计时，框架形体外缘尺寸要比实际造型尺寸缩小，否则栽种植物之后往往出现变形，显得肥胖臃肿，影响观赏效果。至于缩小多少，须视栽植的植物的高度而定，不同草本植物的高度不一样，若栽五色草，一般是缩小 5～8cm 左右。

② 在骨架设计时，必须进行承重与受力的分析。骨架所受的重量主要是其所承受的植物的重量、种植层的重量及骨架材料排灌装置自身的重量。受力分析应根据力学原理，考虑骨架所受外力在骨架中的合成、分解和传递等问题。分析结果用于指导骨架材料及其型号的选择和各部位具体结构的设计，目的在于找出既满足外观造型要求，又符合力学原理的最简明的骨架结构，以便做到既安全可靠又最省材料。

③ 设计骨架时要考虑到将采用的植物造型手法，植物造型手法不同，其骨架的结构要求也有所不同。

用植物栽植法制作的立体花坛，由于其荷载较大，形体结构复杂，其结构要求比较严格。外形框架以直径 6～10mm 圆钢或扁钢弯成；内部一般设计成空间析架形式，材料可采用角钢和辅以圆钢或方钢；造型形体的主要轮廓线要用角铁焊接。圆柱形造型的中间要有立柱，以钢管为好，主要用以支撑，以保持重心的稳定，其他造型只要不影响造型都应有加固中柱。植物种植层用钢丝扎成内网和外网，两层网之间的距离为 8～12cm，内网孔为 5～7cm，外网孔为 2～3cm，两网之间需填入栽培基质（图 2-23）。栽培基质要求轻质、透气、保水，目前用得较多的是用泥炭、珍珠岩、园土等配成的栽培基质。市场上也有出售直接配好的轻质培养土，这种土的特点一是比较轻，二是肥效好。这样就可以减轻立体花坛的重量，利于其稳定。用组合拼装法制作的立体花坛，其骨架设计要考虑放置盆花的网格，网格呈方格状或圈状，可用两道钢筋或稍粗钢丝，用焊接或绑扎方式固定到钢架上（图 2-24），网格大小由花盆的直径决定，以放置植物后不留间隙为基本原则。

④ 尺寸大的立体花坛造型为了便于运输和安装需要将骨架进行适当分解。分解的骨架各部分之间的连接通常用角铁、螺栓、钢丝等加以固定，连接结构要有足够强度，可用焊接、螺栓紧固、钢丝绑扎等方式固定，以确保造型形体固定不变。这是大型立体花坛结构设计中非常重要的一个环节。骨架分解包括水平分解和纵向分解两种分解方式，一个造型通常只用一种分解方式。水平分解主要解决骨架超宽超长的问题，可将骨架分解成 2～3 段，每段需按力学理论计算出重心，在适当的位置安装吊环；纵向分解主要解决骨架超

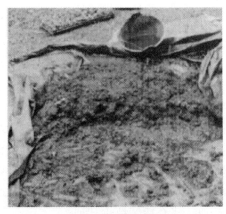

图 2-23 栽培基质

图 2-24 花柱的骨架结构

高的问题,同样需注意根据重心来安装吊环。

(2)基础设计

基础设计应充分考虑地基承载力的允许值,以及作为造型荷载支撑构件的合理布置。基础是承受上部荷载、稳定造型形体的重要结构,它不仅本身要有足够的强度,不能因受重荷而变形、破损,而且与它接触的土层(即地基)也要有足够的承载强度,这种强度依土质而定。多数骨架可以直接放置在较平的地面上,靠骨架支撑脚起稳固作用。当需要特别固定时,较厚的水泥地面可用膨胀螺栓固定,裸土地面可将基部埋入土中固定,或者是预先埋入专设的基座,布展时再将骨架用焊接或膨胀螺栓固定到基座上(图 2-25)。

当立体花坛造型荷载不大时,只要不是腐殖土或回填土,就只需进行地基土层夯实,使之达到一定承载强度即可。若上部荷载较重,立体花坛形体所占面积较大,则需进行地基土质的测试,并进行地基承载力的验算。若立体花坛造型底面积较小时,可采用整体基础;当立体花坛造型底面积较大或较长时,可采用条形或点式独立基础。当上部荷载不大时,可采用毛石、砖基础,亦可采用毛石混凝土或素混凝土基础;荷载较大时,则采用钢筋混凝土基础。

图 2-25 基础设计

在立体花坛的施工中,曾发生过由于基础设计的问题,使花坛承受不了整体重量而倾倒的事例。所以在设计立体花坛时,一定要计算好花坛的总重量及地面的荷载,处理好与基础的连接。如牛、马、大象立体花坛有4条腿着地,它们的重力比较平稳,不易引起倾倒,而"海豚顶球"造型的立体花坛,中心就不平稳,设计时就必须谨慎。造型及结构复杂的立体花坛应与从事建筑结构设计的专家共同探讨。

2)立体花坛植物材料

（1）立体花坛中植物配置的原则

① 适地选择植物材料

根据植物的生物学特性、土壤及气候条件等因素，来选择植物的品种。如有些植物品种要求全光照才能体现色彩美，一旦处于光照不足的条件下，则会失去彩色效果，如佛甲草若受到阳光直射，就会引起生长不良，甚至死亡。

② 适时选择植物材料

每一种植物都有生长旺盛期，在选择植物时要充分了解植物的生态习性，根据季节的不同合理选择。例如，红绿草容易繁殖，生长较快，耐修剪，色彩也较丰富，有小叶红、小叶黄、大叶紫等十几个品种，有利于表现各种造型，但缺点是不耐寒。因此，在冬季时可栽培其他植物品种如景天科植物、矮麦冬等。另外，植物在不同季节，叶色可随时间、地点、条件的不同而产生不同的变化，应该有前瞻性地选择合适的植物品种。

③ 艺术地选择植物材料

在选择植物材料时要将植物材料的质感、纹理与作品要表现的整体效果结合起来，选择最具有表现力的植物材料。如朝雾草，叶质柔软顺滑，株形紧凑，可做流水效果或者动物身体；蜡菊，叶圆形、银灰色、耐修剪，可用于立面流水造型、人的眼泪等；波缘半柱花，叶色纯正、华丽，适用于人物造型的衣着等；苔草等可用作屋顶；细茎针茅等可作鸟的尾巴；红绿草可作纹样边缘，使图案清晰，充分展示图案的线条和艺术效果；五彩鱼腥草、血草等适合作立体花坛造景的配景材料。

（2）立体花坛对植物材料选择的要求

植物的高度、形状、色彩、质感与立体花坛图案纹样的表现有密切关系，是选择材料的主要依据。

① 立体花坛造型中立面植物的选择要求

a. 以枝叶细小、植株紧密、萌蘖性强、耐修剪的观叶植物为主，如暗紫色的小叶红草、玫红色的玫红草、银灰色的芙蓉菊、黄色的金叶景天等，都是表现力极佳的植物品种，通过修剪可使图案纹样清晰，并能维持较长的观赏期。枝叶粗大的植物材料不易形成精美的纹样，尤其是在小面积造景中不适合使用。

b. 以生长缓慢的多年生植物为主

如矮麦冬、金边过路黄、半柱花等都是优良的立面植物材料。一、二年生草花生长速度不同，容易造成图案效果不稳定，一般不作为主体造景，但可选植株低矮、花小而密的花卉作为图案的点缀，如孔雀草、四季海棠等。

c. 要求植株适应性强

由于立体花坛造景是改变了植物原有的生长环境，在短时间内达到最佳的观赏效果，所以作为立面用的植物材料要选择抗性强、容易繁殖、病虫害少的种类，例如红绿草、朝雾草等都是抗性好的植物品种。

② 造景花坛、立体花柱的植物选择要求

造景花坛的植物选择很广泛，几乎包括了所有的观赏植物，但需结合花坛主题、气候、季节等因素合理利用。由于可供选择的植物品种比较丰富，而各地的气候条件不同，植物配置方式多样，应该带有地方风格和特色。立体花柱的植物材料多选用低矮、分枝紧密、色彩艳丽、花期一致的盛花材料，如四季海棠、矮牵牛、三色堇、雏菊，也可用彩叶植物,如各色彩叶草等。花柱的色彩以 2~3 种为宜。

③ 平面图案中植物的选择要求

平面图案应充分表现花卉群体的色彩美和图案美。植物选择较为广泛,以衬托立体造型、与主题相吻合为原则,选择合适的植物材料形成完美的整体。

(3) 常见立面造景优良植物介绍

随着园林绿化事业的发展,用于立体花坛的植物材料也逐渐丰富,据统计,目前在国际上经常使用的立面植物材料有 300 多种。我国的植物资源十分丰富,无论是多肉植物、彩叶植物,还是花灌木、草本植物等,均可大力推广使用。作者通过对用于立体花坛植物材料的优缺点进行归纳,总结出了我国可以应用的、有较好造景效果的立面植物材料(表 2-7),希望为立体花坛设计中的植物选择提供一些参考。

我国立体花坛中立面植物材料一览表 　　　　　　表 2-7

序号	中文名	学名	科名	特征	习性	用途
1	红绿草	*Alternanthera versicolor*	苋科	叶色丰富,常使用黑草、小叶红草、大叶红草、红莲子草、玫红草、三色粉草、展叶红草、黄草、小叶绿草、大叶绿草等品种	抗性强,喜高温,耐寒,耐修剪	优良立面材料
2	佛甲草	*Sedum linarea*	景天科	肉质草本,叶披针形,无柄,在阴处呈绿色,充分日照下呈黄色,耐半阴,忌潮湿,不耐修剪	优良立面材料	优良立面材料
3	特叶玉莲	*Echeveria* 'Topsy Turry'	景天科	叶蓝灰色,先端圆钝	喜光,耐热,怕涝,耐修剪	优良立面材料
4	蓝石莲	*Echeveria* 'Blue Learve'	景天科	叶灰蓝色,扁平,叶莲座状排列	喜温,耐半阴	优良立面材料
5	白草	*Sedum lineare* 'Albamargina'	景天科	叶白绿色	喜光,耐寒,耐半阴,耐旱,耐修剪	优良立面材料
6	细叶蜡菊	*Helilchrysum petiolaris* 'cycle'	菊科	叶细长条形,灰色,株形紧凑	喜光,耐热,怕涝,耐修剪	优良立面材料
7	小菊	*Dendranthema* sp.	菊科	植株矮小,株形优美紧凑,花色丰富	喜光,分蘖能力强	优良立面材料
8	银边百里香	*Thymus citriodorus* 'Siver Queen'	唇形科	叶边缘银白色,花丁香紫色,花期 6~8 月	抗性强,适应性强	优良立面材料
9	矮生百慕大	*Cynodon dactylon*	禾本科	叶丛密集,植株低矮,叶色嫩绿而细弱	耐寒,耐旱,病虫害少	优良立面材料
10	细叶针茅	*Stipa lessingiana*	禾本科	叶纤细,花期 9~10 月,花色由粉红转为红色,秋季转为银白色	对气候适应性强	细部点缀
11	半柱花	*Hemigraphi colorata*	爵床科	叶条形,有锯齿,铺地生长,叶中间深紫色	生长迅速,耐修剪	优良立面材料

序号	中文名	学名	科名	特征	习性	用途
12	波缘半柱花	*Hemigraphis repanda*	爵床科	叶条形,有锯齿,铺地生长,叶中间深紫色,较半柱花颜色淡	高温季节生长迅速,耐修剪	造型
13	四季海棠	*Begonia semperflorens*	秋海棠科	花叶颜色丰富	喜温暖湿润和半阴环境	图案点缀
14	朝雾草	*Artemisia pedemontana*	唇形科	羽状叶,花白色,叶质柔软顺滑,株形紧凑	高温季节生长缓慢,不耐水湿	流水效果和动物身体造型
15	彩叶草	*Coleus blumet*	唇形科	叶绚丽多彩	喜温暖湿润、通风良好的环境	优良立面材料
16	苔草	*Carex oshimensis*	莎草科	草本,常用蓝苔草、金叶苔草	喜光,耐半阴,适应性强	细部点缀
17	五彩鱼腥草	*Houttuynia cordata* 'Tricolor'	三白草科	叶三色镶嵌,花白色	耐阴,喜湿润	优良立面材料
18	艾伦银香菊	*Santolina chamaecyparissus*	菊科	羽状叶纤细,翠绿色,株形紧凑	耐寒,耐贫瘠,耐修剪,抗性强,忌高温、高湿	优良立面材料
19	银瀑马蹄金	*Dichondra argentea* 'Silver Falls'	旋花科	叶银灰色,圆形,蔓生	耐半阴,适应性强	适合作流水造型
20	花叶南芥	*Arabis* cv. 'Variegata'	十字花科	叶长条形,呈伞状,边缘金黄色,中心绿色	怕涝,易受虫害	图案细部点缀
21	芙蓉菊	*Crossostephium chinense*	菊科	羽状叶,叶灰白色	喜光,忌高温多湿	图案点缀
22	观音莲	*Sempervivum tectorum*	景天科	叶倒卵形,端有蜘蛛网状细毛	耐干旱	细部点缀
23	血草	*Imperata cylindrical*	禾本科	叶丛生,剑形,常保持深红色	喜光耐热	图案点缀
24	蜡菊	*Helichrysum bracteatum*	菊科	叶圆形,银灰色	喜光耐热,怕涝,耐修剪	立面流水造型
25	大叶过路黄	*Lysimachia fordiana*	报春花科	叶金黄色,卵圆形,茎匍匐生长	喜光,怕涝,耐修剪	优良立面材料
26	金边过路黄	*Lysimachia nummularia* 'Aurea'	报春花科	叶金黄色,卵圆形,茎匍匐生长	喜光,怕涝,耐修剪	优良立面材料
27	金叶景天	*Sedum makinoi* 'ogon'	景天科	枝叶短小紧密,叶圆形,金黄色	喜光,耐半阴,较耐寒,耐旱	细部点缀
28	鹃点草	*Hypoestes phyllostachia*	爵床科	叶长圆形至卵圆形,深绿色,有火红色脉或斑点,花浅紫色	喜温暖湿润和半阴环境	图案点缀
29	矮麦冬	*Ophipogon japonicus* 'var. nane'	百合科	常绿草本,叶丛生,线性,稍革质	喜阴湿,耐寒	镶边
30	头花蓼	*Polygonum capitatum*	蓼科	叶绿色有青铜色 "v"形斑纹,花小	耐半阴,耐寒	图案点缀

3）立体花坛养护

立体花坛施工完毕后,要注意养护管理,以保持立体花坛有较长的观赏期。

（1）灌溉

立体花坛所处的位置，采用的容器的形式和规格，生长基质的组成，周围的环境条件，季节，以及最近的雨量、光照、温度、风力等气候条件都会对灌溉量及灌溉时间间隔产生影响。需要注意的是灌水不宜过多，否则易造成高湿而引起病害，一般在叶、花出现轻微萎蔫时才打开灌溉系统灌水，一次性灌透，并应在上午进行。可采用人工灌溉和喷雾相结合的方式供水。对平面的配景花草可人工灌溉。人工灌溉宜采用喷洒喷雾的方式，视天气情况而定，正常情况一般2天浇水一次；晴好天，气温在25℃以上时，1天灌溉2次；气温低于25℃时，1天灌溉1次。对立面的花草尤其是所处位置较高的花草可应用分水器和环形组合滴灌系统进行滴灌。2kg水压的自来水可以满足45～50个分水器的供水压力，即保证为1100盆花浇水，高度可以达到离地面4～5m；立体花坛造型采用盆花数量如果超过1100盆时，可以采用多根主供水管多截门分时段供水。根据天气状况，打开开关5min左右即可保证充足灌溉。环形组合滴灌系统是专门为立体造型组合盆和复合造型盆设计的，应根据容器规格、环形滴灌圈上的滴头数量来选择滴头的流量，根据的流速有2L/H、4L/H、5L/H等规格，每种滴头可以在标定的流速上50%的范围内进行调节。

（2）保水

应采取综合措施来保持水分，从而降低灌溉次数。以下措施可以结合各种场合的具体情况，灵活运用：

一是选择持水能力强的生长基质，例如增加泥炭藓的含量。

二是在生长基质中添加保水剂，能有效地起到缓冲干旱的作用。保水剂又称为高吸水性树脂（Super Absorbent Polymer），是利用强吸水树脂制成的一种具有强力吸水保水能力的高分子聚合物，一般为聚丙烯酸系列，1976年，日本三洋化成是全球最早研究和生产吸水性树脂的厂家。它能迅速吸收比自身重数百倍甚至上千倍的去离子水，数十倍至近百倍的含盐水分，并且具有重复吸水的功能，吸水后膨胀为水凝胶，然后缓慢释放水分供植物生长利用，从而增强基质保水性能、改良基质结构、减少水的深层渗漏、提高水分利用率。使用0.1%的保水剂比较经济有效。

三是在生长基质中添加湿润剂（wetting agent），在浇水时能使生长基质充分吸收水分。湿润剂是一种特别的表面活性剂，施用湿润剂可增加水在生长基质上的湿润能力。应用湿润剂还可增加基质中水分和养分的有效性，促进花草生长，减少水分蒸发。但湿润剂施用过量或在热胁迫期间施用会伤害花草。施用湿润剂后应立即浇水，以免叶面烧伤。为确保安全施用湿润剂，在施前还要进行小面积试验。常用的湿润剂有茶枯、洗衣粉、拉开粉、纸浆废液、皂荚及6501型湿展剂等。

四是在生长基质表面覆盖一层诸如遮荫网等材料，能减少表面水分的蒸发。

（3）施肥

立体花坛作品维持的时间如果需要超过一个月，一般应进行施肥，否则植物外观质量、开花量都得不到保证，达不到预定的效果。如果肥力不足，施三元复合肥，防止角叶枯黄和脱叶。对于无土基质，转换容器后6周即需施肥；含土生长基质，转换容器后8周即需施肥。

施肥可结合灌水进行，主要施磷肥和少量氮肥，如水溶性的磷酸亚铁、磷酸铵等化肥。主要采用两种方式：一种是采用定比施肥器，将溶解的肥料按一定比例吸入灌溉管道，进入植物根系；一种是将肥料溶于水，喷洒在叶面进行叶面施肥。为防止地面草花徒长，可喷点矮壮素。

（4）定期修剪

通过定期修剪，去掉徒长部分，保持图案或立体造型的效果。从温度上看，一般温度28℃以上，需10天修一次，温度25～22℃，15天修一次，22℃以下，30天修一次；从品种上看，红绿草10天修一次，景天科植物25天修一次；另外，喷施矮壮素的植物，25天修一次。平时小修即可。

（5）病虫害防治

为防止病虫害发生，第一，要控制栽种密度，改善通风透光条件；第二，要强化水的管理，严格控制浇水时间和浇水量，提倡细雾喷淋，降低小环境湿度。此外，要强化病虫害管理，监测植物生长中的病虫害发生情况，及时防治。发生病虫害时，应有针对性地采用生物药剂，如百草1号、灭幼脲、烟参碱、龙克菌等杀虫、灭菌药物进行无公害防治。立体花坛主要虫害情况见表2-8。

立体花坛主要虫害情况   表2-8

序号	害虫	主要受危害的花卉	生活史	症　状
1	蚜虫	彩叶草、一串红、三色堇、美女樱、长春花、菊科、蔷薇科、景天科、萝摩科、仙人掌科	10～30代/年，冬季在第一寄主上以卵越冬，在下一代大多为有翅迁移蚜，4～5月间迁飞到第二寄主上取食，繁殖多迁飞蔓延危害。10～11月间有翅性目蚜回第一寄主上，产生两性蚜交配，产卵，以卵越冬	叶背、嫩梢、嫩茎被吸食汁液，导致嫩叶及生长点受害，叶片卷缩，生长缓慢，严重时萎蔫死亡。老叶受害提前干枯
2	螟虫	菊花、瓜子黄杨、雀舌黄杨等	一年发生两代，10月下旬以幼虫在花卉茎干内越冬。翌年5月下旬成虫羽化	幼虫有转移为害习性，以8～9月为害最严重，花卉枯萎，茎干蛀空，不能开花
3	菜青虫	羽衣甘蓝等十字花科植物、金盏菊、千日红等	一年发生3～9代，以蛹在为害附近的枯叶、杂草处越冬。羽化期长达1～2个月，造成世代重叠	植物叶片，花和果实被咬食，造成的伤口易被软腐病菌侵染，引起病害流行

（6）防止造型变形

以卡盆和钵床为基本单元制作的立体花坛，随着时间的推移，立体造型原定设计形式会发生改变。如果立体花坛需要维持一个月以上的时间，应采取如下措施，以确保整体造型按既定的设计形式发展。

一是在选取植物材料时，尽可能选用生长速度比较一致，生长习性比较接近，表面质地比较接近的花草，尽可能避免在养护过程中采取额外措施来维持立体造型的形态。

二是根据立体花坛上的植物生长情况及其本身生长特性，适时适度地采取摘心方式控制株高。

三是安装滴灌系统时，顶部3～5圈安装双根滴管，基部3～5圈省去滴管，平衡上部与下部的供水量；立体花坛不太高时，可以在顶部安装微喷代替滴灌系统。

四是通过定比施肥器或叶面施肥方式，适时给立体花坛施肥；采取叶面施肥时，对顶部植物的施用量应稍多。

（7）其他养护管理措施

主要应经常摘除残花、黄叶、感病叶片和感病植株，并去除杂草，做好环境配置物的清洁工作，保持环境整洁。必须及时补种植物，防止出现空秃。另外，需要在盆花正常花期后及时更换其他品种，做好花期衔接工作，以保证某种造型具有长期的观赏性。对植物生长状况和相关养护情况进行记录。

案例一：北京林业大学 60 周年校庆立体花坛——知山知水，树木树人

此花坛共分三部分，左侧主体为立体花墙，右侧主体为立体花柱，中间主体为 60 字样。花坛左侧的立体花墙由红花红叶的四季海棠组成，花坛上的"知山知水，树木树人"代表北京林业大学的办学理念。花坛右侧的三个立体花柱和高低起伏的花丛花坛层次分明。三个立体花坛分别代表了北京林业大学办学的三个奋斗目标：国际知名、鲜明特色、高水平研究型大学。花坛中间的"60"字样和其上的林大校徽，点明北京林业大学建校 60 周年主题。

整个花坛立意明确，风格独特，色彩丰富，摆放于主楼环岛前，通过特有的中间镂空造型能看见环岛内的泰山石（图 2-26～图 2-28）。

图 2-26 北京林业大学校庆主题花坛 1

图 2-27 北京林业大学校庆主题花坛 2

2. 垂直绿墙

2008 年美国风景园林师协会年会的报告中提到建筑墙面垂直绿化的三个概念：绿墙（greenwall）、绿立面（greenfacade）和植物墙（livingwall）。绿墙指由植物部分或全部覆盖的建筑墙面，根据绿墙技术和植物选择的不同，又可区分为绿立面和植物墙。绿立面指攀缘植物或悬蔓植物依靠生长特性直接覆盖墙面，或者借助支持物形成独立的绿墙结构。植物墙，又称垂直花园（vertical garden）或生物墙（bio-wall），指在建筑立面加设附属结构，提供植物生长的土壤或其他栽植基质，植物

图 2-28 北京林业大学校庆主题花坛 3

脱离地面生长形成的绿墙。

综上所述,可将建筑墙面垂直绿化分为绿立面和植物墙两种,绿立面包含无附加物(附壁式)和有简易附加物(格架式和悬挂式)的垂直绿化,植物墙是有附加结构的垂直绿化。

1)垂直绿墙的结构

图 2-29 巴黎 Pershing Hall 酒店垂直花坛

现代植物墙是一种脱离土壤,与建筑融为一体的立面种植形式,也是一种新型节能环保、绿色建筑营造形式,通过一定的植物配置,在建筑物立面建造具有一定功能的绿色景观,其核心结构是基质布,是以人工纤维或合成纤维构成的具有一定厚度的多层复合式结构;植物墙包括支撑系统、灌溉系统、栽培介质(基质布)、植物材料等共同组成的一个轻质栽培系统。其应用范围涵盖房屋立面墙体、立交桥立面、桥墩、护坡墙体、隔声墙、标识板等各类建筑物和构筑物立面的特殊空间的绿化。现代植物墙鼻祖是法国的布兰克,其于 2001 年在巴黎 Pershing Hall 酒店设计了第 1 个垂直花园(图 2-29)。

(1)支撑系统

支撑框架使用强度高、耐腐蚀、重量轻的不锈钢或方钢结构,厚度一般要求为 2~4mm。支撑架应根据场地性质、绿化墙高度、面积和风压等作相应结构设计。墙面可固定的,采用标准网架直接固定在竖直墙体上;墙面不能固定的,须做独立支撑结构,应根据现场切割加工安装(图 2-30)。

图 2-30 支撑系统

防水层采用 PVC 板,厚度一般可选 10mm,密度 0.7g/cm^3,PVC 板接缝须作防水处理,可用热焊接或玻璃胶粘合。PVC 板除起到防水作用外,还应起到固定、支撑基质布和阻根刺的作用(图 2-31)。

(2)基质布

最基本的要求是能满足植物的正常生长,要保水、透气、耐腐蚀,且宜于水分均匀扩展,要有一定强度。基质布一般选用双层化纤无纺布,厚度 3~5mm,密度为 400~800 g/m^3,材料可选用腈纶或涤纶,要求机械强度高、亲水性强。实际应用中,可根据植物生长习性和实际需要，选用适当密度、适当纤维长度的无纺布，也可选用人工合成纤维，如聚酰胺毛毡作为栽培介质。

基质布用铆钉固定在PVC板上，固定应牢固。基质布3～4层，分层固定，以能承受植被层的重量和含水时自身的重量为宜。基质布应具有柔软、薄型、质轻的特性，适合任何形状、面积的垂直面应用（图2-32）。

图 2-31　防水系统　　　　　　　　　　　图 2-32　基质布

（3）灌溉系统

灌溉系统采用滴灌系统、微喷系统等方式，来定时、定量供给植物必需的水肥。灌溉系统由水箱、水泵、控制器、管路、滴管、肥料配比机、储液桶等组成，灌溉系统应做到供液通畅、适量、均匀、余液不流出以免污染周围环境。应根据灌溉面积设计回路，灌溉管间距可设定为1.5m，灌溉管支管长度不宜过长，出水孔间距设定为10cm，以使滴水均匀。为防止灌溉管堵塞，保证灌溉系统运行稳定，应在水源出水口安装过滤器和分流管双向防堵塞。为方便管理，通常设置循环系统，循环利用水肥（图2-33）。

植物墙采用无土栽培方式，植物营养补给非常关键。营养液矿物质浓度一般为0.2～0.3g/L，相当于一般园艺营养液浓度的10%左右，用肥料配比机分配和控制，一般情况下每天用水量为0.5～5L/m²。灌溉和营养液施用应根据季节、气候、灌溉支管密度等因素综合考虑，每次灌溉时间为1～5min。植物营养及灌溉系统是现代植物墙成功与否的关键，目的是既能保证植物正常生长，又不至于让植物生长过快，保持相对较长的稳定状态最为理想，因此，针对不同植物品种，研发不同的营养液配方也是未来植物墙开发的重要组成部分。

（4）植物材料

植物材料是植物墙的根本，植物墙成功与否取决于植物的选择，现简单介绍植物上墙应注意的问题：①种植密度一般为30～100株/m²，植

图 2-33　植物墙灌溉系统

株大小以小苗或中苗较为合适，应保持合理生长空间。目前误区：业主往往要求加大种植密度和使用成苗，短期会有一定效果，但长期来看不利于植物墙植物系统的稳定。②选用营养苗（如用水培苗更佳），去掉培养基质，清洗干净，清洗时注意保护须根，对易失水植物品种，上墙前浸泡2h，让植株吸足水分，种植容易成活。另外，不易失水和易扦插成活的苗木品种种植成活较有保障。③种植时，用刀片划开最外2层或3层基质布，插上植株，用钉枪钉紧。种植要点：用马克笔或彩粉在基质布上按设计描绘图案定位，依次种植，注意植株须根应全部埋于基质布内。

（5）辅助系统（排水、灯光等）

为提升植物墙绿化层次和水平，完善植物墙生态、装饰等功能，可根据需要设置迷雾、灯光等辅助系统。①与建筑门窗过道有机结合和便于管理，通常设置不锈钢收边和集水槽。集水槽通常在植物墙底部，收集滴液，通过管道回流至控制室，通过过滤加压循环利用，如无须循环利用，直接排入就近管网。②与灌溉系统相结合，在植物墙上增设迷雾装置，既可改善空气湿度，又能增强白天观赏效果。③在植物丛中安置灯光装饰，可在夜晚呈现出迷人的氛围，也可改善植物的光照条件，促进植物生长，尤其是室内植物墙通过加装日光型荧光灯明显改善植物生长质量，应注意光照强度和光照时间须测定。

2）垂直绿墙的栽植盘

随着非传统的立体花园设计建造理念的盛行，越来越多的企业、科研单位，甚至植物爱好者开始研发适合墙面绿化的新型产品和工艺。通过实践、调研及国内外资料收集、整理、归纳，依据基质容器类型划分为：软性包囊式、管式、种子柱、组合容器式、防护墙式、树墙式壁面绿化方式、人工基盘式、纤维布式等墙面绿化形式。其中，人工基盘式（标准模块式）和纤维布式（无土栽培式）两种形式是国内新近出现的墙面绿化新形式，技术含量相对较高，景观效果要好，代表垂直绿化未来的发展方向。

（1）软性包囊式：主要组成部分是一个具有一定弹性、通气性和不透水性的软性包囊，包囊由非纺织而成的材料做成。包囊分成小格，填充营养土，种上植物后，沿墙面吊起固定，浇水养护。如Fukuzumi提出的用于垂直或倾斜的墙体表面绿化和植物种植的技术。

（2）管式：在绿化垂直面上，向上倾斜有序排列布置导出管，导出管有空腔相连，在空腔中植入培养基，通过导出管栽植植物。如虞哲孝设计的垂直面绿化构件。

（3）种子柱：将花边窗帘布做成柱状袋，内装陶粒、营养土和1年生种子植物混合物，固定在柱廊或脚手架上，浇水养护。国外借鉴野生草甸坡外貌，构筑创意空间形（图2-34）。

图2-34　种子柱

（4）组合容器式：一般由面板和可放置基质的小容器组成，容器可通过不同方法并排固定在面板上。如黄月异等提出的壁面绿化装置。此方式深圳应用较多，通过钢架安装卡式盆实现垂直绿化，常称之为摆花式墙面绿化，较简单，可定期更换（图2-35）。

（5）防护墙式：通过在与地面成一定

图 2-35　组合容器式

角度的钢结构上，布钢丝网和透水性水泥层、人造绿化土壤，即可种植植物。如 Kang 发明的可以种植植物的水泥防护墙。此方式在深圳有应用，常用为一种改进方式，主要结构为钢结构、拉索、三维网和土工格室，但应注意使用坡面有一定限制，如深圳欢乐海岸地景坡地绿化（图 2-36、图 2-37）。

图 2-36　深圳欢乐海岸地景坡地绿化 1　　　　图 2-37　深圳欢乐海岸地景坡地绿化 2

（6）铺贴式：在墙面上直接铺贴种植好的植物块，通过雨水或自来水浇灌，此方法较简单，成本较低，但须在墙面固定，对墙面有一定的破坏作用。如早期深圳梅山苑公寓墙面绿化，此方式未得到推广（图 2-38）。

（7）树墙式：壁面绿化中欧美广泛应用的一种形式，在墙面的底部栽种果树、观赏树木或藤本植物，并利用各种方式把树的枝条引向墙面，使其贴附在墙面上。此种方式在深圳未见应用。通常应用为整形的树墙或篱墙形式。

（8）人工基盘式：通常在人工支架的基础上，安装各种各样的栽培基质基盘，基盘有卡盘式、箱式、嵌入式、基质板式等不同类型，均是把各种基质放入人工基盘内，通过不同的灌溉系统进行灌溉。此

图 2-38　早期深圳梅山苑公寓墙面绿化

方式深圳已开始应用，比较有代表性，如润和天泽推出的标准立体绿化组合系统，及邱晓晖设计的生态种植幕墙的种植容器，是现代植物墙的一个发展方向，产品具有标准化、工业化的特点。代表案例如：深圳京基100广场植物墙、华润幸福里空中私家花园植物墙。

（9）纤维布式：也称无土栽培式，基质采用吸水、保水性能良好的化学纤维或植物纤维，利用其保水、透水特性，通过滴灌系统保持水肥供应。无土栽培（纤维布式）是现代植物墙的另一个重点发展方向，相对人工基盘式具有更轻质、更经济和更生态环保的特点，但二者各有优劣。下面将重点探讨无土栽培式植物墙，如法国Patrick Blanc的作品，及广州稻森科技公司、贵州润辰公司推出的植物墙系统。代表案例如：欢乐海岸侨城湿地东大门植物墙（图2-39）、广州珠江新城植物墙（图2-40）、Patrick Blanc作品（图2-41）。

图 2-39　欢乐海岸侨城湿地东大门植物墙　　　　图 2-40　广州珠江新城植物墙

图 2-41　Patrick Blanc 作品

3）垂直绿墙灌溉系统

灌溉系统分三部分，控制系统、循环系统及末端灌溉系统。

（1）控制系统

控制系统包括程序控制器、过滤器、UV灭菌器、水泵、施肥器、电子阀等组成，可以安置在建筑室内，或者在独立控制设备间内。

整个灌溉系统可以手动或电脑程序控制。通过对控制器进行设置，根据植物生长的不同阶段，不同的温度气候条件自动循环，供给植物进行生长所需的水分和养分。

（2）灌溉系统循环供水方案

循环系统包括市政水管接入点、建筑循环水接入点、蓄水池、沉淀池、加压泵、过滤系统等。水泵增加水压，使植物墙各个部分均匀灌溉，将灌溉多余的用水抽入水箱，再进行循环灌溉。水泵由程序控制器和湿度检测器（选配）所控制，当到达设置的灌溉时间或植物墙内基质湿度低于设定值时，电子阀将自动打开，水泵自动运转。水源出口处安装有过滤器和灭菌系统，以防止灌溉管堵塞和病菌的滋生。

蓄水池：如水源压力不恒定，可根据需要在植物墙附近修建蓄水池，以便在水源压力不足或停水时保证植物的正常生长。

灌溉用水及雨水并不直接排入下水道，而是经过一个导流槽汇入沉淀池中，变为了"中水"，再次用于绿化灌溉，每年可节约用水至少达 1000t！

（3）末端喷灌系统

末端喷灌主要由水源工程、首部装置、输配水管道系统和喷头等部分构成。

① 水源工程

使用建筑电源，使用自来水、中水及回收沉淀水为水源进行喷灌。必须修建相应的水源工程，若使用自来水，可以直接接入市政管网；若使用中水，需要接入原建筑循环管网；若使用回收沉淀水，则必须修建水泵站及附属设施、沉淀池、水量调节池等。三种使用方式可以同时存在，互相切换。

② 水泵及配套动力机

喷灌需要使用有压力的水才能进行喷洒。通常是用水泵将水提吸、增压、输送到各级管道及各个喷头中，并通过喷头喷洒出来。使用循环用水，如果压力不够，可使用潜水泵。

③ 管道系统及配件

管道系统的作用是将压力水输送并分配到墙面喷头中去。干管和支管起输、配水作用，竖管安装在支管上，末端位于每个菱形绿化模块顶部，接喷头。有时在干管或支管的上端还装有施肥装置。

④ 喷头

喷头将管道系统输送来的水通过喷嘴喷射到空中，形成下雨的效果洒落在地面，灌溉作物。喷头装在竖管上或直接安装于支管上，是喷灌系统中的关键设备。

4）垂直绿墙的养护

养护主要包括两方面，营养液及修剪。

（1）营养液

根据植物墙所选配的植物，在不同生育期对养分的需求特性，及植物垂直培养的生长特殊性，进行了专业的营养液配方设计。

植物墙营养液基本特性：

① 全水溶性。在最大溶解度范围内，在水中溶解迅速，无任何沉淀和悬浮物质，以避免灌溉管的堵塞。

② 优越的稳定性。pH 值为 5.5～6.5，缓冲性好；有螯合态的微量元素；可与大多数除虫除菌剂混施。

③ 高效、速效。全喷灌是一种具有节水、增产、节地、省工等优点的先进节水灌溉

技术。它是利用专用设备把水加压，使灌溉水通过设备喷射到空中形成细小的雨点，像降雨那样湿润土壤的一种方法。水溶性、自由流动的特性使其能迅速被作物吸收，及时满足作物的生理生化活动对养分的需求。

④ 对植物安全。不含氯离子、钠离子及其他有害重金属。不含激素类物质，施用后不干扰植物正常的生理、生化活动。

(2) 后期修剪

一般来说，初始安装植物效果与设计效果吻合度达到70%以上，1~3个月基本达到设计效果。为保证后期建筑的外形，将根据植物墙生长情况，计划每年至少2次，定期对植物进行修剪、补种或更换。

案例一：巴黎盖布朗利博物馆

盖布朗利（原始艺术）博物馆（Museeduquai Branly）坐落在巴黎塞纳河畔，著名的埃菲尔铁塔脚下。馆舍被一个1.8万m²的花园包围，园内栽种着180棵高度超过15m的大树，葱茏绿色随处可见，可谓绿色植物掩映中的"森林博物馆"，行政大楼面积约有800m²的外墙由150种植物组成，以花卉、蕨类植物、灌木为主，总量达1.5万株，构成世界上最大的植物墙（图2-42）。植物墙的设计者Patrick Blanc（1953年出生于巴黎），现为巴黎Jussieu大学的植物学科教授，法国国家科学院（CNRS）的研究员，是世界著名的亚热带森林植物专家。

图 2-42　巴黎盖布朗利博物馆植物墙

案例二：上海世博会主题馆墙体绿化

主题馆植物墙单体长180m，高26.3m，东西两侧布置的植物墙总面积达5000m²。为目前全球最大的已建的生态绿化墙面，是日本爱知世博会绿墙面积的2倍。这样一片绿墙，可以节能40%，减少空调负荷15%。

据初步估算，这扇5000m²的生态绿墙可以实现滞尘量870t，年固碳量3175t，年减排二氧化碳量96t，并能在夏季节省空调用电125000kWh。成为一个不折不扣的园区绿肺（图2-43、图2-44）。

案例三：上海世博瑞士国家馆

瑞士，被世人称为风景最优美的国家之一，阿尔卑斯山脉的自然风光旖旎宁静、美不胜收。在上海世博会的瑞士国家馆中有机会乘坐登山缆车，时而穿梭于幽幽山谷间，时而饱览阿尔卑斯的草原风光，感受瑞士的自然风景。瑞士国家馆的绿化设计，正是配合这一创意发展而来的，分为筒壁垂直绿化和屋顶花园两大部分，我们根据设计要求对瑞士国家

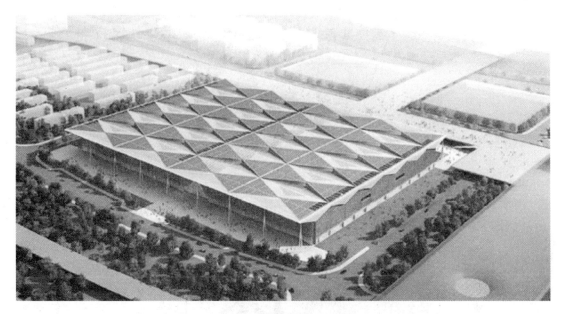

图 2-43   上海世博会主题馆

图 2-44   上海世博会主题馆绿墙

馆的绿化材料、种植方式、布局安排等进行了深化设计。

一、筒壁垂直绿化部分

1. 设计概念原型

筒壁内的垂直部分,瑞士的设计师试图用各种植物模拟成一个自然山谷,让游客在乘坐缆车盘旋上升时,能有在自然山谷中穿梭、身临其境的感觉。

2. 深化设计方案

根据这一设计要求,我们综合考虑了自然山谷的植物生长特性、布局特点,以及展馆的现场光线、温度等影响,我们对植物品种的选择分为三个层次:喜阴植物、半阴植物、喜阳植物。比如在筒壁的下部,主要种植各种蕨类、喜林芋等喜阴植物;中间部分则以常春藤类、蕨类等半阴植物为主;而在上部则以黄馨、蔓长春、薄荷、孔雀花等阳性植物为主。同时,兼顾到上海在 5~10 月份之间,阳光的照射变化在筒壁内的影响,局部调整各种植物的配比比例(图 2-45)。

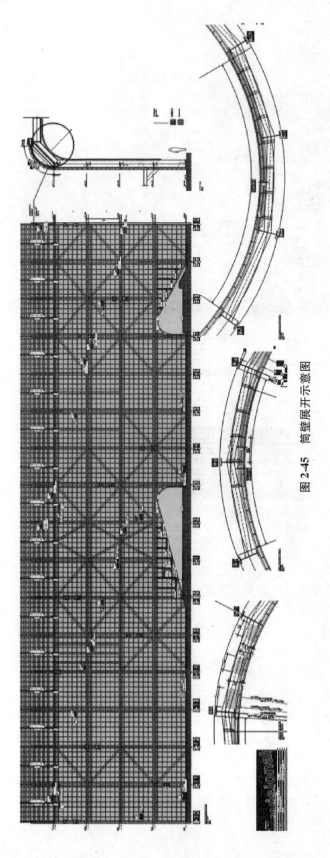

图 2-45   筒壁展开示意图

植物的色彩以深浅不一的绿，来体现山谷的原汁原味；种植手法上将让各种植物逐步过渡，营造出植物自然的生长变化（图 2-46）。

阳性植物区域: 黄馨、忍冬、薄荷、常春藤、孔雀花

半阴植物区域: 小天使、常春藤、肾蕨、黄馨、鸟巢蕨

阴性植物区域: 肾蕨、小天使、鸟巢蕨、铁线蕨

图 2-46　植物布置样板实景

在这一部分的垂直绿化中，我们创新地采用了钢丝绳固定种植箱的方案来表现垂直绿化，这种在苗圃预制种植箱、现场进行安装的方式，综合考虑了养护管理方案，不仅节省了现场的施工时间，又可以确保展览期间的最佳绿化效果（图 2-47）。

图 2-47　工地样板制作实景图

二、屋顶花园

1. 设计概念原型

屋顶部分的绿化，设计师试图在起伏波动的地形上铺满各种自然的花草甸，当缆车盘旋而出后，游客就可以在脚下看到一片阿尔卑斯的草原风光（图 2-48）。

图 2-48　瑞士馆屋顶花园设计概念图

2. 深化设计方案

为了还原这一场景，我们将屋顶部分再分为三个部分：草坪部分、筒壁与草坪的过渡部分、花卉种植部分。然后对照了瑞士草原的植物品种及形态，根据上海本地的植物材料进行了筛选，基本确定了以各种观赏草和宿根类花卉为主、混合种植的方式来体现草原风光（图 2-49）。

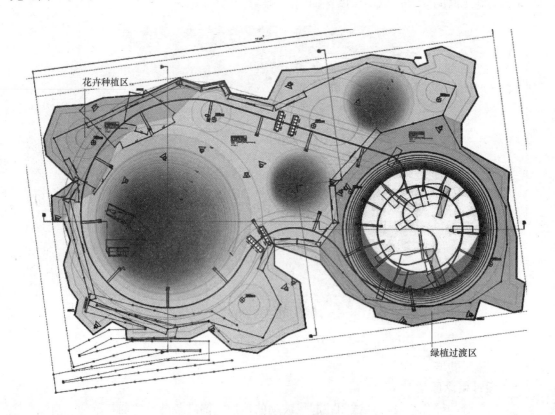

图 2-49　瑞士馆屋顶花园平面布置图

（1）草坪部分：首先在 2500m² 的屋顶上确定了 3 个高点，通过地形变化营造此起彼伏的山脉。考虑气候及后期养护，我们采用夏季型的草种，矮种百慕大，同时兼顾早春种植的特性，混播黑麦草。

（2）过渡区域：在筒壁和屋顶过渡的部分，设置了约 320m² 的过渡区域，以种植黄馨、薄荷、孔雀草等阳性植物为主，和筒壁内的植物逐步过渡延伸出来，最终和草坪连接。

（3）花卉种植区域：我们在西北角自然设置了约 200m² 的花卉种植区。通过和瑞士方的沟通，我们确定了尽量选择比较野趣的花卉品种，以还原山脉上野花摇曳的风光。因此，基本上采用小花型的品种，比如金鸡菊、薰衣草、千叶蓍、婆婆纳、美丽月见草等，色彩上则以白色、蓝色、黄色、粉色为主。在种植手法上，将采用花卉与芒草等混种的方法，尽量体现出自然的感觉（图 2-50）。

总结：

瑞士国家馆的绿化项目，对于自然效果的追求远远高于普通绿化项目的要求，我们必须摒弃传统的种植方式，通过人工的手段，尽可能还原出自然的景观效果。想象一下在一片起伏不定的绿色中，铺展星星点点的山花烂漫，随着微风轻轻摆动，这怎不是一幅自然的瑞士草原风光呢（图 2-51）！

图 2-50 花卉种植样板实景

图 2-51 瑞士馆全景

3. 室内装饰绿化

1）室内装饰绿化配置

（1）根据选放植物材料的生物学特性进行布置

不同植物要求不同的生活环境，具有不同的观赏价值。用于布置不同的景观时，能否选好既有艺术效果，又能适应具体环境的品种非常重要。在光线充足明亮的室内宜放置阳性花卉；而在室内光线不足，地板、墙壁或家具底色较深时，需要选择色彩明快，甚至白色乃至单色的花材。耐阴的观叶植物更适于室内装饰，它们既能较长时间地适应室内光线不足的环境，又不降低观赏价值，这样可以扬长避短，以巧补拙。

（2）主从明确，互相衬托

叶色深绿的观叶植物，其背景底色宜配浅色，艳丽的鲜花适宜以浅绿、淡蓝、乳黄等色调背景相衬；如背景是有花纹的装饰壁纸，室内绿化时，所选花卉要与家具、窗帘、甚至窗户外的树木景致交相呼应、浑然一体，与其花型基本相称，角度相对平衡。观花植物可与字幅相配，二者相互衬托，相得益彰，满室增辉；但与画幅配在一起，多有牵强附会之感。因此，选用花材要慎重。

如果住房面积窄小，无合适的地方陈设盆花，可在窗口上方用悬挂方式布置垂吊植物，盆花悬于半空，增加室内动感，活跃气氛。这样既能充分利用空间，也能达到室内美化的立体效果。

（3）室内绿化布置要因室制宜

① 门厅

门厅是进入客厅的过渡空间，它的主要功能是组织人流的过渡和集散，在植物配置时不能影响正常的通行和视线要求，植物色彩要鲜明，亮度高。常用线状布局，常用的植物有棕竹、彩叶草、一品红等。

② 客厅

客厅是用来接待客人，与客人谈话交流的空间，是客人印象最深的地方，历来是室内绿化的重点空间。一般来讲，不论空间大小，都要体现一种轻松、雅致、充满生机和活力的空间效果，植物选择要丰富多样，栽培形式上也要多样。一般常用发财树、散尾葵、花叶芋、粉黛、龟背竹、花叶榕等（图2-52）。

图2-52　客厅绿化

③ 起居室

起居室是供家人聊天、休闲、娱乐的场所。室内绿化要选择点缀性强、色彩淡雅，不影响家人活动的植物。布局要简洁、明了，常用的植物有巴西木、橡皮树、百合等。

④ 卧室

卧室是用来休息、睡眠的地方，绿化布置时要体现温馨、安静。所用植物，色彩以清丽、淡雅、柔和为主调，而且应选择用低耗氧、无毒无味、有清香、可吸收二氧化碳的植物，如吊兰、君子兰、巴西铁等。儿童卧室应选择一些色彩丰富、形态特别的植物，如变叶木、三色堇、龟背竹、春芋、彩叶草等。老人卧室则应选择一些枝繁叶茂、四季常有的植物，如万年青、兰花等。为了安全起见，儿童、老人卧室中植物布置以落地式为主，少用吊挂式（图2-53）。

⑤ 书房

书房是用来阅读、学习、写作的地方。植物配置不宜过于鲜艳，体形也不可过大，造型要简单，一般多用一些中小型、冷色调的植物。如文竹、吊兰、兰花、蕨类植物、书带草等。

⑥ 餐厅

餐厅是供人们进食的地方，人们逗留时间较短，植物配置上应以暖色调为主，而且色彩对比要强烈。常用植物有插花、山茶、榕树及时令鲜花等（图 2-54）。

图 2-53　卧室绿化

图 2-54　餐厅绿化

⑦ 卫生间

卫生间一般是和浴室合一的，相对其他空间而言，日照弱，湿度大，故植物配置时应选用耐阴、耐湿的种类，如蕨类植物、旱伞草、丽花景天、水仙、仙客来等。

⑧ 阳台

一般以观赏为主，除植物外其他装饰很少，相对而言，绿化的空间较大、相对集中。故一般以片状布局为主，多平面摆放。植物品种多样，配置时按植物高低、大小错落有致摆放。喜光、耐旱的植物放在阳台上部，如仙人掌类植物、彩叶类植物；耐阴的植物放在阳台下面，如万年青、一叶兰等；体形高大的植物放到后面、边角作背景，中型的植物放中间，较矮的、垂叶型的植物放到前面。此外，也有用博古架摆放植物的。选用的植物体积不宜大，要小巧玲珑，叶片要多而鲜艳，上部可悬挂观叶或观花类植物，如吊兰、吊金钱、常青藤等；中下部放蕨类植物、盆景植物。

⑨ 楼梯

一般以线状布局为主，在不影响通行的前提下，可在踏步靠墙一侧陈设小型盆栽观叶植物，也可在楼梯扶手外侧适当吊挂观叶类植物，如常青藤、吊金钱等。金灿灿的金橘、典雅的苍松翠柏、洁白纯净的兰花都是大自然送给我们的礼物，把它们请进室内，不仅能够装点我们的环境，为我们密闭的室内空间增添姿色，更能让我们仿佛置身于大自然之中，放松身心、维持心理健康；此外，人们在不断进行室内绿化养护和管理的过程中也能陶冶情趣、修养身心。

（4）室内绿化布置要因时处置

选材注意四季变化。春季，万物苏醒，鲜花怒放，应以色彩绚丽多姿为好；夏季，常以淡雅、芬芳馥郁的花材为佳，创造荫凉、清静的气氛；秋季，多以五彩缤纷的盆花，灿烂金果取胜；冬季，则以暖色调花卉配以青松翠柏最宜。养花爱好者也可就地取材，哪怕是在郊游时采摘的一点点山花野草，经过一番巧妙安排，着意布置，也尽可作景自娱，其乐无穷。

总之，室内绿化布置选材种类不宜过多，否则显得臃肿。俗话说："室雅何须大，花好不在多。"要巧妙运用"以少胜多"、"以简胜繁"、"小中见大"的布置艺术手法，古朴式与现代式兼容并蓄，且通过家具式样、室内陈设，与花卉的色彩、质感相互融合，有机地联系起来，使之协调统一。

2）室内装饰绿化植材

（1）观叶植物

常见的室内观叶植物有吊兰、文竹、一叶兰、虎尾兰、龟背竹、富贵竹、鸭跖草、天门冬、合果芋、花叶芋、大叶朱蕉、绿萝、广东万年青、观音莲、蔓绿绒、观赏凤梨、虎耳草、南天竹、变叶木、大叶黄杨、袖珍椰子、南洋杉、羽叶橄榄、蟆叶秋海棠、吊竹梅等，前几种植物有很好的吸附甲醛等有害气体的能力，多数植物具有极高的装饰价值。

（2）观花植物

常见的室内观花植物有小苍兰、唐菖蒲、含笑、四季樱花、仙客来、晚香玉、文殊兰、朱顶红、大花君子兰、中国水仙、长春花、文心兰、卡特兰、菊花、百日菊、花烛、桂花、茉莉花、鸡冠花、半支莲、凤仙花、昙花、矮牵牛、康乃馨等，多数花香对人的健康有益，既可以观赏，又可以药用，还可提取芳香植物油。

（3）观果植物

常用于室内的观果植物有金橘、四季橘、佛手、柠檬、夏橙、代代、冬珊瑚、五色椒、秤锤树、九里香、五味子、火棘、老鸦柿等，它们中的多数可以食用或药用。

（4）多浆植物

常用于室内的多浆植物有令箭荷花、仙人球、假昙花、蟹爪兰、霸王花、琥头、金琥、芦荟、松鼠尾、掌上珠、长寿花、石莲花、佛肚树、霸王鞭、生石花、吊金钱、酒瓶兰、仙人笔等，多数植物可吸收辐射，部分可药用。

（5）蕨类植物

常用于室内的蕨类植物有肾蕨、铁线蕨、凤尾蕨、石韦、鸟巢蕨、杪椤等，这些植物耐阴，观赏价值高。

（6）水族箱植物

适用于室内栽培的水生植物很多，常见的主要有菊花草、铁皇冠、香茹草、太阳草、小水榕、大水榕、红波草、薄荷草、水车前、巴戈草、香蒲、合果芋、朱蕉、石龙尾、满江红、富贵竹、彩虹美人、小杏菜、宝塔草等。

（7）室内观赏盆栽蔬菜

常见室内盆栽蔬菜有樱桃椒、金银茄、红茄、乳茄、樱桃番茄、观赏西葫芦、凉瓜、棱角丝瓜、羽叶甘蓝、牛皮菜、红叶莙荙菜、石刁柏、红花菜豆、香豌豆、百合、莲藕、紫叶生菜等，都有很好的观赏价值。

3）室内装饰绿化养护

（1）光照

室内植物的摆放位置应尽可能满足光照的要求，不同朝向的房间光照差异明显，不同的植物对光照的要求不同，应根据室内的光照条件选择适宜的植物。一般大厅、会议室要求能接受 2～3h/d 的漫射光或直射光照射，光照强度达到 1400lx 以上；办公室、居室、客厅要求接受 1~3h/天的漫射光或反射光照射，光照强度达到 1000lx 以上；走廊、过道光照强度要求达到 900lx 以上。根据光照强度的不同，将日常观赏植物按喜阳、中性和喜阴植物进行分类，分类结果详见表 2-9。

观赏植物喜阳、中性和喜阴植物分类情况   表 2-9

植物种类	植物名称
喜阳植物	苏铁、月季、茉莉、石榴、扶桑、三角花、万寿菊、蟹爪兰、彩叶菊、仙人掌类、水仙、朱顶红、金橘等
中性植物	蒲葵、龙舌兰、鹅掌柴、常春藤、冷水花、文殊兰、白兰花、菊花、虎尾兰、南洋杉、袖珍椰子、吊兰
喜阴植物	龟背竹、棕竹、万年青、文竹、蜈蚣草、八角金盘、绿萝、一叶兰、蕨类、杜鹃等

（2）浇水

观赏植物在室内摆放期间，一般水分不宜过多，浇水量的多少须根据植物类型、房间的温湿度和季节来确定。对于大多数植物来说，在生长和开花季节，即春末和夏季，浇水量要适当多些，而在其他季节，许多植物多处于休眠或半休眠状态，则不能使盆土过湿，否则容易烂根；浇水量应本着"不干不浇，浇则浇透"的原则；一般 7~10 天浇 1 次水，注意水温要与室温接近。

（3）施肥

由于室内光照、温度等因素的影响，一般观赏植物在室内生长缓慢（冬季室内使用空调或取暖设施除外），所需肥料相对较少。如需施肥，正常每半月施 0.5% 复合肥水 1 次，方便起见，有时可在盆表面撒少许复合肥。

（4）病虫害防治

观赏植物病虫害防治应遵照"治早、治小、治了"的原则，在室内不宜用剧毒农药，家庭养花可用人工驱除法或其他方法治疗；单位租摆一般发现有病虫时，即移至室外进行防治，或换回至本单位处理。

（5）实时更换

由于室内观赏植物脱离了原来的自然生长环境，长期放置在室内，空气湿度较小，空气流通有限，阳光照射较少，往往会影响植物的健康生长，加上建筑材料散发的酚、乙醇、苯等有毒气体及人们抽烟的烟雾等都会对观赏植物生长不利，因此，实时更换摆放观赏植物是必不可少的。通常植物摆放的时间长短与植物品种、形态特征和摆放环境紧密相关。

一般散尾葵、针葵、假槟榔、蒲葵、棕竹、苏铁、罗汉松、荷兰铁、一叶兰等摆放时间最长，养护得当可长年摆放，而橡皮树、南天竹、榕树、龟背竹、春羽、绿萝等次之，关键是冬季要使室温达到植物生长的要求。吊兰、肾蕨、变叶木等由于叶片稚嫩、多汁多液，易受环境影响，植物叶片易发黄或掉落，摆放时间较短。具体室内植物摆放场所与适宜时间见表 2-10。

（6）后期护理

一般更换回来的植物，由于叶片等处受伤应及时精心养护，使其尽快恢复，期间不能让阳光直射，以防被太阳灼伤或失水蒸发，一般可置于 60% 的遮阳网下，光照强度为1500~3000lx，同时保养场地必须空气流畅，但要防止强风，养护初期不宜动土换盆，因为此时植物各组织和机能处于迟滞状态，动土会加重根系受伤，只宜将黄叶、枯叶、病叶等剪去，适量浇水，同时配以薄清肥水，每周 1 次，1 个月后逐步增加，2～3 个月后增加到正常施肥浓度，待生机恢复后再视长势换土换盆。

室内植物摆放场所与适宜时间统计　　　　　　　表 2-10

类型	植物种类	各摆放地点的时间(天)		
		大厅、会议室	办公室、居室、客厅	走廊、过道
大型	散尾葵	210～250	180～240	120～150
	针葵	90～120	90～120	60～90
	苏铁	120～150	120～150	90～120
	南洋杉	90～120	90～120	60～90
	橡皮树	120～150	120～150	60～90
	罗汉松	365	270～300	210～240
中型	龟背竹	210～250	210～250	90～120
	袖珍椰子	365	365	300
	棕竹	270～300	240～270	180～210
	苏铁	365	365	300
	一叶兰	365	365	300
	绿巨人	270～300	180～210	150～180
	发财树	150～180	150～180	90～120
小型	白(红)掌	30～60	30～60	60～90
	君子兰	120～150	90～120	60～90
	天门冬	120～150	90～120	60～90
	南天竹	30～60	30～60	30～60
	肾蕨	90～120	120～150	90～120
	吊兰	60～90	60～90	60～90
	变叶木	30～60	30～60	30～60
	常春藤	300～365	300～365	365

注：龟背竹、发财树要求冬季室温 10℃以上。

案例一：客厅绿化

客厅的绿化不仅能改善客厅的空气质量，同时也能提高室内装饰的档次和水平。如图 2-55 所示，在客厅墙角处放置体量较高大的散尾葵，散尾葵体态轻盈，叶色翠绿，为客厅增加了生机和活力。在墙裙位置摆放几盆兰花，能够给客厅带来优雅的气氛和香味。

案例二：厨房绿化

厨房是煮饭烹饪的地方，油烟比较多，空气环境比较差，且使用的时间相对不是很多，观赏性不高。所以，一般情况下不会考虑植物装饰。但是随着人们对生活环境质量的要求越来越高，厨房的绿化装饰将来也会成为居室绿化重要的一部分。笔者认为，厨房的绿化应弃繁从简，适当地配置一些小盆栽或者简易的插花来调节气氛就可以了。由于厨房一般都设置在北面，所以所用的植物应是耐阴性、抗污能力较强的植物，如蕨类、绿萝、水竹、虎尾兰、常春藤等（图 2-56）。

图 2-55　客厅绿化

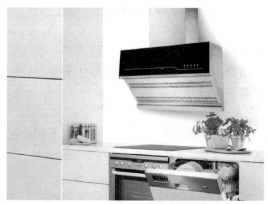

图 2-56　厨房绿化

2.4　河道治理的生态景观技术

2.4.1　河道治理的意义

水是一座城市的历史，是财富，是资源，是文明素质和文化底蕴的象征。然而，近20 年来，随着社会经济的迅速发展，人类活动的频繁，特别是人类大规模治河工程的建设，造成自然河流的渠道化及河流非连续化，使河流生境在不同程度上的单一化引起了河流生态系统的不同程度退化。同时，城市河流及相关水体的环境状况也越来越差，城市污水排放总量的不断增加，使城市内河接纳污染的负荷越来越大，引起水体恶臭及由水体富营养化导致的蓝藻水华泛滥，给城市水体景观和居民身体健康带来了严重危害。因此，河道治理变得尤为迫切。同时，河道治理有利于生物的多样性，为水生、两栖动物栖息繁衍提供生存环境，并且从人文、社会效益方面满足人类赖以生存的要求。

2.4.2　河道治理的原则

1. 景观尺度及整体性原则

河流生态修复规划和管理应该在大的景观尺度上开展、在可持续性的基础上进行，小范围的生态修复不但效率低，而且成功率也低。整体性是指从生态系统的结构和功能出发，掌握生态系统各个要素的作用以及相互间的作用，从而提出河道治理整体、综合的系统方法。

2. 满足生物的多样性原则

河道是水生态环境的重要载体，河道治理过程中要利于生物的多样性发展，为水生、两栖动物栖息繁衍提供有利的生存环境，这样既有利于保护河道周围的水生态环境，又有利于提高河流本身的自净能力。

3. 满足生活多样性原则

城市河道治理不单纯是解决一个防洪问题，还应包括改善水域生态环境，改进河道可及性、亲水性，增加水上、岸边娱乐机会，等一系列问题。因此，必须统筹兼顾，整体协调河道景观设计，提供多样性的结构、层次、功能组合，以满足现代城市社会生活多样性的要求。

4. 可持续发展性原则

河道治理要根据景观生态学原理，模拟自然河道，保护生物多样性，促进自然循环，构架城市生态走廊。景观营造方面，增加景观异质性，强调景观个性，保持自然线形，强调植物自然式造景，运用天然生态材料，创造自然野趣，从而维护历史文脉的延续，实现景观的生态性原则。

5. 针对性原则

针对不同现状的河道，要制定不同的治理原则。河道治理大体分为平原河道治理、山区河道治理、城镇河道治理。

1) 平原河道治理原则

治理平原河道，要求既满足河道体系的防护标准，又利于河道系统恢复生态平衡，所以应根据岸坡稳定、正常行洪、表面异质、材质自然、内外透水、成本经济等原则进行，目的是在满足人类需求的同时，还要使工程结构对河流的生态系统冲击最小化。因此，平原河道护坡应尽量减少混凝土用量，优先采取自然的土质岸坡、自然缓坡、植树、植草、干砌块石等各种浅护坡，为水生植物生长、繁育及两栖动物栖息繁衍活动创造条件。

2) 山区河道治理原则

山区河道纵向坡陡，河道洪枯变幅大，河岸或河堤承受高水位压力时间短，暴雨集中强度大，汇流时间短，水流速度快，挟沙能力和冲刷能力强，其推移质和悬移质多，危害性强。因此，山区河道治理中，要统筹上下游及整个流域的相互关系，因地制宜，综合治理，并遵循自然规律，尽量发挥天然河道功能。所以，在规划治理中，一方面在流域内采取水土保持措施；另一方面进行河道整治，上疏下排，修建堤防、护岸工程。

3) 城镇河道治理原则

近年，随着经济的发展，城镇现代化进程的加快，人们对城镇中的河道建设提出了新要求和新内容。这就要求在城镇河道布局规划和整治中，充分考虑河流生态及两岸景观，坚持"回归自然"和"以人为本"的理念，保持河道的自然化；与周边环境相融合；发掘人文特色；防洪与亲水的协调。

2.4.3 施工技术措施

今天，人类社会的进步标志已是生态、社会和经济三个方面的同步发展。在人类社会进入 21 世纪的今天，生态环境的恶化同样威胁着人类的生存，更严重的是水环境的恶化。作为水的输送体，河道能否保持良好的生态发展状况，客观上将直接影响水环境的保护。寻求效果好、工程造价低、不需耗能、运行成本低等优点的治理方法，成为河道治理工程追求的目标和发展方向。

河道污染是区域人口、经济、社会发展到一定阶段后造成的，污染治理的根本性措施是污染源的治理。因此，世界各国均把污水截流、废水达标排放和控制排污总量作为湖泊河道整治的首要措施。然而，由于难以根除的面源污染及内源污染，即使在污水排放得到有效控制的情况下，河道污染及其富营养化问题仍然十分突出。为此，各地在河道治理中，把污染源治理和强化水体的自净能力同时作为河道修复的重要目标。

1. 引流冲污和综合调水

引流冲污实质上是对水体污染物和浮游藻类的稀释扩散，采用引清调水、筑坝造流以及水力造流，稀释道内的污染物、提高水质等做法。也可以采取机械除藻的方法，如气浮法除藻法、Ploche 系统除藻法、磁法除藻法、超声波除藻法等。但就局部而言常被视为解决水体富营养化相对简单、易行和代价较低的办法。也就是说，在延缓水体富营养化方面发挥了一定的作用，但从整体出发，实为污染转移，有以邻为壑之嫌。

综合调水不同于引流冲污，主要解决水资源的再分配，利用一定的水利设施合理调活河网水系，达到"以动制静、以清稀污、以丰补枯、改善水质"的目的，尤其对提高水体的自净能力能发挥较好的作用。

2. 曝气复氧

曝气复氧对消除水体黑臭的良好效果已被国内一些实验室试验及河流曝气中试所证实。其原理是进入水体的溶解氧与黑臭物质（H_2S、FeS 等还原物质）之间发生了氧化还原反应。对于长期处于缺氧状态的黑臭河流，要使水生态系统恢复到正常状态一般需要一个长期的过程，水体曝气复氧有助于加快这一过程。由于河道曝气复氧具有效果好、投资与运行费用相对较低的特点，已成为一些发达国家如美国、德国、法国、英国及中等发达国家与地区如韩国、中国香港等在中小型污染河流污染治理经常采用的方法。

3. 底泥疏浚

在污染源控制达到一定程度以后，底泥则成为水体污染的主要来源。因此，清淤疏浚通常被认为是消除内源污染的重要措施。然而，疏浚技术通常是决定疏浚效果好坏的关键。从最早的人工挖泥到现在的精确水下吸泥，疏浚过程对环境的影响正在变得越来越小。疏浚作为水利工程和航道工程措施有重要效用，但作为水质治理目前还存在一些难于克服的问题，如一定程度上引起的覆水污染物浓度增加，疏浚后淤泥因其量大、污染物成分复杂、含水量高而难以处理等。

4. 化学絮凝处理

化学絮凝处理技术是一种通过投加化学药剂去除水层污染物以达到改善水质的污水处理技术。近年来，化学絮凝处理技术在强化城市污水一级处理的效果方面得到了越来越广泛的研究与应用，而随着水体污染形势的日趋严峻，对严重污染的水体如黑臭水体的治理，化学絮凝处理技术的快速和高效也显示出其一定的优越性。但是由于化学絮凝处理的效果容易受水体环境变化的影响，且必须顾及化学药物对水生生物的毒性及生态系统的二次污染，这种技术的应用有很大的局限性，一般作为临时应急措施使用。

5. 生态—生物修复

生态—生物方法是近年来发展起来的一种新型环境生物技术。这类技术主要是利用微生物、植物等生物的生命活动，对水中的污染物进行转移、转化及降解，从而使水体得到净化，创造适宜多种生物生息繁衍的环境，重建并恢复水生生态系统。由于这类技术具有处理效果好、工程造价相对较低、不需耗能或低耗能、运行成本低廉等优点，同时不向水体投放药剂，不会形成二次污染，还可以与绿化环境及景观改善相结合，创造人与自然相融合的优美环境，因此已成为水体污染及富营养化治理的主要发展方向。

微生物生态修复技术包括：微生物修复技术、人工湿地技术、浮岛技术、植物操控技术、生态护堤技术、生态复氧技术、生态清淤技术、水生动物恢复和重建技术等。在实际工程应用中，可按照水体污染程度、水体环境资源现状及业主要求等考虑选用不同的技术组合，以呈现生态效益和经济效益的双赢。

1）生态清淤技术（微生物降低内源污染）

微生物是生态系统的重要组成部分，它们能将自然界中的动、植物的尸体及残骸分解，将一些有害的污染物质加以吸收和转化，成为无毒害或毒害较小的物质。微生物能分解河床底质中有机碳源及其他营养物质并转化为菌体，促使底泥硝化（减少底泥体积，稳定底泥物理、化学性质，阻隔、减少内源污染对水体的影响）。脱氮微生物通过硝化和反硝化作用能分解氨氮，分解后的硝态氮被植物吸收，使部分氮退出水体循环，进而能净化水质（图 2-57）。

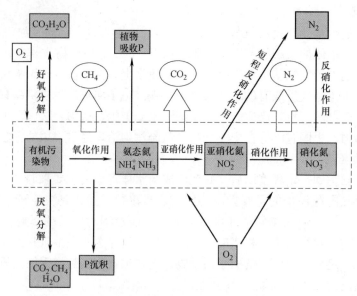

图 2-57 生态清淤技术流程示意图

2）生物膜对水体的净化

生物膜是一种为参与污染物净化的微生物、原生动物、小型浮游动物等提供附着生长条件的设施。它是在固定支架上设置生物填料，使大量参与污染物净化的生物在此生长，由于其固着生长而不易被大型水生动物和鱼类吞食，使单位体积的水体中生物数量成几何级数增加，可强化河湖水体的净化能力。生物膜表面积大，可为微生物提供较大的附着表面，有利于加强对污染物的降解作用。生物膜的反应过程是：

（1）基质向生物膜表面扩散；

（2）在生物膜内部扩散；

（3）微生物分泌的酵素与催化剂发生化学反应；

（4）代谢生成物排出生物膜（图 2-58）。

3）浮岛的净化

"浮岛"原本是指由于湖岸的植物附着泥炭层向上浮起，漂浮在水面上的一种自然现象。本工程的浮岛是一种像筏子的人工浮体，在上边栽培一些芦苇之类的水生植物，漂浮在水面。人工浮岛的水质净化针对富营养化的水质，利用生态工程学原理，降解、吸收水中的 COD、氮、磷等。

专家普遍认为植物的遮蔽效果在抑制浮游植物繁殖方面起了很大作用。它的主要机能可以归纳为三个方面：水质净化；创造生物（鸟类、鱼类）的生息空间；改善景观。

根据有关研究资料，人工浮岛植物的水质净化要素有以下6个：

（1）植物根茎等表面对藻类的吸附、分解。

（2）植物根系的营养吸收作用。

（3）为原生动物、轮虫、桡足

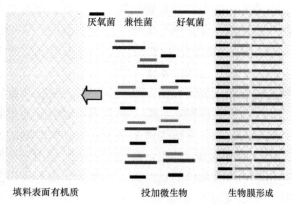

图 2-58　生物膜形成示意图

类、枝角类、甲壳类等的摄食、繁衍等提供场所。

（4）为滤食性鱼类的摄饵、捕食、产卵繁殖、栖息等活动提供场所。

（5）去除悬浮性物质。

（6）日光的遮蔽效果，抑制藻类生长，平衡水温。

4）人工湿地（岸边涉水植物种植）

河流沿岸水生植物带（人工湿地）的水质净化要素有以下8个：

（1）植物根茎等表面生物膜对有机物，特别是对藻类的吸附去除；

（2）植物根系的营养吸收；

（3）昆虫的摄饵、羽化等；

（4）鱼类的摄饵、捕食；

（5）防止已沉淀的悬浮性物质再次上浮；

（6）日光的遮蔽效果；

（7）在污泥表面的除磷脱氮；

（8）保护河岸作用。

5）水生植物操控技术

控制去污能力强、生长速度快的植物的生长范围。同时，有利于对该植物物种的管理，避免造成生态灾难，扩散到相邻水域。通过此种方法可以证明，一些所谓的害草是可以进行环境利用的。

6）水生植物净化景观化应用

水生植物技术以生态学原理为指导，将生态系统结构与功能应用于水质净化，充分利用自然净化与水生植物系统中各类水生生物间功能上相辅相成的协同作用来净化水质，在水体中适当布置既有观赏价值又有净化功能的浮水植物和挺水植物，使水体不仅具有自然风貌的景观，而且增强城市水体的生物净化功能。

根据水面的大小不同布置植物网箱，以控制水生植物的生长范围，满足景观空间形态的需求，并留出维护行船的通道。

水面景观、综合岸线景观和倒影、水面植物进行适当的景观组织，形成水面画卷；植物以防污抗污、具净化水质功能的水生植物为主，并具有较高的观赏价值，结合植物季节生长特点；其中，水面浮水植物以睡莲、凤眼莲为主，岸边挺水植物以芦苇、香蒲、茭白、荷花等，配合四季常青植物美化景观。既有水景绿化的作用，也达到净化水质、保护鱼类生长环境、保护河流生物多样性的目的。

7）水生动物净化水体

水体中投放适当的水生动物可以有效地去除水体中富余的营养物质，控制藻类生长，底栖动物螺蛳主要摄食固着藻类，同时分泌促絮凝物质，使湖水中的悬浮物质絮凝，促使水变清。滤食性鱼类，如鲫、鳙鱼等可以有效地去除水体中的藻类物质使水体的透明度增加。水域面积大，会成为许多有害昆虫如蚊、蝇的滋生场所，在水中投鱼，它可摄食蚊子的幼虫及其他昆虫的幼虫，避免了水域对周围环境造成的影响。

鱼是水生食物链的最高级，在水体内藻类为浮游生物的食物，浮游生物又供作鱼类的饵料，使之成为：

菌→藻类→浮游生物→鱼类的食物链。利用食物链关系进行有效的回收和利用资源，取得水质净化和资源化、生态效果等综合效益。

8）新生态链建立恢复

种植水生高等植物群落为原生动物提供场所，原生动物以微生物为食，消耗水中有机物总量完成养分传递。提高河流生产力，建立水体中的食物链：

浮游植物→浮游类（含原生动物）→ 浮游动物（轮虫、桡足类、枝角类、甲壳类等）→滤食性鱼类。

食物链是建立在生态循环的基础上的，它标志着河流生态的恢复，水体生产力的提高，水域环境的改善（图2-59、图2-60）。

9）生态护堤技术

（1）绿化混凝土

传统的护坡工程侧重于工程安全和人类单方面的需要，设计时往往采用不透水的硬质结构，对河流的环境效应和生态效应造成极大的破坏。

主要通过扩大水面和绿地、设置生物的生长区域、设置水边景观设施、采用天然材料的多孔构造等措施来实现河道生态护岸建设。

生态河堤是对自然河堤进行人工恢复后形成的人工护堤，其河床与自然河床相比同样具有渗透性，而且使河床在原有功用的基础上，更保证了河床与周围环境的

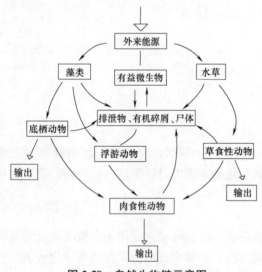

图2-59   自然生物链示意图

协调性，不仅具有调水抗洪功效，更对河流生态环境的协调起到了关键作用。生态河堤主要有以下几种类型，即自然原型护岸、自然型护岸、人工自然型护岸。

绿化混凝土是能够适应植物生长，可进行植被作业，具有恢复和保护自然环境、改善生态条件、保持原有防护作用功能的混凝土及其制品。即能长草、长花的混凝土，或称混凝土草坪。绿化混凝土是一种较理想的近自然河川防护工程材料，实现了河川安全防护与环境的恢复和保护的有机结合。

（2）生态袋

由聚丙烯（PP）或者聚酯纤维（PET）为原材料制成的双面熨烫针刺无纺布加工而成的袋子。在充分考虑材料力学、水利学、生物学、植物学等诸多学科要求的前提下，对抗紫外生态袋的厚度、单位质量、物理力学性能、外形、纤维类型、受力方式、方向、几何尺寸和透水性能及满足植物生长的等效孔径等指标进行了严格的筛选，具有抗紫外（UV）、抗老化、无毒、不助

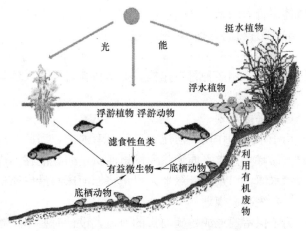

图 2-60　水体生态恢复示意图

燃、裂口不延伸的特点，真正实现了零污染。主要运用于建造柔性生态边坡。生态袋边坡防护绿化，是荒山、矿山修复、高速公路边坡绿化、河岸护坡、内河整治中重要的施工方法之一。

生态袋具有优异的物理及化学性能，这种特殊配制的材料可以抵抗紫外线的侵蚀，不受土壤中化学物质的影响，不会发生质变或腐烂，永久不可降解并可以抵抗虫害的侵蚀，抗老化，无毒，抗酸碱盐侵蚀及微生物分解，只透水不透土，对植物友善又可使植被绿化。

10）复氧技术

机械增氧：利用微孔曝气机、水下射流机、水景喷泉等设备，对水体进行曝气复氧及造流。曝气复氧和水体造流主要是为了增加水体的溶解氧，提高水体好氧微生物的活性，加快污染有机质的分解。

生态增氧剂：选用无残留、无二次污染、符合生态环保要求的增氧产品。

6. 岸线处理

在城市河道综合治理中，河道景观设计是一个重要方面，经过精心设计的河道景观，不仅改善了城市面貌，而且可以带来良好的社会、环境、经济效益。在生态河堤建设中，以下几个问题应予以重视。

1）岸线布置

岸线是河道水位线和河岸的交线，也称作水边线。岸线布置的好坏直接影响到河流水流形态及周围景观。而河道中心线由于河流形成的长期性，以及受到历史、人文、地理等因素的影响，基本无法改变，因而对景观变化的作用较小。此时就要将原规划的河岸边线高程改变，降低到河流中水位线高程以下，以便在岸边形成浅水区和新的岸线，这样以达到改变景观效果的目的。这样在不改变原有岸堤功用的前提下，在河流两岸形成浅水区域，可以达到很好的景观效果。

2）亲水性营造

亲水性是指人们对于水的依赖性和亲切感，这种特性是与生俱来的。如人们在诗词文章中常用的描写山水环绕的理想生活环境。在护岸设计中也应考虑人们的亲水性，把河流

设计得有亲水感。高程低的护岸给人以近水的感觉，大的浅水区给人以水面宽广的感觉，可整体迎合人的亲水性。

3）工程材料选择

在护岸材料的选择上应尽量采用原河流区域的自然材料。并且考虑到护岸表面原有的多样化形态，用多种材料建构。护岸材料可分为天然材料、堆石、浆砌石及混凝土。

4）河道规划

（1）平面规划

由于水流的作用，河流大多数是弯曲的，因此在进行城市河流建设时要充分利用河流的自然形状，力求平面形状要蜿蜒曲折，而且能够形成交替的浅滩和深潭，并保留靠山河段、深水潭，以及河畔绿地，尽量将原河床及沿岸滩地纳入平面规划中。

（2）纵断面规划

为了保留或形成蜿蜒曲折的河道，设计时要尽量减少直线型纵断面，并认真研究是否有建造挡水建筑物的必要，同时要保证主流与支流的连续性。

（3）横断面规划

在进行河流建设时，尤其是城市河流，两侧滩地较少，占地面积窄小，此时就要非常重视水边的多样性，切不可变成千篇一律的模式，使河流原有的自然景观丧失，同时要确保水域滩地间有过渡带，要建造水域浅平的矩形断面。

（4）整体规划效果

在景观设计方面充分考虑到保护并利用现状，在原有植被、道路、地形的基础上加以改造。

形成以河道为纽带的山、水协调融合的生态景观。驳岸滨水边界在满足防洪要求的前提下，通过各种景观要素创造丰富的亲水空间，强化亲水设施，如下河台阶、沿河观景平台、自然块石汀步等。在植物的选择和搭配上，遵循"四季皆有景"的原则，强调点、线、面的植物景观效果，以群植、散植、孤植、列植相结合，发挥植物搭配的不同功能，突出区域特色，提炼主题景观特征，也充分体现物种的多样性，产生多种视觉效果。

2.4.4 典型案例

保护生态环境，修复失衡生态，在河道工程建设中，人与自然和谐相处的生态问题倍受关注。随着经济的发展，人民群众生活水平的逐步提高，人们对水环境的要求也越来越高，人们需要见到水清天蓝、绿树夹岸的生态河道，渴望回归自然、和谐相处的环境，发达国家对水环境的治理中，自然生态型河道取得了很好的效果，我们需要从中汲取先进的生态型、人性化的防洪工程建设经验，使自然生态型河道回归自然，无论是在什么河段与河流，均有与之相适应的动、植物生存，自然景观和人文景观的完美结合，使之达到人与自然和谐的目的。

1. 国内典型案例

案例一：北村水系流生态治理

北村水系流生态治理

随着佛山市北村人口的增加，带来了严重的环境和生活垃圾问题，南海区唯一一条流经大沥、里水、狮山三镇的小河流域北村水系流域内，企业偷排、偷放十分严重；流域非法搭建的窝棚进行畜禽养殖，污水直接排到河里；附近的村委会、村小组以及居民小区，出现乱倒污泥、垃圾，在河道设置拦河渔具及其他阻水物体，侵占内河道管理范围用地等行为，许多住户长期以来直接或间接地将污水排入河道，加重污染量，造成生活垃圾阻塞河道；另外，农业用肥的磷化和长期农药的使用，使生物生态环境破坏严重，河水中渔业资源减少，化学污染严重。为此，展开了生态治理河道的措施（图2-61、图2-62）。

图2-61　整治后的水系1　　　　　　　图2-62　整治后的水系2

（1）生态袋柔性边坡工程

绿霸三维排水柔性生态边坡工程系统是集绿化为一体的系统工程，是水利部科技推广的技术，可用于北村水系的侧道治理。采用绿霸三维排水柔性生态边坡工程系统，可在施工前、中或后期根据需要进行生态植被修复。它主要由生态袋、三维排水联结扣等材料构成，生态袋选用高质量环保材料，具有无毒、不降解的特点，生态格网用小石块或卵石填充，因此它们有着与自然河岸相类似的特性。此外，该项工程还吸取20世纪80年代建设同青溪香蒲段生物护岸工程的经验和做法，结合生态袋在岸坡种植宽叶雀稗、水柳等，几年后，随着绿色植物的繁殖，形成良好的植被水土。采用自锁结构，整体受力有很好的稳定性，对冲击力有很好的缓冲作用，抗震性好，应用在北村水系治理中，可与乔、灌、藤、花、草等植物结合，形成良性的生态环境系统。施工简单快捷，管理方便，材料轻便，运输量小。

（2）科学技术

水力学技术是指利用水力构造控制水体的状态。在北村水系河道治理中，水力学方法主要包括：引清调水、筑坝造流水位以及水力造流、道内的污染物稀释、提高水质等做法，也可以采取机械除藻的方法。气浮法除藻技术是一项生物促进技术，也是国外比较流行的治污技术之一。Ploche系统除藻法：Ploche能量系统是德国专利，无须基建投资，效果理想且无副作用。在家庭游泳池和日内瓦湖局部水体有效。磁法除藻法：该技术只用于饮用水管道内除藻，提高生物氧化效果，促生剂中含有生化酶，能用于河、湖的水华控制治理。超声波除藻法：超声波杀灭藻细胞技术，在某些景观小水体中有应用。这些先进的科学技术，都可以拿来借鉴。

从大禹治水到现在，人类与河流已经打了数千年的交道，如何处理好和河流的关系，解决污染，改造河道，利用河道为人们作出贡献是当务之急。河道的治理和改造，是一项具有长远意义的重大事件，在北村水系河道治理的过程中，我们要充分发挥人类的主观能动性，协调发展社会生产力，对其进行改造和建设，以便其能够更好地服务于人类的生活和发展。

案例二：卧彩江河道治理

卧彩江位于宁波市江东区，全长 1186m，平均宽 27.88m，水体容积约 6.28 万 m³，上游接前塘河，下游经道士堰闸与奉化江相连。上游工业污水、农业污染、沿河城乡居民生活污水直排河道。因此，长期受点、面源污染影响而导致水质污染。河流两岸均已进行驳坎，水生植物绝迹，水体只有低等水生动物。水体水量、水质受季节性影响较大，丰水期水质一般，枯水期水质发黑发臭。受地方政府委托宁波大学对该河段水体进行监测，根据监测的数据分析水质已劣于五类水质指标，水体生态链严重受损，自净功能丧失，对周边区域居民之生活、工作及生存环境带来了极大的负面影响。

1) 工程实施

(1) 基本的技术思路

先消除水体争氧物质，维持一定的溶氧水平，随后根据水体溶氧和光照的变化特点，选用不同类型的微生物菌群，以快速培植好氧微生物，打造生态基础；并通过水生动、植物的定向培植，建立起人工生态，通过人工生态向自然生态演替，恢复水体生物多样性，并充分利用生态系统的循环再生、自我修复等特点，实现水生态系统的良性循环。具体包含了投放絮凝剂和氧化剂及曝气复氧、施放各种微生物菌群、架设生物膜、生态护堤、建造人工小湿地、设置人工生态浮岛、引入滤食性动物等技术措施。

(2) 主要工艺流程

入河污染物的准源头治理（设置生物膜和生物围网）→水体增氧（潜流曝气、投放生态增氧剂）→污染有机物的原位降解（投放微生物制剂、氧化剂等）→营养盐的转移转化（设置人工植物浮岛、FPP、构建人工小湿地）→增加和延长食物链（投放螺类、蚬类）→系统协调与优化（技术与工艺调整）等。

(3) 卧彩江动植物与生态制剂使用量（表 2-11）

卧彩江动植物与生态制剂使用量　　　　　　　　　　　　表 2-11

名称		面积(m²)	数量	备　　注
水质净化剂	沸石粉	—	4500kg	100～200g/m³ 泼洒，4 次
	ESB 增氧剂	—	3000kg	6g/m³，均匀泼洒，4 次
	生态宝增氧净水剂	—	4700kg	20g/m³，全河段泼洒，5 次
生物膜		200	—	
生物制剂	CMF 复合菌	—	4500kg	甲壳素螯合复合微生物 5g/m³，均匀泼洒，3 次
	光合细菌浓缩液	—	2200kg	稀释 40～50 倍后以 1.5～2mL/m³ 均匀泼洒，4 次
水生植物	浮岛植物	1500	—	粉绿狐尾藻、水葫芦、空心菜、喜旱莲子草等
	FPP(Floating Phytoremediation Platform System)	991	25 个	空心菜、羊蹄、水芹、海马刺等
	人工小湿地	800	—	鸢尾、美人蕉、香蒲、茭白、荸荠、睡莲
水生动物	环棱螺	—	1000kg	
	河蚬	—	200kg	

2) 工程效果

(1) 各项理化指标

在卧彩江近 1500m 的河段分别按相关的规定方法定时、定点进行水质指标的检测。检测结果如表 2-12 所示。

理化指标监测表   表 2-12

月份	检测项目	T(℃)	DO(mg/L)	COD(mg/L)	氨氮(mg/L)	TP(mg/L)
1 月	max/min[1]	7.77/7.07	4.19/1.22	290.00/61.00	8.91/3.53	1.14/0.65
	mean±SD[2]	7.43±0.21	2.08±0.90	125.89±69.17	6.92±2.11	0.90±0.15
5 月	max/min[1]	21.60/19.50	1.75/0.36	108.00/48.40	15.43/9.34	2.18/1.27
	mean±SD[2]	20.38±0.67	0.58±0.44	81.10±20.03	12.15±2.06	1.78±0.36
10 月	max/min[1]	23.45/22.28	2.02/0.21	65.00/17.00	3.54/1.24	4.43/0.22
	mean±SD[2]	22.64±0.41	0.87±0.77	41.78±19.63	2.26±0.77	0.78±0.38

① max/min 表示最大值/最小值。

② mean±SD 表示均值±标准差。结果表明 COD 去除率 40%~60%，氨氮去除率 30%~60%，总磷含量≤1mg/L。

(2) 生物相指标

好氧微生物重现，水体生物多样化增加，浮游生物组成中，优势种及中富营养类型种类增多，腐生性种类和数量均有明显减少，以致在某些时段内出现了环棱螺、耳萝卜螺等小型螺类及小型甲壳动物和鱼类。

河道生态修复技术能在较短的周期内，以较少的投入有效改善卧彩江水体感官性状和水质，使异臭味得到了控制，为植物群落的生存及繁衍营造了一定的空间，缓解了因水污染给城市带来的负面影响和环境压力，探索出了一条河道治理的新途径、新方法，为今后类似河道的治理提供了一定的借鉴经验。

案例三：生态护岸技术在清河的应用

清河位于北京市区北部，是西北部城市近郊区的主要排洪河道，发源于北京西山碧云寺，属北运河水系，流经海淀区、朝阳区、昌平区，在顺义区境内入温榆河，全长23.7km，流域面积 210km²。主要支流有黑山扈排洪沟、万泉河、小月河、清洋河。

近年来清河分别于 2000 年和 2006 年经历了两次大规模的整治，加固了清河流域的防洪体系，改善了河道周边的整体环境。这两次治理体现了不同的治理思路，清河上段的治理更多地考虑防汛排洪的要求，对河道护岸进行硬化处理。清河下段的治理在考虑排洪需求的同时更多地融入生态治河的理念，在河道整治的同时对河坡进行了生态修复。

(1) 生态护岸的设计及目标

在生态水利工程设计中，通常遵循以下原则：工程的安全性和经济性；提高河流空间的异质性；生态系统的设计和修复；景观的整体性等。生态护岸设计的最终目标应是在满足人类需求的前提下，使工程结构对河流的生态系统冲击最小化，不仅对水流的流量、流速、冲淤平衡、环境外观影响最小，而且要适宜于创造动物栖息及植物生长所需要的多样性生活空间。

(2) 生态护岸的类型

生态护岸主要包括自然原型、人工自然型、钢丝网和碎石复合种植基、土工材料固土种植基护岸等。自然原型护岸的做法通常采用具有发达根系的固土植物来保护河堤和生态。如种植柳树、白杨等具有喜水特性的植物，由它们发达的根系稳固土壤颗粒，增加堤岸的定性，加之柳枝柔韧，顺应水流，可以降低流速，防止水土流失，增强抗洪、保护河堤的能力。这种方法从工程角度上来讲比较简单。人工自然型护岸的做法不仅种植植被，还采用天然石材、木材护底。钢丝网和碎石复合种植基采用镀锌格栅网装碎石、肥料及种植土组成。土工材料固土种植基可分为土工网垫固土种植基、土工格栅固土种植基、土工单元土种植基等多种形式。

（3）立水桥—外环铁路桥段河道右岸生态护岸方案

立水桥—外环铁路桥段河道右岸生态护岸采用石笼和生态袋护岸并绿化。常水位以下采用格栅石笼和高镀锌钢丝石笼加入浅水湾，种植水生植物。使用两层格栅石笼和高镀锌钢丝石笼对坡脚进行保护，格栅石笼利用粒径 80～250mm 的卵石填充，高镀锌钢丝石笼内填现场土料。在河床浅滩处种植水生植物，两岸以缓坡与堤顶连接，坡度较陡处铺设生态袋，河坡进行植草绿化，种植景观树种，其间布置亲水小路及青石台阶（图 2-63）。

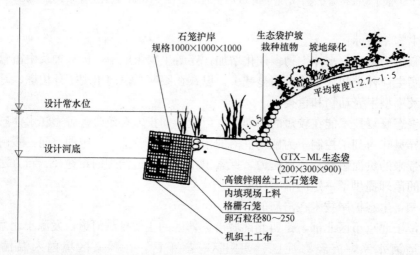

图 2-63 立水桥—外环铁路桥段河道右岸生态护岸断面（mm）

石笼护岸具有很好的柔韧性、透水性、耐久性以及防浪能力等优点，而且具有较好的生态性。它的结构能进行自身适应性的微调，不会因不均匀沉陷而产生沉陷缝等，整体结构不会遭到破坏。由于石笼的空隙较大，因此能在石笼上覆土或填塞缝隙，加之微生物等各种生物的作用，历经漫长岁月，将形成松软且富含营养成分的表土，实现多年生草本植物自然循环的目标。生态袋允许水从袋体内渗出，进而减小袋体的静水压力，同时袋中土壤又不能泻出袋外，达到了水土保持的目的，成为植被赖以生存的介质。此外，生态袋袋体柔软，整体性好，施工简便。

（4）外环跌水闸下游河道右岸生态护岸方案

外环跌水闸下游河道右岸在常水位以下采用生态墙壁砖（鱼巢砖）及浅水湾形式：坡脚以混凝土为基础，用 4 层生态鱼巢砖护脚，生态鱼巢砖规格 500mm×500mm×200mm，土工无纺布垫底，覆盖 300mm 砂砾料，在浅滩处种植水生植物，利用 6 层生态墙壁砖与缓坡连接，护岸顶部布置亲水小路，然后与堤顶连接，河坡采用椰纤植生毯植草绿化，并种植景观树种，局部置石（图 2-64）。

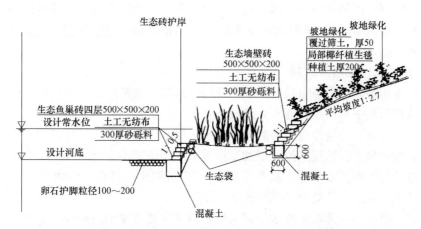

图 2-64 外环跌水闸下游河道右岸生态护岸断面图

清河下段的以自然生态为主线的河道治理，结合奥林匹克森林公园、生态居住小区、温榆河生态走廊建设，将河道建设成为满足城市景观要求的生态型河道，通过构建科学、经济、可行的生物群落，实现生态复原，赋予河道以人性化的休闲空间，与周边环境融为一体，为喧闹都市中的人们提供了悠然、宁静的活动场所。

案例四：上海市河道治理现状

近几年来，上海市水务局以杨树浦港、龙华港、虹口港和松汀新城"三港一城"水系整治为突破口，综合运用截污、疏浚、治岸、调水等治理手段。市、区联手，集中力量逐年推进，河道整治取得明显成效。

市中心城区市管河道有 22 条，河道总长 141.67km。已治理河道长 105.35km，占74%；区管河道有 56 条，河道总长 200.38km，已治理河道长 93.27km，占 47%。郊区河道整治按照城乡一体化的总体目标，主要选择在城市化进程比较快、水环境质量比较差的城镇地区，实行骨干河道的重点整治。

上海市河道护岸结构形式主要有：混凝土重力式、块石重力式、低桩承台式、L 形墙、插板式、斜坡式、复式结构等。在上海市中心城区内河防汛墙的主要结构形式中，重力式浆砌石结构占防汛墙总长的 21%，其次为低桩承台结构，占防汛墙总长的 21%。随着防汛要求越来越高，桩基础防汛墙以其结构稳定、可靠成为近几年新建防汛墙的主要结构，并且以上部重力式低桩承台和上部 L 形墙的低桩承台防汛墙居多。另一方面，随着市民对居住环境的要求越来越高，近两三年相继建造了一些生态型护岸，如低桩承台带斜坡式的亲水平台护岸结构。这类结构可在斜坡上种植绿化带，而植被既可美化环境，又可对护岸起到稳定保护作用，防止岸坡坍塌。

2. 国外典型案例

案例一：泰晤士河

1）泰晤士河的污染情况

泰晤士河是英国著名的母亲河，发源于英格兰中部，向东流经伦敦等大城市，全程402km，流域面积 13000km²，年平均流量 67m³/s。泰晤士河感潮段周边大型污水处理厂对其水质影响非常大。雨污混合水溢流问题一直比较严重，是造成暴雨期间水质恶化的主要原因。二战后合成洗涤剂的大量使用在当时直接造成了水质的严重恶化，但由于1965年后这类洗涤剂已被禁止使用，因此对目前水质的变化已无影响。工业的影响相对较小。另外，泰晤士河沿岸的14座发电站排放的冷却水也对河水造成了热污染，使水温升高，溶解氧下降（图2-65）。

2）区域性水污染防治体制

区域性水污染防治措施主要有工程治理措施和生态防治措施两种类型。

工程治理措施——污水和废水处理系统：区域性防治的特点是不以各个污染源为单位建设污染防治设施，而是建立完善的城市污水和废水处理系统，这是各国最普遍采用的城市河流污染的硬件工程治理措施。增加了全流域水环境整治力度，并从构筑区域性防治网络着眼，进行合并和技术改造。截至1988年，全流域正在运行的污水厂有476座，地下污水管总长45000km，平均日处理污水470.5万m^3。

生态防治措施——芦苇床废水处理系统：芦苇床处理系统是一种人工种植芦苇的湿地污水处理工艺。利用芦苇根系发达和优越的水、土、气交换能力等生态效应，使污水流经种有芦苇的土壤床或砂砾床而产生的自然净化现象。

3）泰晤士河水污染治理成效

经过治理，泰晤士河的溶解氧明显上升，生化需氧量、氨氮、有毒有害物质的含量均明显下降，泰晤士河已经重新跻身最清洁的城市河流之列。在生物群落方面，泰晤士河流域内，底栖动物和鱼类群落随泰晤士河水环境的改善变化非常明显。

图2-65 泰晤士河

案例二：日本琵琶湖治理经验

自20世纪60年代以来，随着日本经济的高速发展，社会生产活动和人类生活方式发生了较大改变，洪涝灾害问题、水环境恶化问题、水资源紧缺问题成为琵琶湖的主要水问题。1972年，滋贺县政府开始加强对琵琶湖的综合治理，开展公害防治工作，取得了明显成效。治理琵琶湖的基本思路可概括为：源水保护、入水处理、生态恢复等。

1）源水保护

源水保护是湖水治理的基本保证，滋贺县山区森林面积占琵琶湖湖区总面积的一半，琵琶湖的源水主要来自其周围环绕的高山。近年来，由于缺少对森林的维护管理，林木间伐不及时造成通风差等，破坏了土壤的保水功能，导致严重的水土流失，加之腐烂植物与流土混杂，严重影响了入湖径流的质量。另外，琵琶湖周边流域是日本人口最密集的地区，农业用地、住宅用地和工业用地的增加也使雨水浸润区域大量减少。为此，日本政府通过保林、护林、造林、育林、防沙、治山等措施来保证有足够的森林植被和雨水浸润区，并且通过保护梯田及完善农业基础设施确保有一定的农地渗透地域，在市区街道进行透水性铺设和绿化以确保市区有一定的雨水入渗区域。

2）入水处理

在治理入湖水系的过程中，日本政府着重于入湖水系的达标排放，分别对生活污水、工业废水、农业排水采取治理措施。通过修建城市下水道、农村生活排水处理设施、联合处理净化槽来处理生活污水，并且结合废弃物资源化的思想进行综合治理。对农业排水的治理，主要是通过修建净化池及循环灌溉设施净化水质，防止营养盐类流出，减轻环境污染，保护农村地区水质。通过减少化学肥料的使用，制定鼓励环保型农业政策，减轻农业对环境的污染。此外，日本政府还采取多种措施对入湖河流进行直接净化，比如疏浚河底污泥、在河流入口种植芦苇等水生植物、修建河水蓄积设施等。

　　3）生态恢复

　　湖区各种生物构成了丰富多彩的自然生态，连接水域和陆地的滩地是动、植物最好的生长场所，因而湖水具备有效的自净功能。但近几十年来，随着日本经济高速增长，环湖娱乐场所超量增加，人类活动带来超环境负荷的生活污水、产业污水的排放，引起水质富营养化，而水体的富营养化又引起水中浮游生物和植物大量繁殖，破坏了生态系统平衡，导致琵琶湖自循环功能减弱。为此，日本政府着重于保护湖心水域的生物生存环境、恢复湖边水域生态系统、建设湖边平原（丘陵）地区生态系统、建设山地森林生态系统，同时加强湖泊景观建设，以便最终恢复整个流域的生态系统。

2.5　山体边坡治理

2.5.1　边坡治理的意义

　　暴露于大气中受到水、温度、风、阳光等自然因素的反复作用的路堤和路堑边坡坡面，为了避免风化作用或（和）坡面径流冲刷作用引起的表层剥落、碎落、表层土溜坍、冲沟等破坏，必须采取一定的措施对坡面加以防护。

　　（1）边坡治理对边坡的安全稳定具有重要的作用。边坡是具有倾斜度的土质，其结构体具有一定的隐患，如发生滑坡等灾害。因此，对边坡进行治理有利于边坡的安全稳定。

　　（2）边坡治理解决道路的排水问题。通过开挖截水沟、排水沟等能够对水流进行疏导，从而解决道路排水问题。

　　（3）边坡治理对边坡生态产生较大影响。边坡排水工程能够疏导水流，改善降雨的积水情况，而边坡绿化工程能适当地栽植搭配植物，这些都有利于生态环境的提高。

　　（4）边坡治理有利于美化边坡景观效果。自然的边坡大多是任意裸露的岩矶或植物品种长势不佳，颇影响景观效果。所以，边坡治理，特别是经绿化防护技术处理后，可以进行较好的绿化、美化，提高边坡的观赏价值和安全稳定性。

2.5.2　边坡治理的原则

　　（1）以防为主，辅以治理。在线路选定前要做到准确勘察所经路线的岩土性质及其他相关的工程地质问题，不仅为后面的设计施工提供准确、详尽的第一手资料，而且避免出现较大的安全事故。

　　（2）坚持以工程地质条件为依据。重视滑坡定性评价，辅以定量评价。定量评价一定要满足定性评价。

　　（3）安全性。根据防治对象的重要程度，设计使用年限。根据地震条件、地下水条件合理地拟定滑坡推力计算的安全系数。

（4）技术经济合理性。充分利用一切地形、地质条件，因地制宜地采取有效工程措施，加强滑坡的整体稳定性，做到工程措施、技术、经济合理。

（5）实施的可能性。充分考虑施工过程和顺序，以保证坡体逐步趋于稳定，并确保施工人员安全。

（6）重视社会人文因素。制订工程措施和施工顺序时，应注意协调施工与当地居民生活的关系，尽量不影响当地居民正常生活。

（7）重视环保绿化，生态优先。边坡绿化对美化环境，涵养水源，防止水土流失和滑坡，净化空气等有明显作用。

（8）可以绕避时应尽量绕避。

2.5.3　施工技术措施

1. 方法的选择

1）边坡工程防护技术

常见的边坡工程防护技术包括砌石挡墙、护坡、现浇混凝土、抗滑桩、水泥砂浆喷锚、钢丝石笼、落石防护等形式。

（1）砌石挡墙

根据防护强度不同一般可分为干砌石、浆砌石挡墙，结构形式多为重力式，有仰斜式、直立式、俯斜式、凸形折线式、衡重式等断面形式（图 2-66）。

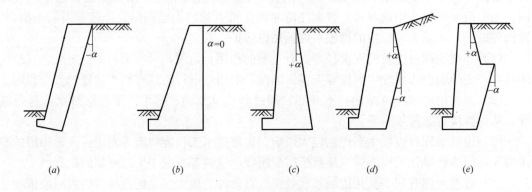

图 2-66　砌石挡墙断面形式
（a）仰斜式；（b）直立式；（c）俯斜式；（d）凸形折线式；（e）衡重式

① 特点

a. 措施简单易行，对选料要求不高，石料来源广泛。

b. 干砌石挡墙透水性较好，适用于低矮边坡；浆砌石挡墙防护效果持久、稳定。

c. 施工简单，还可以与其他工程措施结合布设。

② 适用范围

a. 适用于公路、铁路、矿山土地整理、河道、城镇建设等建设项目。

b. 适用于土质、土石混合边坡；干砌石挡墙适用于防护等级要求不高的土质、土石混合边坡。

c. 挡墙可以适用于不同坡度边坡的坡脚防护,但干砌石挡墙防护高度一般不超过2m;浆砌石挡墙一般高度5m;超过时一般会分级或采取加筋等处理措施。

③ 施工要点

重点介绍浆砌石挡墙,干砌石挡墙可参照浆砌石挡墙的施工要点(图 2-67、图2-68)。

实地调查,掌握设置挡土墙地点的地形、地质概况,大体确定构造物及基础的形式和尺寸,然后结合勘测结果,再进行经济合理的设计。需要计算的参数有土压力设计参数、地基承载能力计算参数、验算稳定性所需设计参数、基础沉降所需参数及周围环境条件等。

a. 砌筑基础

土质基础夯实后,直接坐浆砌筑;岩石基础应将基底表面清扫、湿润,再坐浆砌筑。砌筑石块在

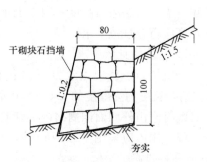

图 2-67　干砌石挡墙设计示意图（cm）

使用前必须冲洗干净,以便与砂浆粘结。砌筑应分段分层进行,分段长度一般不超过15m,分段位置尽量设在沉降缝或伸缩缝处。各砌筑段水平缝应大致水平,对于有块石镶面的墙面,水平缝应一致。砌体砌筑时,相邻工作段的砌筑高度不宜超过1.2m。各层砌筑时应先砌外圈定位石耦合,然后砌里层石料,外圈石块应与里层石块交错连成一体。砌体里层应砌筑平齐,分层与外圈一致,应先铺一层砂浆再安放石块和堆塞砌缝,严禁干铺石料。

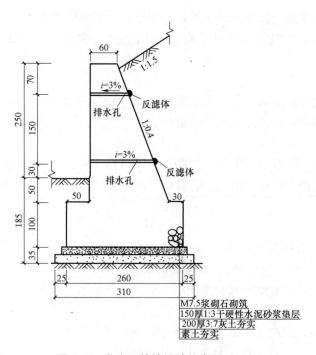

图 2-68　浆砌石挡墙设计示意图（cm）

砌筑时应在横向、竖向双挂线,各砌层的石块应安放稳固,砌块间应砂浆饱满,粘结牢固。砌筑上层石块时,应避免振动下层石块,严禁由基坑上方往砌体上扔石块或砂浆,

避免冲击砌体。砌筑工作中断后，恢复砌筑时，砌体表面应加以清扫并洒水湿润。

较大的石块应旋转再下沉且大面朝下，应选择形状及尺寸较合适的石块，石块尖锐突出部分应敲掉。阶梯形基础，上层阶梯砌筑前应将下层阶梯顶面清洗干净。相邻阶梯的块石应相互错缝搭接。浆砌块石应平砌，丁顺相间或二顺一丁排列，但镶面块石可立砌，宜三顺一丁。每层块石高度一致，上下层砌体竖缝错开距离不小于 8cm。砌体里层平缝和竖缝宽度应符合规范要求。

b. 砌筑墙身

砌筑块石形状应大致方正，上下面基本平整，厚度不小于 20cm，宽度约为厚度的 1.5 倍，长度约为厚度的 1.5～3.0 倍。用作镶面的块石，应选择表面较平整的石料。石料修整时应由外圳面四周向内逐渐修凿，石料后部可不修凿，但后部尺寸应略小于修凿部分。施工用砂应采用中砂或粗砂，且砌筑块石时，粒径不宜大于 2.5mm，使用前应用 5mm 孔径过筛。

c. 墙面勾缝

挡墙勾缝采用凸缝，缝宽控制在 2.5cm 左右。为保证缝宽、厚度均匀一致且平直，勾缝前墙面需浇水润湿，采用水准仪测量标高并弹墨线控制。

d. 墙背回填

第一次回填是在下部墙身砌筑完，混凝土、砂浆养护 10 天后进行；第二次回填待压顶完成后进行。每次回填均按 30～40cm 逐层夯实。

e. 压顶

挡墙压顶施工采用一次性成型技术，这样挡墙压顶将更美观牢固。压顶混凝土浇筑模板采用 3cm 厚木模，标高及宽度测得无误后浇混凝土。浇筑完成后每 3m 锯缝，在沉降缝处必须断开。

f. 沉降缝

沉降缝应符合设计要求，上下垂直贯通，宽度误差不得超过 2mm，整个缝隙粘填饱满，不漏水，缝的两面砌体应表面平整洁净。

（2）砌石护坡

根据防护强度不同分为干砌石、浆砌石护坡两种。其结构主要由脚槽、坡面、封顶三部分组成，其中脚槽主要用于阻止砌石坡面下滑，起到稳定坡面的作用，有矩形、梯形两种形式。

① 特点

a. 取材容易，石料要求不同。

b. 施工简单、方便，可以快速发挥防护作用。

c. 施工完成后，可有效降低直面的水力侵蚀，防治水土流失。

② 适用范围

a. 适用于公路、铁路矿山、土地整理、河道治理、管线工程等建设项目。

b. 适用于土质、土石混合、易风化的岩石边坡。

c. 干砌石坡度不宜陡于 1∶1.25，浆砌石坡度不宜陡于 1∶0.75。

③ 施工要点

a. 砌石前的准备工作

a) 平整。砌石前，应先平整坡面，以利于铺砂或砌石工作，必要时将坡面夯实后才进行铺砌。

b) 放样。边坡平整后，沿坡面轴线方向每隔5m钉立坡脚、坡中和坡顶木桩各一排，测出高程，在木桩上划出铺反滤料和砌石线，顺排桩方向，拴竖向细镀锌钢丝一根，再在两竖向镀锌钢丝之间，用活结拴横向镀锌钢丝一根，便于此横向镀锌钢丝能随砌筑高度向上平等移动，铺砂砌石即以此线为准。

c) 铺设反滤层。干砌石底部的反滤层，应与砌石密切配合，自下而上，随铺随砌，浆砌石护坡仅在泄水孔局部范围内铺设反滤层。

b. 砌石施工

a) 干砌石施工

在砌筑前应先行试放，对不合适处加以修凿，修凿程度以石缝能够紧密接触为准，砌石拐角处如有空隙，可用小片石塞紧。砌石表面应与样线齐平，横向有通缝，竖向直缝必须错开。砌缝底部如有空隙，均要用适合的片石塞紧，一定要做到底实上紧，以免底部砂砾由缝隙冲出，而造成坍坡事故。

干砌块石是依靠石块之间相互挤紧的力量维持稳定的，若砌体发生局部移动或变形，将导致整体破坏，边口位置是最易损坏的地方，所以封边工作十分重要。

干砌石的一般要求是，缝宽不大于1cm，底部严禁架空，人在砌石面上行走无松动感觉，砌体上任何块石即使是砌缝里的小片石，用手拔不松动，此外，坡面一定要平整，砌缝内尽量少用片石填塞，并严禁使用过薄的片石来填塞砌缝，严禁出现砌缝不紧、底部空虚、鼓肚凹腰、蜂窝石等缺陷。

b) 浆砌石施工

浆砌石常用坐浆法砌筑，土质基础夯实后铺一层3~5cm厚的稠砂浆，然后安放石块；岩石基础在铺浆前应将基础表面泥土、杂物洗干净，洒水湿润。砌筑石块表面必须冲洗干净，砌筑前也应洒水湿润，以便与砂浆粘结。

砌体砂浆凝固前进行勾缝，先将缝内不大于2cm的砂浆刮去，用水将缝内冲洗干净，待砌体达到一定强度后，再用强度等级较高而且较稠的砂浆进行勾缝，一般不大于3cm。砌体完成后，需进行覆盖，并经常洒水养护，保持表面潮湿，养护期一般不少于5~7天，在砌体未达到要求的强度之前，不得在其上任意堆放重物或修凿石块，以免砌体受振动而破坏（图2-69、图2-70）。

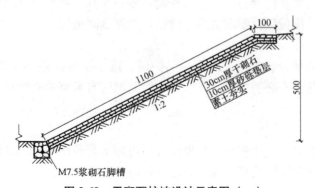

图2-69 干砌石护坡设计示意图（cm）

（3）混凝土护坡技术

① 特点

a. 施工方便，地形适应能力强。

b. 整体防护性好，对表层稳定的石质或土壤贫瘠坡面，可以起到较好的固土作用。

② 适用范围

a. 适用于公路、铁路、河道整治、城镇建设、管线工程等建设项目。

b. 边坡坡比 1：1～1：0.5 之间的、高度小于 3m 的坡面，用现浇混凝土或混凝土砌预制块护坡。

c. 边坡陡于 1：0.5 的边坡，可用钢筋混凝土护坡。

③ 施工要点

a. 浇筑前准备工作

a）基础处理

土质基础应先将开挖基础时留下来的保护层挖除，并清除杂物，然后用碎石垫底，盖上

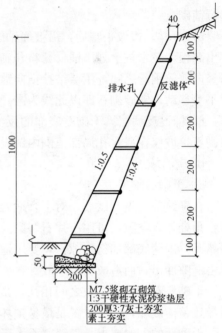

图 2-70　浆砌石护坡设计示意图（cm）

石砂，再进行压实。砂砾地基应清除杂物，整平基础面，并浇筑 10～20cm 厚的低强度等级混凝土垫底，以防止漏浆。对于岩基，一般要求清除到质地坚硬的新鲜岩面，然后进行整修，去掉表面的松散岩石、棱角和反坡，并冲洗干净。清洗后的岩基，在混凝土浇筑前应保持清洁和湿润。

b）施工缝处理

施工缝是指浇筑块之间的水平和垂直结合缝，也就是新老混凝土之间的结合面，为了保证建筑物的整体性，在新混凝土浇筑前，必须将老混凝土表面的水泥蜡（又称乳皮）清除干净，并使表面新鲜、成为有石子半露的麻面，以利于新老混凝土紧密结合。施工缝的处理方法主要有刷毛和冲毛、凿毛、风砂枪冲毛等。

b. 模板、钢筋及预埋件检查

a）模板检查

主要检查模板的架立位置与尺寸是否准确，模板及其支架是否牢固稳定，固定模板用的拉条是否弯曲等。模板板面要求洁净、缝密，并涂刷隔离剂。

b）钢筋检查

主要检查钢筋的数量、规格、间距、保护层，接头位置与搭接长度是否符合设计要求。要求焊接或绑扎接头必须牢固，安装后的钢筋网应有足够的刚性和稳定性，钢筋表面应清洁。

c）预埋件检查

对预埋管道、止水片、止浆片、预埋铁件、冷却水管和预埋观测仪器等，主要检查其数量、安装数量、安装位置和牢固程度。

c. 混凝土养护

混凝土浇筑完毕后，在一个相当长的时间内，应保持其适当的温度和足够的湿度，以形成混凝土良好的硬化条件，可以防止其表面因干燥过快而产生干缩裂缝，又可促使其强度不断增长。在常温下的养护方法：混凝土水平面可用水、湿麻袋、湿草袋、湿砂、锯末等覆盖；垂直面可进行人工洒水，或用带孔的水管定时洒水，以维持混凝土表面潮湿（图2-71、图2-72）。

（4）抗滑桩护坡技术

抗滑桩是一种大截面侧向受荷桩。抗滑桩施工常用的是就地灌注桩，安全、简便，是一种在高陡坡面较常用的护坡技术。

① 特点

a. 抗滑桩土方量较小，省工省料，施工方便，工期短，是广泛采用的一种抗滑措施。

b. 在地形较陡的边坡工程中，机械架设较为困难。

c. 人工成孔的特点是方便、简单、经济，但速度较慢，劳动强度高。

② 适用范围

a. 适用于公路、铁路、城镇建设等建设项目。

b. 适用于土质、土石混合、岩质坡面。

c. 一般用于存在一定不稳定隐患的高陡边坡。

③ 施工要点

a. 孔位：在现场地面设十字形控制网、基准点，随时复测、校核。

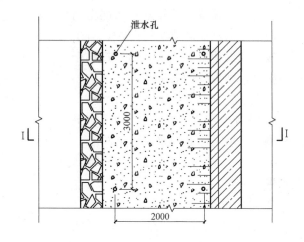
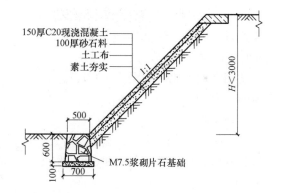

图 2-71　现浇混凝土护坡设计示意图（mm）

b. 成孔：成孔设备就位后，平正、稳固，确保在施工中不发生倾斜和移动、松动。

c. 钢筋笼制作：采用卡板成型法或支架成型法，加强盘与主盘定位后在接点处点焊固定；对直径较大的桩（2m以上），加强筋可考虑用角钢或扁钢，以增大钢筋笼的刚度，或在钢筋笼内设临时支撑梁。钢筋笼沉放时要对准孔位、扶稳、缓慢放入孔中，避免碰撞孔壁，到位后立即固定。

d. 混凝土灌注：混凝土的配合比严格按混凝土施工规范进行。一般采用直长导管法（孔内水下灌注）或串筒法（孔内无水灌注）连续灌注，成孔质量合格尽快灌注，灌注充盈系数一般土质控制在1:1，软土控制在1:2～1:3。直径大于1m的桩应每根桩留有一组试件，且每个台班不得少于一组试件。灌注时适当超过设计标高。当桩的尺寸较大而又是人工成孔时，可考虑采用人工入孔振捣混凝土，以提高桩的浇筑质量。

e. 检测：桩施工时，为检查桩的质量，应进行必要的检测。对桩径、桩混凝土质量可采用超声检测、振动检测、钻孔取芯检测、电动激振检测、水电效应检测等。在有条件的情况下或大型滑坡工程，应进行试桩检测。试桩可分为鉴定性试桩和破坏性试桩。鉴定性试桩的荷载为设计荷载的 1.2～1.5 倍，可在一般的桩上进行。破坏性试桩的荷载可分级加荷，直到桩破坏，应在专供试验用的桩上进行（图 2-73）。

（5）水泥砂浆喷锚护坡技术

水泥砂浆喷锚护坡技术是对裸露的石质坡面喷射水泥砂浆进行防护，对于坡度较陡或欠稳定的边坡，通过打锚杆挂防护网，增强防护效果。

① 特点

a. 提高边坡岩土的结构强度和抗变形刚度，增强边坡的整体稳定性。

b. 施工快速方便，节约经济成本，但景观效果差。

② 适用范围

a. 适用于公路、铁路、矿区等建设项目。

b. 适用于易风化、裂隙和节理发育、坡面不平整的岩石边坡，当用于软岩坡面时应加钢筋网。

c. 适用坡面坡比一般缓于 1:0.5。

③ 施工要点

a. 准备工作

喷浆前首先要清除活岩、虚渣、浮土、草根，填堵大裂隙、大坑凹，并刷洗干净坡面。

b. 锚固

锚杆应嵌入稳定基岩内，深度根据

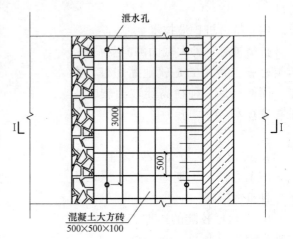

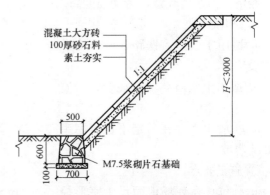

图 2-72　混凝土预制大方砖护坡设计示意图（mm）

岩体性质确定，锚杆间距 1～1.5m，直径一般为 14～22mm，锚杆孔深应比锚固深度深 20cm。锚孔插入钢筋后即灌注水泥砂浆（灰砂比 1:1～1:2，水灰比 0.38～0.45），注浆压力不低于 0.2MPa。

c. 喷浆

喷浆坡面应间隔 2～3m 交错设置泄水孔，孔径为 0.1m。大面积喷护应设置伸缩缝，伸缩缝间距一般为 15～20m。喷浆次数和厚度要根据坡面风化和破碎程度确定，厚度大于 7cm 时分两层喷射，最后一次以用纯水泥砂浆为宜。

湿式施工法：是指将喷射用的全部材料（水泥、骨料、水等）用装有拌合机的喷浆机混合拌匀，用喷嘴喷射出去，其特点是能保持一定的水灰比并使用湿骨料。干式施工法：是指将干料及水泥在拌合机中拌合后用喷浆机压送，在喷嘴处与另外压送的水混合后喷射出去，可用于较高点及较长距离的施工，并可采用较小的水灰比，且由于喷出量少，水灰比靠喷嘴工人的技术来掌握（图 2-74）。

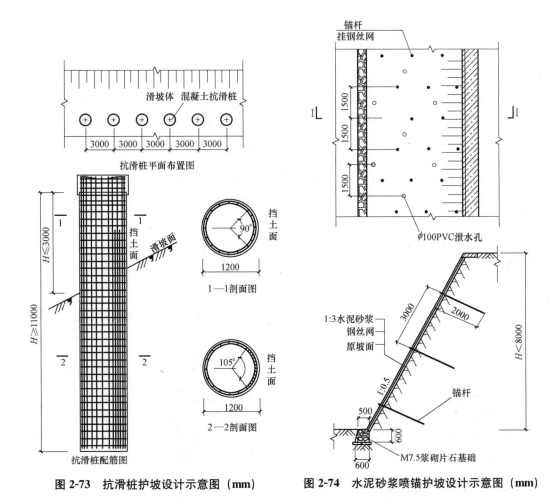

图 2-73 抗滑桩护坡设计示意图（mm）　　　图 2-74 水泥砂浆喷锚护坡设计示意图（mm）

（6）钢丝石笼护坡技术

① 特点

a. 石笼经石头填充，构成具有柔性、透水性及整体性的结构，不但能够满足一定的拦挡强度要求，而且具备一定的土壤条件后可以恢复植被。

b. 石笼缝隙可以有效防止径流对坡面的冲刷，拦截上游流失土壤，并过滤地表径流。

② 适用范围

a. 适用于公路、河道整治、矿山、景区边坡、城镇建设等建设项目。

b. 适用于土质、土石混合边坡。

c. 适用于坡比范围 1：1.5～1：2 的边坡的坡面拦挡或不同坡比边坡的坡脚防护。

③ 施工要点

网笼是由工厂按设计尺寸加工成双扭结六角形网目后，现场拼装成箱式网笼或垫式网笼，网笼施工主要是立架、装料、砌平、封口等。

a. 网笼安装前，应适当修整坡面，不应出现明显的隆起和凹陷。

b. 将网笼四边立起，用绑线将相应边沿锁紧，绑锁时，将绑线围绕两条框线（缝合边棱时）或杠线与网笼的双扭结边（缝合格栅时）扭紧，避免重镀锌损伤，螺距不大于 50mm。

c. 安装好的网笼错缝摆设就位，避免出现纵向贯通缝。

d. 当在已完成的底层网笼上面安装网笼时，应用绑线沿新装网笼下部边框将其固定在底层的网笼上，同一层相应的网笼也应用绑线相互系牢，使网笼连成一体。

e. 在某单元工程的同一水平层施工时，应将网笼全部就位后才开始填充卵石，为了防止网笼变形，相应两个网笼（包括同一网笼的相应格室）的填石高差不应大于 35cm。

f. 填充石料的抗压强度应满足设计要求，大小搭配要达到设计要求的空隙度并保证网笼的直线外形。

g. 石料填充时，应保证超填 2.5～3cm 高，以便为沉陷留有余地。

h. 网笼内填满石料后即将顶盖盖下，然后用绑线将两条重合的横线螺旋状扭紧，螺距不应大于 50mm。

i. 在砌筑好的网笼（垫）上铺填 10～15cm 的腐殖土，以便植被生长（图 2-75、图2-76）。

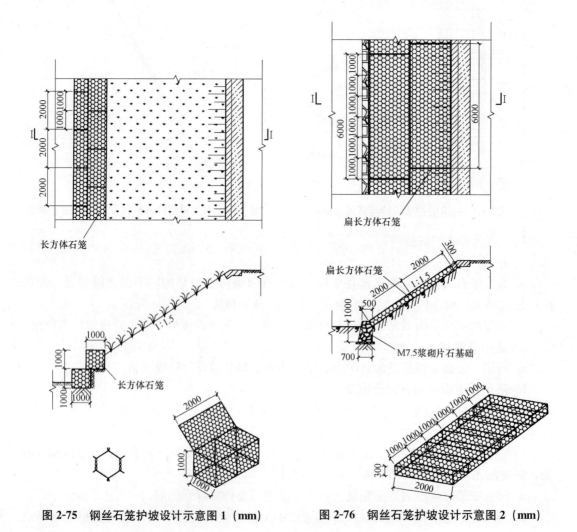

图 2-75　钢丝石笼护坡设计示意图 1（mm）　　　　图 2-76　钢丝石笼护坡设计示意图 2（mm）

（7）落石防护技术

落石灾害常用的防治方法有防落石棚、挡墙加拦石栅、囊式栅栏、利用树木和落石网和金属网覆盖等。这里主要介绍新型的 SNS 柔性安全防护系统。

SNS（Safety Netting System）系统属于金属网覆盖防落石技术的一种，它利用柔性金属网作为主要构成部分来防治落石及其他坡面地质灾害，该系统包括主动系统和被动系统两大类型，前者通过锚杆和支撑绳固定方式将柔性网覆盖在有潜在落石灾害的坡面上，从而通过阻止崩塌落石发生或限制落石运动范围来实现防止落石危害的目的；后者为一种能拦截和堆存落石，以具有足够高强度和柔性的金属网为主体的柔性栅栏式被动拦石网。

① 特点

a. 系统具有足够高的柔性和强度，能防治高能量崩塌落石危害。

b. 对各种工点的原始地貌环境具有极强的适应性，可以在不作额外开挖的条件下进行设防施工，可以多种形式布置在任何理想的位置，从而减小整体工程开挖量，不破坏坡体原有稳定性和坡面原有植被。

c. 系统部件工厂化加工，材料运输方便，施工安装简便易行。

d. 将对环境的影响降到最低点，其防护区域内可以充分地保持土体、岩石的稳固。

e. 系统工作量小，采用特殊的防腐技术，确保了其长期使用寿命。

② 适用范围

a. 适用于公路、铁路、矿山等建设项目边坡。

b. 多用于风化严重或碎石较多的高陡石质边坡。

③ 施工要点

a. 基座锚固

开挖基坑，在锚孔位置处钻凿杆孔，然后预埋锚杆并灌注基础混凝土，最后将基座套入地脚螺栓并用螺母拧紧。

b. 钢柱及上拉锚绳安装

a）将钢柱顺坡向向上旋转并使钢柱底部位于基座处。

b）将上拉锚绳的挂环挂于钢柱顶端挂座上，然后将上拉锚绳的另一端与对应的上拉锚杆环套连接并用绳卡暂时固定。

c）将钢柱缓慢抬起并对准基座插入，最后插入连接螺杆并拧紧。

d）通过上拉锚绳来按设计方位调整好钢柱方位，拉紧上拉锚绳并用绳卡固定。

c. 侧拉锚绳的安装

上拉锚绳安装完毕后再进行侧拉锚绳的安装，安装方法同上拉锚绳。

d. 减压环的布置

a）减压环分布在上拉锚绳及两根上支撑绳与两根底部支撑绳上。

b）减压环在上支撑绳及底部支撑绳上每跨网之间为两个分布。

e. 上支撑绳的安装

a）将第一根支撑绳的挂环端暂时固定于端柱的底部，然后沿平行于系统走向的方向调直支撑绳并旋转于基座的下侧，并将减压环调节就位（距钢柱约 50cm，同一根支撑绳上每一跨的减压环相对于钢柱对称布置）。

b）将该支撑绳的挂环挂于端柱的顶部挂座上（仅用 30% 标准固力）；在第三根钢柱

处,将支撑绳放在挂座内侧;如此相同地安装支撑绳在基座的外侧和内侧,直到本段最后一根钢柱并向下统至该钢柱基座的挂座上,再用绳卡暂时固定。

c)再次调整减压环位置,当确信减压环全部正确就位后拉紧支撑绳并用绳卡固定。

d)第二次上部支撑绳和第一根的安装方法相同,只不过是从第一根的最后一根钢柱向第二根钢柱的方向反射安装而已,且减压环位于同一跨的另一侧。

e)在距减压环约为40cm处用一个绳卡将两根上部支撑绳相互联结(仅用30%标准固力)。

f. 底部支撑绳安装

a)首先将第一根支撑绳的挂环挂于端柱基座的挂座上,然后沿平行于系统走向的方向调直支撑绳并放置于基座的下侧,并将减压环调节就位(距钢柱约为50cm,同一根支撑绳上每一跨的减压环相对于钢柱对称布置)。

b)然后在第二个基座处,用绳卡将支撑绳固定于挂座的外侧(仅用30%标准固力);在第二个基座处,将支撑绳放在挂座内下侧;如此相同地安装支撑绳在基座的外侧和内下侧,直到本段最后一个基座并将支撑绳缠绕在该基座的挂座上,再用绳卡暂时固定。

c)接着检查,确定减压环全部正确就位后拉紧支撑绳并用绳卡固定。

d)最后按上述步骤安装第二根支撑绳,但反方向安装,且减压环位于同一跨的另一侧,在距减压环约40cm处用一个绳卡将两根底部支撑绳相互联结(仅用30%标准固力),如此在同一挂座处形成内下侧和外侧两根交错的双支撑绳结构。

g. 钢绳网安装

a)将钢绳网按组编号,并在钢柱之间对应的位置展开。

b)用一根起吊钢绳穿过钢绳网上缘网孔(同一跨内两张网同时起吊),一端固定在一根监控钢柱的顶端,另一端通过另一根钢柱挂座绕到其基座并暂时固定。

c)用紧绳器将起吊绳拉紧,直到钢绳网上塔尖到上支撑绳的水平位置为止,再用绳卡将网与上支撑绳暂时进行松动联结,此后起吊绳可以松开抽出。

d)将钢绳网暂时挂到上支撑绳上,并侧向调整钢绳位置使之正确。

e)将缝合绳的中间固定在每张网的上缘中点,从中点开始用一头缝合绳分别向左向右将网与支撑绳缠绕在一起,直到钢绳网下缘中点,使左右侧的缝合绳头重叠1.0m为宜,最后用绳将缝合绳与钢绳网固定在一起,绳放在离缝合绳末端0.5m的地方。

h. 格栅安装

a)格栅铺挂在钢绳网的内侧,并叠盖在钢绳网上缘,用扎丝固定在网上。

b)格栅底部沿斜坡向上敷设0.2~0.5m,将底部压紧。

c)每张格栅叠盖10cm,每平方米在网上固定4处(图2-77)。

2)边坡生态防护技术

常见的边坡坡面防护与植被恢复技术主要包括钢筋混凝土框架、预应力锚索框架地梁、工程格栅式框格、混凝土预制件组合框架、混凝土预制空心砖、浆砌石框架、松木桩(排)、仿木桩、砌山石、码石扦插等技术模式。

(1)钢筋混凝土框架植被护坡技术

在边坡现浇钢筋混凝土框架,框架内回填客土,然后植灌草以达到坡面植被恢复的目的。钢筋混凝土框架植草护坡技术多用于高陡边坡,客土后框架内直接种植植物难度较

大，常与其他工程防护措施结合使
用，如框架内铺六棱花砖植灌草护
坡、框架内结合土工格室植灌草
护坡。

① 特点

a. 框架由钢筋混凝土浇筑而民，
稳定性较高，固持土壤能力强。

b. 框架通过节点处的锚杆与母
岩牢固结合，对边坡的加固作用
较强。

② 适用范围

a. 适用于公路、铁路、城镇建设
等项目。

b. 适用于土质、土石混合、岩
质边坡。

c. 常用于浅层稳定性差的高陡岩
坡和贫瘠土坡上，效果尤为显著，适
用坡比范围 1∶1～1∶0.5。

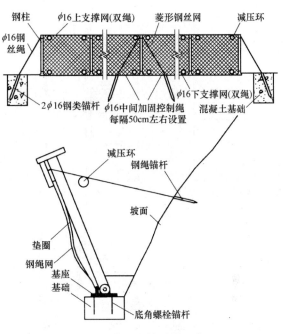

图 2-77 落石防护设计示意图

③ 施工要点

a. 边坡按设计要求清理好后，进行锚杆施工作业。

b. 锚杆施工完成后，进行钢筋混凝土框架浇筑施工，框架尺寸 3m×3m，顺斜坡面
布置，埋深 0.3m。

c. 浇筑 12～24h 后进行养护，养护时间不得少于 7 天（图 2-78～图 2-81）。

（2）预应力锚索框架地梁植被护坡技术

由钻孔穿过软弱岩层或滑动面，把锚杆一端锚固在坚硬的岩层中（称内锚头），然后
在另一个自由端进行张拉，从而对岩层施加压力对不稳定岩体进行锚固，达到既固定框架
又加固坡体的效果，这种方法称为预应力锚索框架地梁护坡。

① 特点

a. 锚索能够将被锚结构与地层紧密地连接在一起，形成共同工作的体系。

b. 预应力锚索结构在岩土体及被锚结构物产生变形之前就发挥作用，与挡土墙、抗
滑桩等支撑结构在岩土体变形后才发挥作用的被动受力状态有着本质区别。

c. 预应力锚索能够在尽可能少地扰动被锚结构的状况下，达到加固、增稳的目的。

d. 预应力锚索施工采用机械化作业，具有工艺灵巧、施工进度快、工期短、施工安
全等特点，用于应急抢险更具有独特优势。

②适用范围

a.适用于公路、铁路、矿山、城镇建设等项目。

b.适用于较松散、必须用锚索加固的高陡岩石边坡。

c.边坡坡度大于 1∶0.5，高度不受限制。

③ 施工要点

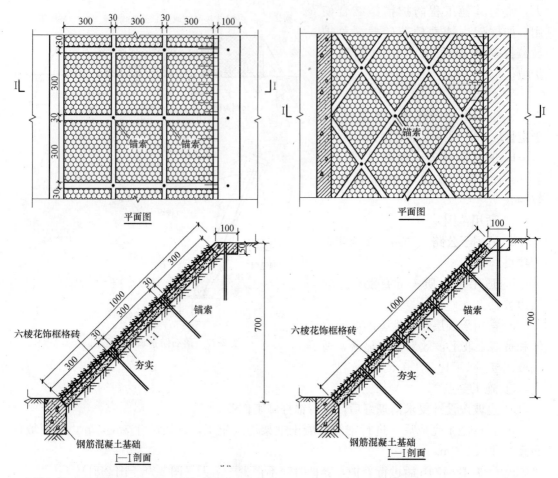

图 2-78　矩形框架内结合六棱花砖植被恢复
设计示意图（cm）

图 2-79　菱形框架内结合六棱花砖植被恢复
设计示意图（cm）

a. 根据坡面情况，确定预应力锚索间距、锚杆间距。

b. 施工锚索，浇筑锚索反力座，浇筑时预留钢筋，以便和框架梁相连。

c. 反力座达到强度后，将锚索张拉到设计值，并将锚头埋入混凝土中。

d. 钻锚杆孔，浇筑框架地梁（图 2-82）。

（3）工程格栅式框格植被护坡技术

① 特点

综合利用混凝土构件的防护强度高、抗破坏能力和耐久能力强、植物生长快速的特点，是一项高标准的陡坡防护措施，同时也更好地体现出生态护坡的理念。

② 适用范围

a. 适用于河道整治、公路、景区边坡、城镇建设等项目。

b. 适用于土质边坡防护。

c. 适用于坡陡坎。

③ 施工要点

a. 混凝土构件应提前预制。

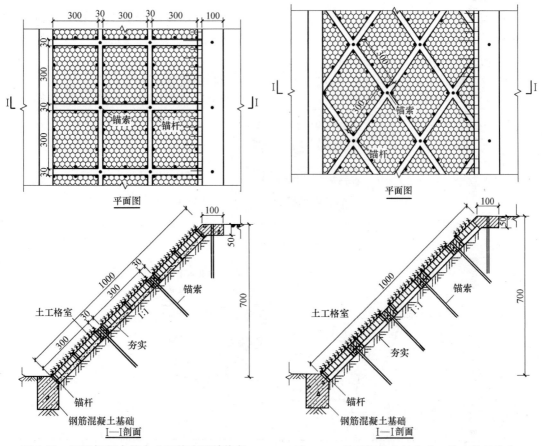

图 2-80 矩形框架内结合土工格室植被恢复
设计示意图（cm）

图 2-81 菱形框架内结合土工格室植被恢复
设计示意图（cm）

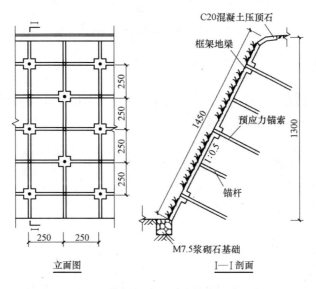

图 2-82 预应力锚索框架地梁植被护坡设计示意图（cm）

b. 基础应夯实，用于护岸工程时，基础应采取防冲淘措施。

c. 施工季节以春季为宜，施工中应注意保护树根，必要时就进行假植，以确保成活率。

d. 对截干的树苗顶端以油漆封口，减少水分蒸发。

e. 施工完成后，应及时对立面喷水灌溉，以利植物缓苗（图 2-83）。

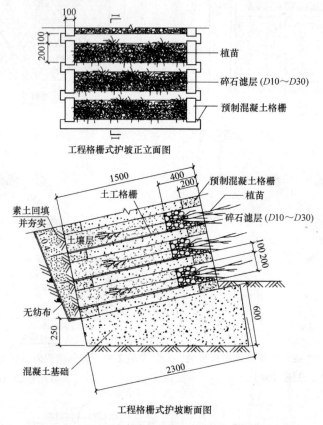

图 2-83 工程格栅式框格植被护坡设计示意图（cm）

（4）混凝土预制件组合框架护坡技术

① 特点

预制件可以在预制场大量生产，且现场施工简单，能够快速发挥护坡固土作用，有利于减少坡面在植被未形成前的水土流失。

② 适用范围

a. 适用于公路、铁路、公园、城镇建设等项目。

b. 适用于土质、土石混合边坡。

c. 适用于坡比不大于 1：1 的坡面。

③ 施工要点

a. 按照设计要求清理、平整坡面，在坡脚设置混凝土现浇基础，将预制件自下向上铺设，并尽量使预制件之间咬合紧密，防止出现松动和脱落现象。

b. 预制件组合牢固之后，及时在框格内回填种植土，并振捣密实。

c. 播种多采用人工撒播混合灌草种，灌草种以选用越年生或多年生品种为宜（图 2-84）。

（5）混凝土预制空心砖护坡技术

混凝土预制空心砖护坡技术是在边坡铺设混凝土预制空心砖，砖内客土栽种灌草进行植被恢复。

① 特点

a. 具有增强边坡表层稳定性、防止水土流失等功能。

b. 成功地解决了："绿化与硬化"的矛盾，对于营造生态景观、改善环境，起到了积极作用。

c. 混凝土预制空心砖可在预制场批量生产，施工简单，外观整齐，造型美观大方。

② 适用范围

a. 适用于公路、河道整治、城镇建设、矿区、公园等项目。

b. 适用于土质、土石混合挖填边坡。

c. 适用于矿区坡度不陡于 1：1 的稳定边坡，每级坡面高度不超过 10m。坡度太陡时需进行削坡处理，坡长太长时需分级处理或先设置分隔工程框架体系。

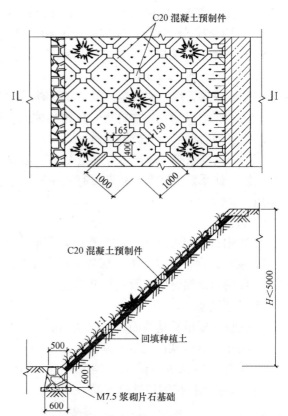

图 2-84　混凝土预制件组合框架护坡设计图（mm）

③ 施工要点

a. 坡面平整：待边坡沉降稳定后对坡面进行整平、夯实，压实度需达到设计要求，铺设表面严禁有碎石、块石等坚硬凸出物。

b. 六棱花饰砖的铺设：六棱花饰砖施工时应按自下而上的顺序进行，并尽可能挤紧，做到横、竖和斜线对齐。砌筑的坡面应平顺，要求整齐、无凹凸不平现象，并与相应的坡面顺接。若砌筑块有松动或脱落之处必须及时修整。

c. 种植土回填及处理：六棱花饰砖砌筑好后，应及时回填种植土，回填土宜为腐殖土或改良土（以肥沃表

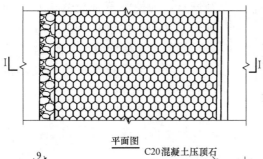

平面图

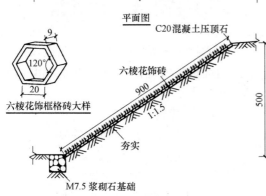

图 2-85　六棱花饰砖植被护坡设计示意图（cm）

土为宜，对于贫瘠土应掺入有机肥、化肥以提高肥力）。

　　d. 六棱花饰砖的铺设应与坡面排水系统相结合。

　　e. 植物种的选配根据实施工程所在项目区气候、土壤及周边植物等情况确定。植物种需抗逆性强；地上部分较矮，根系发达，生长迅速，能在短期内覆盖坡面；越年生或多年生；适应粗放管理，能产生适量种子；种子易得且成本合理。

　　f. 为利于形成稳定植物群落，植物品种宜采用混合灌草进行播种、栽植（图 2-85）。

　　（6）浆砌石框架植被护坡技术

　　浆砌石框架植被护坡技术是通过浆砌石形成坡面防护框架，在框架内栽种植物形成垂直植物防护体系，植被恢复初期可有效减轻坡面水土流失，同时还可以起到稳定坡体表面的作用。

　　① 特点

　　a. 浆砌石框架可以在植被恢复初期防止水土流失，稳定表层坡体。

　　b. 浆砌石框架可以承担一部分土压力，可以用于土压力不大的土质坡面。

　　c. 浆砌石框架可以有效地拦截降雨，为植物生长补充水分。

　　② 施工要点

　　a. 按设计要求平整坡面，清除坡面危石、松土、填补凹凸等。

　　b. 为了保证框架的稳定，埋深不小于 8cm。

　　c. 采用 M10 水泥砂浆就地砌筑片石。框架砌筑时应先砌筑衔接处，再砌筑其他部分，同时要确保框架衔接处位于同一高度。

　　d. 施工时应自下而上砌筑，并使框架与坡面紧贴。

　　e. 如果使用播灌草种的方式进行植被恢复，为使灌草种免受雨水冲蚀，应加盖无纺布，促进草种的发芽生长。也可采用稻草、秸秆编织席覆盖。

　　f. 要与坡面排水系统的设计相结合（图 2-86～图 2-88）。

　　（7）松木桩植被护坡技术

　　松木桩植被护坡技术是在坡脚、坡面平台成排设置松木桩，然后在坡面及松木排内侧栽种灌草，实现边坡防护和直面植被恢复的一种生态景观型边坡防护技术。

　　① 特点

　　a. 在防护直面稳定的基础上，实现了裸露坡面近自然生态防护。

　　b. 施工方法简单易行。

　　c. 通过埋设松木桩对坡面进行分级，有效防止坡面水土流失的产生。

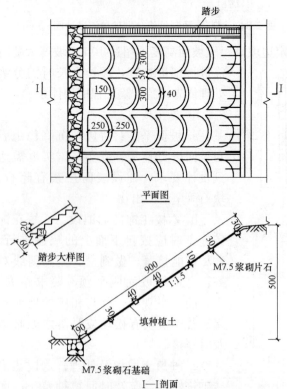

图 2-86　浆砌石拱形骨架植被护坡设计示意图（cm）

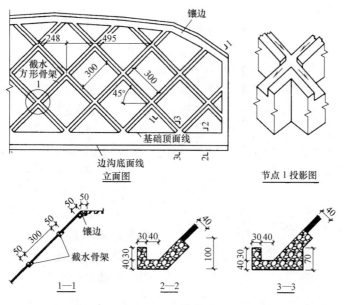

图 2-87 浆砌石菱形骨架植被护坡设计示意图 (cm)

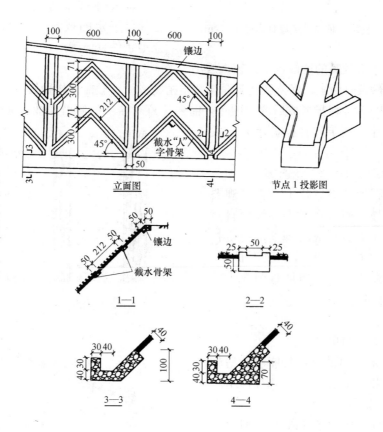

图 2-88 浆砌石"人"字形骨架植被护坡设计示意图 (cm)

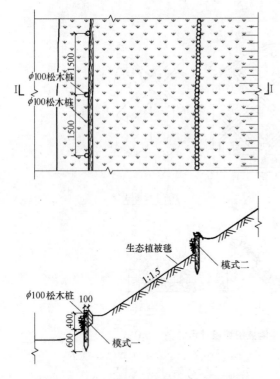

图 2-89　松木桩植被护坡设计示意图（cm）

e. 治理标准较高的地段，选择较大规格的苗木。

f. 施工后及时洒水，保持坡面湿润至栽植植物成活、撒播植物种发芽。

g. 在植被覆盖保护形成后的前两年，需要注意对灌木的修剪作业，通过灌草植被组成的人工调控，利于向目标群落方向发展（图 2-89）。

（8）景观山石植被护坡技术

景观山石植被护坡技术是在景观要求较高的边坡，通过在坡脚和坡面自然摆放或浆砌山石，形成坡脚基部稳定拦挡，坡面分级拦挡，再结合坡面情况，栽种灌草、藤本，提高边坡景观效果的一种生态绿化防护技术。

① 特点

a. 施工方法简单易行。

b. 结构形式自然，自身能够营造较好的景观效果，并能与周边环境相协调。

② 适用范围

a. 常用于公园、景区道路等项目。

b. 适用于坡度不陡于 1：1 的土质、

d. 应与排水系统结合使用。

② 适合范围

a. 常用于公园、景区道路、公路、城区道路及河岸边坡等。

b. 适用于对景观要求较高的土质和土石结合边坡。

c. 一般适用于坡度为 1：1～1：1.5 的边坡，坡长不受限制。

③ 施工要点

a. 清除坡面浮石及其他一切杂物，对不符合设计要求的边坡进行整理。

b. 详细勘察坡面周边排水，对上游及周边来水进行有序疏导；按照设计要求布设排水设施，将坡面雨水在有效利用的基础上有序排出。

c. 按照设计的行间距要求在坡面布设松木桩，并刷清漆防腐。

d. 基本按照等高方向布设松木桩，但保留一定的坡降，埋设深度根据坡面立地条件具体确定。

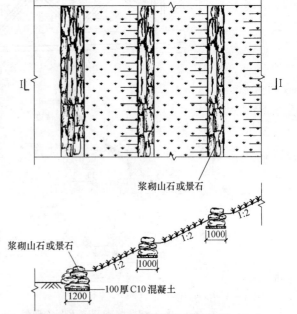

图 2-90　景观山石植被护坡设计示意图（cm）

土石边坡。

③ 施工要点

a. 清除坡面杂物，对不符合设计要求的边坡进行整理。

b. 基础夯实后直接摆放山石，较大的山石应放置在下层且大面朝下，尖锐部分朝内或敲掉。山石上下交错摆放，安放稳固（图2-90、图2-91）。

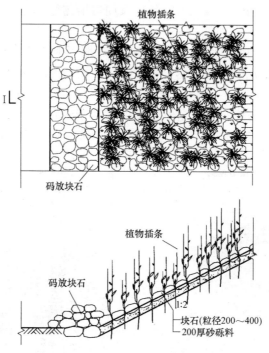

图 2-91 码石扦插植被护坡设计示意图

3）边坡绿化防护技术

（1）生态植被毯坡面绿化防护技术

生态植被毯坡面绿化防护技术是利用人工加工复合的防护毯结合灌草种子进行坡面防护和植被恢复的技术方式。该技术施工简单易行，后期植被恢复效果好，水土流失防治效果明显。

① 特点

a. 生态植被毯建植简易、快捷，维护管理粗放，养护管理成本低廉，是简洁有效的坡面植被恢复技术，后期植被恢复效果好，水土流失防治效果显著。

b. 生态植被毯能够固定表层封土，增加地面粗糙度，减少坡面径流量，减缓径流速度，缓解雨水对直面表土的冲刷。

c. 生态植被毯中的纤维层具有保墒的作用，有利于干旱少雨地区植物种的顺利出苗成长，提高了植被恢复的成功率。

d. 生态植被毯中加入的肥料、保水剂等，可为植物种子出苗、后期生长提供良好的基础条件。

② 适用范围

a. 常用于公路、铁路、矿山、河道、公园等建设项目边坡。

b. 适用于土质、土石混合挖填边坡。

c. 一般适用坡度不陡于 1:1.5 的稳定坡面，坡长超过 10m 后宜分级处理。

d. 土壤立地条件较差的坡面，结合土壤改良进行应用。

③ 施工要点

a. 根据工程特点及立地条件差异，确定选择相应的五层或三层结构的生态植被毯。

b. 根据工程所在项目区气候、土壤条件及周边植物等情况，确定植物品种的选配和单位面积播种量。

c. 落实植被毯铺设前的坡面整理、土壤改良、坡面排水等相关工作。

d. 生态植被毯应随用随运至现场，要做好含种子的五层结构生态植被毯的现场保存工作。

e. 生态植被毯铺设时应与坡面充分接触并用 U 形铁钉或木桩固定。毯之间要重叠搭接，搭接宽度 10cm（图 2-92～图 2-94）。

带种子的生态植被毯结构   不带种子的生态植被毯结构

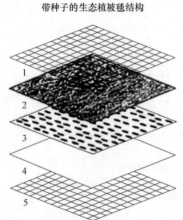 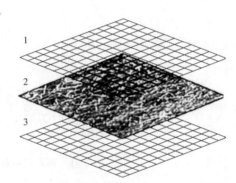

1-网; 2-植物纤维层; 3-种子; 4-纸; 5-网   1-网; 2-植物纤维层; 3-网

图 2-92   生态植被毯结构图

 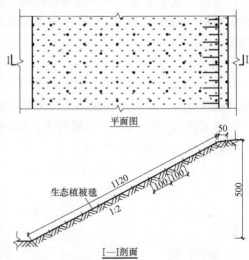

图 2-93   生态植被毯实物图   图 2-94   生态植被毯坡面绿化防护设计示意图（cm）

（2）生态植被袋坡面绿化防护技术

生态植被袋坡面绿化防护技术是采用内附种子层的土工材料袋，通过在袋内装入植物生长的土壤材料，在坡面或坡脚以不同方式码放，起到拦挡防护、防止土壤侵蚀，同时恢复植被的一项工程技术。该技术对坡面质地无限制性要求，适宜于坡度大的坡面，是一种见效快且效果稳定的块面植被恢复方式。

① 特点

a. 码放植被袋，可以对表层欠稳定或有落渣的开挖、弃渣边坡起到生物防护和拦挡作用。

b. 码入植被袋可为裸露岩石坡面提供植物生长的土壤层。

c. 在满足植物生长需求的前提下，植被袋内的营养土可以采用弃渣与土壤改良材料混合调配，充分利用现场弃渣材料。

d. 植被袋内既有种子又有种植土，本身就是一个有利于植物生长的良好载体。

e. 植被袋的纤维材料直到植物根系具有一定的坡面固着能力时才逐渐老化，具有较好的抗侵蚀防护作用。

f. 植被袋柔韧性高，不易断裂，可以承受较大范围的变形而不坍塌，避免了由于基础变形引起的工程防护措施破坏。

② 适用范围

a. 常用于公路、矿山、河道、公园、城镇建设等项目。

b. 在土质、土石混合、岩质坡面均可使用。

c. 适用于坡度为 1：1～1：4 的坡面，并常用于陡直坡脚的拦挡和植被恢复，对于较陡的坡面，坡长大于 10m 时，应进行分级处理。

d. 适用于立地条件差、土壤贫瘠的坡面。

e. 适用于需要快速绿化以防止水土流失的坡面。

③ 施工要点

a. 设计首先要分析立地条件，根据坡体的稳定程度、坡度、坡长来确定码放方式和码放高度。

b. 根据坡面的具体立地条件选配植物种。

c. 对坡脚基础层进行适度清理，保证基础层码入的平稳。

d. 根据施工现场情况，在植被袋内混入适量弃渣，实现综合利用。

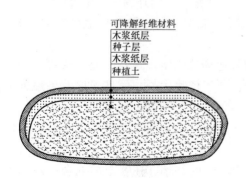

图 2-95 生态植被袋结构图

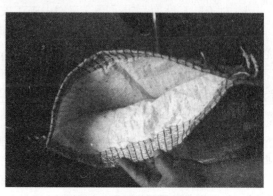

图 2-96 生态植被袋实物图

　　e. 码入中要做到错茬码放，且坡度越大，上下层植被袋叠压部分要越大。

　　f. 植被袋之间以及植被袋与坡面之间采用填充物填实，防止滑塌。

　　g. 施工中注意对生态植被袋的保管，尤其注意防潮保护，以保证种子的活性（图2-95～图2-98）。

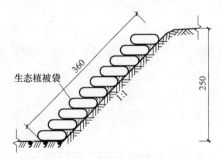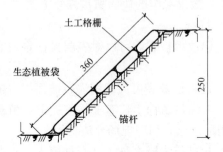

图 2-97　生态植被袋施工码放图（cm）　　**图 2-98　生态植被袋土工格栅护坡设计示意图（cm）**

　　（3）岩面垂直绿化技术

　　岩面垂直绿化技术是利用岩石边坡微凹地形及坡脚，用高强度砂浆砌石、砌砖或项目区其他可利用材料，筑成槽穴状承载物，然后回填种植土栽植灌草、藤本，实现裸露岩面植被覆盖的坡面绿化技术。

　　① 特点

　　a. 可以解决坡度较陡、坡面稳定但不平整的石质边坡复绿的难题，弥补其他技术模式的缺陷。

　　b. 种植槽穴砌筑材料可就地取材，选用工程现场清理的材料。

　　c. 绿化见效快，工程结束后即能很快达到效果。

　　d. 槽穴内种植土可供养分有限，一般不能栽植大乔木。

　　② 适用范围

　　a. 常用于公路、矿山、公园等项目。

　　b. 一般用于岩质坡面。

　　c. 适用于坡度为75°以上的开挖稳定边坡，不受坡长限制。

　　③施工要点

　　a. 施工前应确保坡面必须稳定，并清除坡面杂物与浮石，注意保留坡面原有植被。

　　b. 对于陡直坡面一定需要注意空中施工安全，并在施工范围外围拉安全警戒线。

　　c. 砌筑材料尽量就地取材，实现综合利用，降低成本，同时要考虑地区气候条件，尤其是冻胀的影响。

　　d. 坡面种植槽穴点位置的选择需依据需面的微地形来确定，选在凹处砌筑有利于种植槽穴的稳固和承接坡面汇流，增加水分和养分，利于植物生长，而且绿化效果贴近自然，视觉效果好。

　　e. 在满足稳定性要求的情况下，坡面种植槽穴应根据微地形尽可能做大一些，以保证植物的正常生长，达到良好的绿化效果。

　　f. 回填土质量的高低，直接关系到槽穴内植物生长的好坏。在客土内混合一定的保水剂、有机肥等，有利于提高其保水抗旱性能和肥力。

g. 植物以藤本和地被为主，注意选用当地乡土植物。合理位置也可选用抗旱、耐瘠薄、根系发达的乔、灌木（图 2-99）。

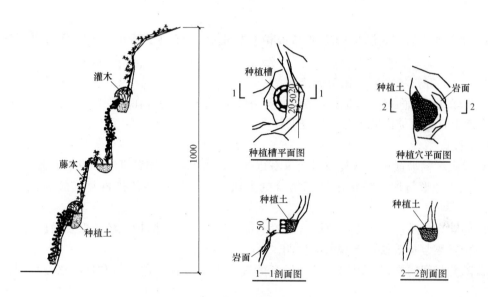

图 2-99 岩面垂直绿化设计示意图（cm）

（4）生态灌浆坡面绿化防护技术

生态灌浆坡面绿化防护技术是建筑行业混凝土工程灌浆技术在生态恢复领域的跨行业应用，主要是针对石质堆渣等地表物质呈块状、空隙大、缺少植物生长土壤的边坡，使植被恢复限制性因子的一种技术方式，是对类似地表物质组成区域实现生态修复的有效途径。

① 特点

a. 生态灌浆能够避免客土下渗和坡面变形，提高渣体表层的稳定性。

b. 生态灌浆提高了表层渣体的防渗、保水能力，一定程度上缓解了土壤水分对植被恢复的不利影响。

c. 生态灌浆为边坡提供了植物生长的土壤及肥力条件。

d. 生态灌浆需要借助高压喷射设备完成。

② 适用范围

a. 常用于公路、矿山等项目。

b. 适用于地表物质呈块状、空隙大的石质堆渣坡面。

c. 坡度不大于 1∶1.5 的坡面。

③施工要点

a. 根据立地条件，对边坡进行整理，并确定最终坡度。

b. 对坡面进行适度平整，保证灌浆作业的正常实施。

c. 在坡脚设置围堰拦挡措施，避免下渗泥浆溢流。

d. 应根据边坡的立地条件和恢复目标，科学选定植物品种，并合理搭配。

e. 工程用土,应就地取材;同时,根据可利用土壤的特性,调整保水剂、粘合剂的用量。

f. 施工中注意基材中水的比例不宜过大,否则可能引起坡面滑塌。

g. 根据植被恢复需要,合理设计、控制灌浆深度,灌浆深度一般要求基本满足30～50cm。

h. 灌浆实施后,表层采用无纺布或植被毯覆盖,有利于蓄水保墒,促进种子出苗生长。

（5）等高绿篱埂坡面绿化防护技术

等高绿篱埂坡面绿化防护技术是将乔、灌、草等植物配置在开挖的水平条、水平沟、水平台地上,进行坡面防护植被恢复的技术。

① 特点

a. 等高绿篱坡面植被恢复技术简单易行,且投资低,后期管理维护成本低廉。

b. 利用地形整理与植物配置相结合的方法,与其他一些植被恢复措施相比,更加生态。

c. 能够充分发挥乔、灌、草综合配置的优势,实现坡面防护和植被恢复的目的。

d. 植被恢复见效快,景观效果鲜明。

e. 随着时间的推移,植物绿篱埂发挥的坡面雨水径流拦蓄效应和植被恢复效果越加显著。

② 适用范围

a. 常用于矿山、公路、土地整理、公园等建设项目。

b. 适用于土质、土石质地的各类边坡。

c. 适用于坡度为1∶2～1∶4的稳定坡面。

③ 施工要点

a. 水平阶、水平条、水平沟整地坡面沿等高线自上而下里切外垫,水平阶（条）的宽度因坡度大小而异,台面外高里低,以尽量蓄水,减少流失。

b. 水平阶呈连续或断续带状的,对坡度以及坡面质地、地区降雨量进行相应调整,坡度与降雨量越大,带间距越小。

c. 条带间距根据坡面长度、坡度以及坡面质地、地区降雨量进行相应调整,坡度与降雨量越大,带间距越小。

d. 种植条带间坡面部分,可以就地取材,用块石顺坡码放覆盖,能有效减少地表径流对坡面的冲刷,同时也不影响草本植被的恢复。

e. 种植面应略低于周边地表,以利于降雨的就地入渗利用,满足植物生长需要,减少后期管护投入。

f. 土壤立地条件较差的坡面,需要对植物种植部位进行土壤改良,保证植物生长所需要的基本土壤肥力条件。

g. 水平条（阶）上需种植分蘖能力强、冠幅大、生长迅速的植物种。条带间植物一般以灌草种的撒播恢复植被为主（图2-100）。

（6）土工格室坡面绿化防护技术

土工格室坡面绿化防护技术是将土工格室固定在缺少植物生长土壤条件和表层稳定性

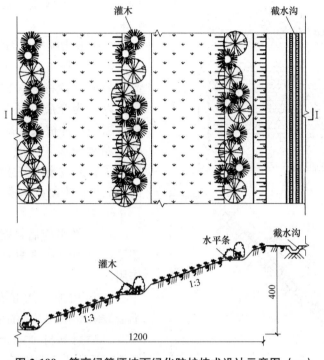

图 2-100 等高绿篱埂坡面绿化防护技术设计示意图（cm）

差的坡面上，然后在格室内填充种植土，撒播混合灌草种的一种坡面植被恢复技术。

①特点

a. 能有效防治强风化石质边坡和土石混合坡面的水土流失。

b. 土工格室内有植物生长所需的土壤条件，植被恢复效果显著。

c. 土工格室抗拉伸、抗冲刷效果好，具有较好的水土保持功能。

② 适用范围

a. 常用于公路、矿山、公园景区等项目。

b. 适用于土石混合、土质的稳定挖填边坡。

c. 一般适用坡度不陡于 1∶1，坡长超过 10m 后进行分级。

③ 施工要点

a. 按设计要求平整坡面，对凹凸不平的坡面进行人工修整并清除坡面浮石、杂草、树根等。

b. 对影响坡面的上游及周边来水通过设置完善的截、排水系统进行有序疏导。

c. 铺设时先在坡顶固定，再按设计要求展开，注意各土工格室单元之间的联结、土工格室与坡面之间的固定处理。

d. 土工格室固定上后，即可向格室内填土，充填时要使用振动板使之填实，且略高出室面 1～2cm。

e. 为了保证后期坡面景观效果，可将 2～3 年生的花灌木按设计要求自然式栽植于坡面。

f. 施工结束后，可在表层覆盖无纺布、稻草、麦秸、草帘等材料，防止坡面径流冲

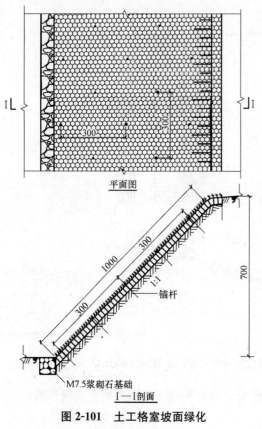

平面图

锚杆

1:1

M7.5浆砌石基础

I—I剖面

**图 2-101   土工格室坡面绿化
防护技术设计示意图（cm）**

刷，保持表层湿润，促进植物种子发芽
（图 2-101）。

（7）液力喷播坡面绿化防护技术

液力喷播坡面绿化防护技术是利用
高压喷附设备将相关添加材料、植物种
子，以水为介质，混合喷附到坡面形成
植被层的一种植被恢复技术。其造价低，
形成植被覆盖快、效果好，很大程度上
降低了后期的养护工作量，是行之有效
的直面植被恢复技术模式。

① 特点

a. 工程实施后，能很快形成植物覆
盖层，起到快速恢复植被、保持水土的
作用。

b. 植物种子能够有效在坡面驻留，
不会被雨水和人工浇灌用水冲跑。

c. 喷射基材中混合的肥料，保证了
植物生长所需养料的持续供给。

d. 喷射基材中添加的保水剂，能够
保证种子的发芽成活，提高水资源的利
用效率，达到节约用水和减少后期人工
补水的目的。

e. 施工成本相对较低，后期养护管理粗放，经济可行。

② 适用范围

a. 常用于公路、矿山、市政道路、公园景区等项目。

b. 适用于土质、土石混合边坡。

c. 适用于坡度缓于 1：1.5～1：2 的稳定坡面，坡度为 1：2 时应结合其他方法使用。

d. 当坡长超过 10m 时，需进行分级处理。

③ 施工要点

a. 对土质条件差、不利于草种生长的坡面采用回填改良客土，并浇水润湿让坡面自
然沉降至稳定。

b. 采用人工或机械，清除直面所有的岩石、矿泥块、植物、垃圾。

c. 喷播材料应配置合理的比例，并且浓度适宜，避免产生坡面侵蚀。

d. 根据实施区域条件，选择根系发达、深根性、抗性强的植物品种进行合理组合，
注意乡土植物种的使用，保证目标群落的实现。

e. 喷播施工作业顺序应从上而下。

f. 施工结束后，可在表层覆盖无纺布、稻草、麦秸、草帘等材料，防止坡面径流冲
刷，保持表层湿润，促进植物种子发芽（图 2-102）。

（8）三维网坡面绿化防护技术

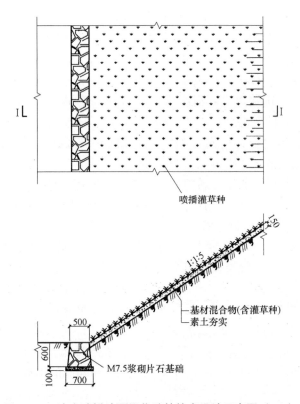

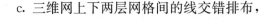

图 2-102 液力喷播坡面绿化防护技术设计示意图 (mm)

三维网坡面绿化防护技术是在裸露坡面通过铺设三维网 (图 2-103), 结合撒播或喷播进行坡面绿化的一项技术。

① 特点

a. 三维网的上部网包层, 对内部填充的客土、草种有良好的固定作用。

b. 三维网的上部网包层, 具有合适的高度和空间, 使风、水流等在网表面产生无数小涡流, 起阻风滞水作用。

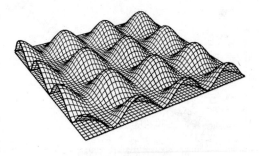

图 2-103 三维网结构图

c. 三维网上下两层网格间的线交错排布, 对加填客土起着加筋作用, 且随着植草根系的生长发达, 三维网、客土及植草根系相互缠绕, 形成网络覆盖层, 增强了边坡表层的抗冲蚀能力。

d. 三维网垫具有良好的保温作用, 在夏季可使植物根部的微观环境温度比外部环境温度低 3~5℃, 在冬季则高出 3~5℃, 在一定程度上解决了逆季施工的难度, 有利于促进植被均匀生长。

② 适用范围

a. 常用于公路、矿山、市政道路、公园景区等项目。

b. 适用于土质、填石混合边坡。

c. 适用于坡度缓于 1:1~1:1.5 的稳定坡面, 坡度超过 1:1 时应慎用。

d. 当坡长超过 10m 时,需进行分级处理。

e. 结合客土喷播、液力喷播技术使用时可适当扩大使用范围。

③ 施工要点

三维网坡面植被恢复的施工工序为:准备工作→铺网→覆土→播种→前期养护。

a. 对坡面进行人工细致整平,清除所有的岩石、碎泥块、植物、垃圾和其他不利于三维网与坡面紧密结合的阻碍物。

b. 三维网的剪裁长度应比坡面长 130cm。铺网时,应让网尽量与坡面贴附紧实,防止悬空。网之间要重叠搭接,搭接宽度约 10cm。

c. 建议采用"U"形钉或聚乙烯塑料钉在坡面上固定三维网,也可用钢钉,但需要配以垫圈。钉长为 20~45cm,松土用长钉。钉的间距一般为 90~150cm(包括搭接处),在沟槽内应按约 75cm 的间距设钉,然后填土压实。

d. 在上部网包层内回填改良客土,以肥沃壤土为宜,对于瘠薄土应填有机肥、泥炭、化肥等提高其肥力。覆土应分层多次填土,并洒水浸润,至网包层不外露为止。

e. 根据立地条件和气候区划合理选择灌草种。

f. 可采用人工手摇播种机撒播或液压喷播。采用人工撒播后,应撒 5~10mm 厚的细粒土。

g. 施工结束后,可在表层覆盖无纺布、稻草、麦秸、草帘等材料,防止坡面径流冲刷,保持表层湿润,促进植物种发芽(图 2-104)。

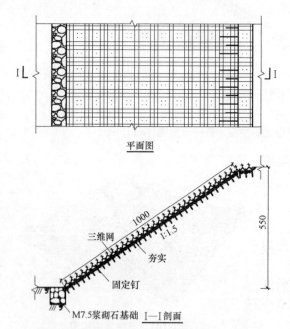

平面图

图 2-104 三维网坡面绿化防护技术设计示意图(cm)

(9)铺草皮坡面绿化防护技术

铺草皮坡面绿化防护技术是一种较常用的护坡绿化技术,是将人工培育或是自然生长的优良草坪,按照一定规格铲起,运至需进行植被恢复的坡面重新铺植,使坡面迅速形成植被覆盖的坡面绿化和植物恢复技术。

① 特点

a. 成坪时间短,可实现"瞬时成坪",对于急需绿化或植物防护的边坡,采用铺草皮绿化是首选。

b. 铺草皮覆盖坡面,在一定程度上可减弱雨水的溅蚀及坡面径流冲刷,减少水土流失的发生,迅速发挥护坡功能。

c. 铺草皮施工受季节限制少,除寒冷的冬季外,其他时间均可施工。

d. 前期养护管理难度大,易遭受各种病虫害等。

e. 植物品种的选择余地小,难以混入灌木植物种。

② 适用范围

a. 常用于公路、河道、公园、城镇建设等项目。

b. 适用于土质边坡。

c. 一般用于坡度不陡于 1∶1 的稳定边坡；坡长超过 10m 时需进行分级处理。

d. 主要用于人为活动比较频繁，相对重要且后期管理能够到位的区域。

③ 施工特点

铺草皮坡面植被恢复的施工工序为：平整坡面→准备草皮→铺草皮→前期养护。

a. 清除坡面所有石块及其他一切杂物，对土质贫瘠的边坡进行土壤改良，增施有机肥，并耙平坡面，形成利于草皮生长的土壤层。

b. 铺草皮前应轻镇 1～2 次坡面，将松软土层压实，并洒水润湿。

c. 起草皮前一天需浇水，一方面有利于起卷作业，同时也保证草皮卷中有足够的水分，不易破损，并防止在运输过程中失水。

d. 铺草皮时，为防止草皮块因在运输途中失水干缩，遇水浸泡后可能出现的膨胀，块与块之间应保留 5mm 的间隙，并填入细土。随起随铺的草皮块，可紧密相接。此外，还应避免过分伸展和撕裂草皮块。

e. 草皮铺盖结束后，用木板把草皮全部拍一遍，以使草皮与坡面密贴（图 2-105）。

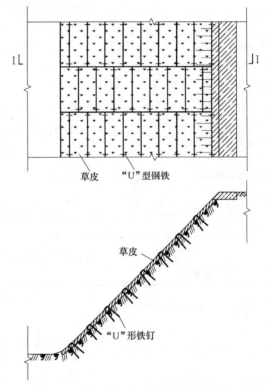

图 2-105 铺草皮坡面绿化防护技术设计示意图

（10）边坡人工促进植被修复

主要是对于立地条件较好的边坡，通过减少人为负载，人工创造土壤、水分、种子条件，促进坡面植被生态系统自我修复和重建，减少工程防护措施施工对边坡的扰动，实现坡面植被恢复的一种技术模式。

① 特点

a. 经修复后的创面与周边环境浑然一体，基本恢复环境自然原貌，没有太多人工痕迹。

b. 由于近自然规律，采用人工促进的方式进行生态修复，需要一定的时间（植物生长需要时间）才能达到稳定的效果。

② 适用范围

a. 适用于公矿区、风景区、公路、输变电等项目。

b. 适用于土质、土石混合边坡。

③ 施工要点

a. 避免大挖、大填，尽量保持坡面原貌。

b. 保护利用原有植被。

c. 可以采用播种、栽植诱导措施相结合的方式进行综合促进。

2. 材料的选择

材料的选择在很大程度上决定了防护技术的性质。工程防护技术主要材料一般以混凝土、水泥砂浆、毛石、片石，以及一些较为特殊的金属材料为主。而绿化防护技术一般以各种形式的植物材料和化学物质为主。而生态防护技术则是两者的综合，所用材料既有混凝土、水泥砂浆等工程性材料，也有绿化性材料。具体材料使用如下。

1）工程防护技术主要材料用表（表 2-13）

工程防护技术主要材料用表
表 2-13

防护技术	主 要 材 料
砌石挡墙	新鲜、无风化的毛石（干砌石强度不低于 MU20，浆砌石强度不低于 MU30）
砌石护坡	片石、水泥砂浆（浆砌石采用 M7.5 水泥砂浆，严寒地区可使用 M10 水泥砂浆）
混凝土护坡技术	强度不低于 C20 的混凝土
抗滑桩护坡技术	抗滑桩（钢桩、混凝土桩、钢筋混凝土桩等）
水泥砂浆喷锚护坡技术	防护网（镀锌钢丝网、高强度聚合物土工格栅或钢筋网）、喷浆材料（水泥砂浆或水泥石灰砂浆）
钢丝石笼护坡技术	箱式网笼（规格为 2m×1m×1m 或 5m×1m×1m）、垫式网笼（规格为 2m×1m×1m）、重镀锌钢丝、卵石、腐殖土
落石防护技术	钢绳网、支撑绳（高强度钢芯钢丝绳）、钢丝绳锚杆、减压环、钢柱、混凝土基础

2）生态防护技术主要材料用表（表 2-14）

生态防护技术主要材料用表
表 2-14

防护技术	主 要 材 料
钢筋混凝土框架植被护坡技术	砂浆锚杆（杆体材料为 20 锰硅钢筋、水泥砂浆强度不低于 M20）、孔径 45mm 的 PVC-U 管、钢筋混凝土、土工格室、灌草
预应力锚索框架地梁植被护坡技术	钢绞线、锚具、注浆材料（水泥或水泥砂浆，水灰比 0.4～0.45，抗压强度不小于 30MPa）、钢筋混凝土框架（强度等级不低于 C25）
工程格栅式框格植被护坡技术	强度等级不低于 C20 的混凝土预制件、碎石、客土种植
混凝土预制件组合框架护坡技术	强度等级不低于 C20 的混凝土预制件、M7.5 的浆砌片石基础、客土种植
混凝土预制空心砖护坡技术	强度等级不低于 C20 的混凝土、客土种植
浆砌石框架植被护坡技术	框架采用 M10 的水泥砂浆浆砌片石、乔灌草
松木桩植被护坡技术	松木桩（直径 100～150mm 的松质原木）、抗性强、根系发达的灌草种
景观山石植被护坡技术	自然块石或景石、景观效果好的适地植物

3）绿化防护技术主要材料用表（表 2-15）

绿化防护技术主要材料用表
表 2-15

防护技术	主 要 材 料
生态植被毯坡面绿化护坡技术	生态植被毯（以稻草、麦秸等为原料，在载体层添加灌草种子、保水剂、营养土等）、乔灌草植物种子

防护技术	主要材料
生态植被袋坡面绿化护坡技术	生态植被袋(将选定的植物种子通过两层木浆纸附着在可降解的纤维材料编织袋内侧)、营养土
岩石垂直绿化护坡技术	种植槽穴、灌草、藤本植物
生态灌浆坡面绿化防护技术	有机质、肥料、保水剂、粘合剂、壤土、水合理配比,植物种
等高绿篱坡面绿化防护技术	地形整理,乔、灌、草植物综合种植
土工格室坡面绿化防护技术	土工格室(高强度的 HDPE 材料、土石、混凝土)、种植土、灌草植物种
液力喷播坡面绿化护坡技术	液力喷播技术(将催芽后的植物种子混在一定比例的水、纤维覆盖物、粘合剂、保水剂、肥料、增绿剂的容器内,利用离心泵把混合浆料通过软管输送喷播到土壤上,形成均匀覆盖层下的草种层)、灌草植物种
三维网坡面绿化防护技术	三维网(以热塑性树脂为原料,经挤出、拉伸等工序形成上下两层网格,经纬线交错排布粘结、立体拱形隆起的三维结构)、改良客土、灌草植物种
铺草皮坡面绿化防护技术	草皮卷、草坡块(坡度较陡时使用钢丝、土工网)

3. 工期的选择

理论上一年四季均可进行施工。但是旱季植物生长缓慢,养护费用较高;而雨季边坡冲刷严重。以我国华南地区为例,一年中最适宜的施工时间为元月下旬至 5 月中旬。此一段时间气温较为适宜,空气相对较为潮湿,常有小雨到阴雨,植物生长较快并能形成覆盖。一般在雨季来临之前,对边坡应产生相当的防护效果。

4. 坡面的处理

主要有抹面、捶面、喷砂浆和喷混凝土、勾缝和灌浆、护面墙、干砌片石、浆砌片石等方式。

1)抹面防护

适用于易风化的软质岩层路堑边坡,在坡面上加设一层耐风化表层,以隔离大气的影响,防止风化。常用的抹面材料有各种石灰混合料灰浆、水泥砂浆等。抹面厚度一般为 3～7cm,可使用 6～8 年。为防止表面产生微细裂缝影响抹面使用寿命,可在表面涂一层沥青保护层。

2)捶面防护

适用于易受冲刷的土质边坡或易风化剥落的岩质边坡,且坡度不陡于 1∶0.5。其防护性质与抹面防护相近,使用材料也大体相同。一般厚度为 10～15cm,捶面厚度较抹面厚度要大,相应强度较高,可抵抗较强的雨水冲刷,使用期限为 8～10 年。

3)喷砂浆和喷混凝土防护

适用于坡面易风化、节理裂缝发育、坡面为碎裂结构的岩石坡面,其主要作用是岩石进一步风化,增加边坡的稳定性和保护边坡不发生落石崩坍。喷射混凝土护坡在具有重量轻、防止风化、施工简单等优点的同时,也具有费用高、厚度难控制、易偷工减料、对公路自然景观破坏大、封面阻水易引起边坡饱水坍塌滑坡的缺点。

4)勾缝和灌浆

适用于较坚硬且不易风化的岩石路堑边坡,节理裂缝多而细者用勾缝,大而深者用灌浆。

5）做护面墙

适用于风化严重或易风化的软质岩，也用于较破碎岩石的挖方边坡和坡面易受侵蚀或易小型坍塌的土质边坡。护面墙必须建在符合稳定边坡要求的地段，且护面墙的基础应设置在稳定的地基上。其优点是既提高了挖方边坡的稳定性，又降低了边坡高度，还减少了边坡挖方数量、节省了工程造价。

6）干砌片石防护

适用于土质、软岩及易风化、破坏较严重的填挖方路基边坡。在砌面防护中，宜首选干砌片石结构，这不仅是为了节省投资，而且可以适应边坡有较大的变形。但干砌片石受水流冲击时，细小颗粒易被流水冲刷带走而引起大的沉陷，其结构分单层铺砌（图 2-106）和双层铺砌（应加一张双层铺砌断面图）两种。为防止坡面土层被水流冲出和减轻漂浮物的撞击力，应在干砌片石防护下设置碎石或砂砾构成的垫层（反滤层），垫层也可用土工织物代替。

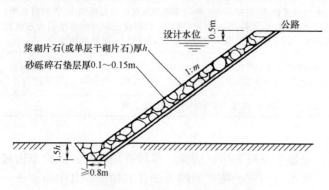

图 2-106   单层石砌护坡示意图

7）浆砌片石护坡

一般适用于易受水侵蚀的土质边坡、严重剥落的软质岩石边坡、强风化或较破碎岩石边坡、残坡积层较厚而松散的边坡。

抹面和捶面是我国公路建设中常用的防护方法，材料均可就地采集，造价低廉，但强度不高，耐久性差，手工作业，费时费工，在一般等级公路上使用问题尚不显著，若在高速公路特别是边坡较高时就有一定的局限性。干砌片石或浆砌片石防护在不适于植物防护或者有大量开山石料可以利用的地段最为适合。砌石防护的优越性是显而易见的，它坚固耐用、材料易得、施工工艺简单、防护效果好，因而在高速公路的边坡防护中得到广泛的应用。

5. 播种材料

植物种子的选择要根据当地的地质条件、气候环境等特点进行选择。植物种子的选择一般应具备以下条件：

1）从护坡功能考虑，植物防护首先要求能加固稳定边坡，而且有绿化和改善环境的作用，所以防护植物要求有以下特点：

（1）植物根系发达，有良好的固土和护坡效果；

（2）覆盖度大，密度大；

（3）绿期长，多年生，耐践踏，适宜于粗放管理，容易移植、繁殖，最好能自然繁殖衍生，易于管理；

（4）最好有较强的抗污染和净化空气的能力。

2）从气候、土质环境考虑，理想的防护植物应具有以下条件：

（1）适合当地气候（主要是湿度和降水）条件；

（2）抗逆性强，易繁殖，有抗寒、耐热、抗旱等性能；

（3）具有抗病毒、抗倒伏性能，生长快，扩张性强，在短时间内就能郁闭边坡；

（4）耐贫瘠、耐粗放；

（5）能适应如盐碱等特殊环境条件。

当然，选择固坡植物时还要考虑景观效果。在选择植物品种上尽可能选择具有一定观赏价值的地被植物品种，如尽可能选择色期较长或开花地被植物。选择理想的防护植物应该根据当地气候条件、边坡土壤属性以及经济可行性（如市场价格、栽培维护费用）、景观效果等各方面因素。

6. 修正坡面

崎岖不平的地方，应沿着坡度适当整平，便于排水与播种。如果边坡某处的土质不适合某种固坡植物的生长（如含较多石子的砂性土），可以在该处坡面上适当地平铺一层适合其生长的土壤。

修正坡面有两种方式：①机械修正坡面，根据要求，修正到要求的坡度。②人工清除松动的石块、树根等杂物。

7. 处理坡面排水

坡面侵蚀、崩塌，大多是由于降水、坡面径流、渗透水、冰雪冻融等诱发的，做好边坡排水工程的设计对边坡稳定有重要作用，在很大程度上还可防止或减轻侵蚀、崩塌等灾害的发生。根据实践经验，坡面排水的处理方法可概括为"疏、堵、绿、补"四字方针。

1）"疏"

就是有效地疏导路面积水，使其及时排出路基。要做好水流疏导工作，必须保持跌水槽、急流槽、截水沟、排水沟、路边沟等排水设施的有效性和完好性，保证路面不积水，排水系统水位不受自然因素影响，以确保路堤的稳定。如何疏导路面积水是边坡排水中的重点，是保证边坡稳定的根本。合理的排水设施设计是至关重要的。

（1）边坡排水设施及适用条件（表 2-16）

边坡排水设施及适用条件 表 2-16

名　称	定　义	适 用 条 件
边沟	为汇集和排除路面、路肩及边坡的流水，在路基两侧设置的纵向排水沟	设于挖方路段及低路堤坡脚外侧
截水沟(天沟)	为拦截山坡上流向路基的水，在路堑边坡顶以外设置的排水沟	(1)设于挖方路基边坡坡顶； (2)设于山坡路堤上方适当处
排水沟(截水沟)	将边沟截水沟和路基附近低洼地处汇集的水引向路基以外的水沟	(1)将边沟、截水沟的水引到路基的外处； (2)地面沟渠曲折，或低洼处积水影响路基稳定处； (3)适于相邻涵洞，减少涵洞数量
急流槽	在陡坡或深沟地段设置的坡度较陡，水流不离开槽底的沟槽	(1)设置于高差较大或坡度较陡需设置排水沟的地段； (2)高路堤路段设有拦水缘石的出水口处
跌水槽	在陡坡或深沟地段设置的沟底为梯形，水流呈瀑布跌落式通过的沟槽	(1)涵洞进出水口处； (2)急流槽之间的连接处； (3)截水沟与边沟连接的沟槽
蒸发地	在气候干燥且排水困难地段，于公路两侧每隔一定距离，为汇集边沟流水任其蒸发所设置的积水池	雨量不大，气候干燥，日照较强，排水困难的路段
拦水缘石	为避免高路堤边坡路面排水冲刷，在路肩上设置的排水带	设于高路堤路肩上

（2）截水沟

设置在边坡上方、坡顶以外的适当位置，用以截引坡面外部（上游）流向坡面的地面径流，防止冲刷和侵蚀边坡，并实现对坡面径流的分级排导。对于坡体整体性好、稳定性强，只是实施坡面绿化的裸露岩面，可不设置截水沟。对一些上游来水较小的坡面坡顶可以设置截水埂、拦水带，拦截、疏导汇水进入周边的排水沟渠。

截水沟设计的一般要求：

① 当路基挖方上侧山坡汇水面积较大时，应设置截水沟。

② 截水沟应能保证迅速排除地面水，沟底纵坡一般不应小于 0.5％，以免水流停滞。对土质地段的截水沟，必要时应采取加固措施，以免水流冲刷或渗漏。

③ 截水沟应结合地形合理布置。在转折处应以曲线连接，必要时应采取加固措施（表 2-17、表 2-18）。

截水沟类型   表 2-17

类　型	图　式	设置要求
梯形土质截水沟		(1)一般土质截水沟适用； (2)b 不小于 0.5m； (3)$1:m=1:1\sim1:1.5$； (4)截水沟长度以 $200\sim500$m 为宜
山坡覆盖层较薄的截水沟		(1)当覆盖层厚度小于 1.5m 时适用； (2)深度应适当加大，使沟底设于基岩上
设置土埂的截水沟		(1)当最低边缘开挖深度不能满足设计要求时可采用设置土埂的截水沟； (2)迎水面坡度按设计水流速度、浸水高度所确定的加固类型而定
浆砌片石截水沟		(1)适用于地面横坡陡，采用梯形沟渠对地表覆盖层破坏范围较大的情况； (2)当坡面地质较差，为减少破坏面时也可采用

截水沟布置图示及要求　　　　　　　　　　　　表 2-18

名　称	图　式	设 置 要 求
截水沟与截水沟的衔接	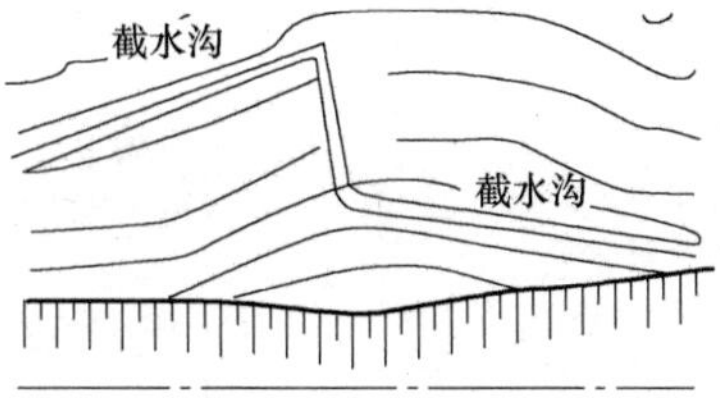 截水沟　截水沟	当受地形限制,绕行较长,工程艰巨,附近又无出水口时,可分段考虑,中部用急流槽衔接
截水沟与涵洞的衔接	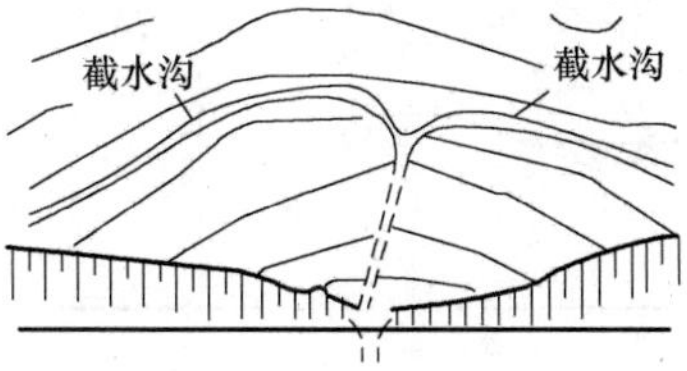 截水沟　截水沟	当有条件时,可增设涵洞,用急流槽与涵洞衔接
多道截水沟的布置	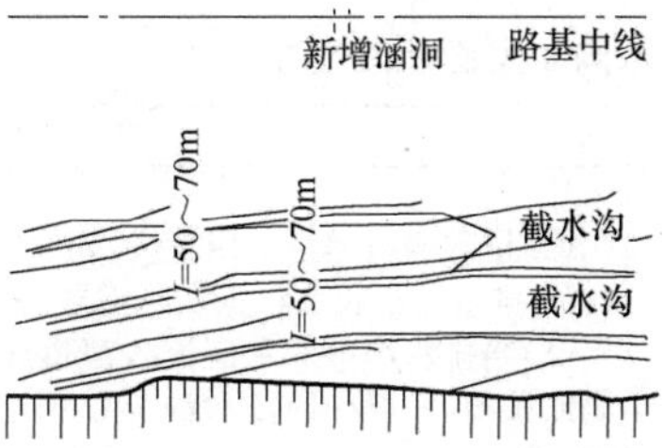 新增涵洞　路基中线　截水沟　截水沟　$50\sim70m$　$50\sim70m$	当边坡口距分水岭距离较长,山坡坡面土质较差,坡度较陡,植被较差时应布置多道截水沟
截水沟横向布置	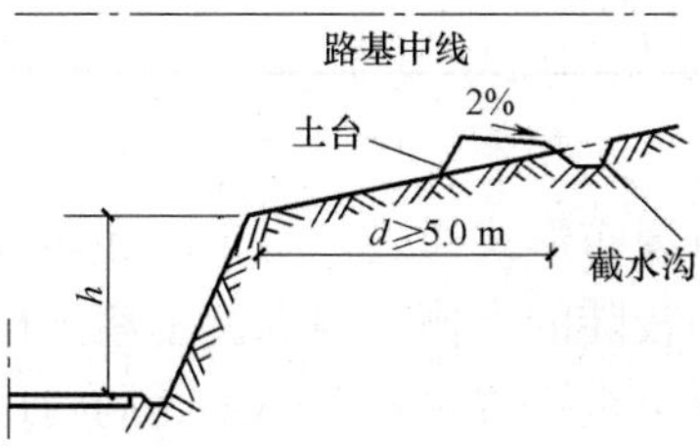 路基中线　土台　2%　$d\geqslant5.0\,m$　截水沟　h	一般土层 $d>5m$;有软弱夹层时 $d>5m$;但不应小于 10m
设有弃土堆时截水沟横向布置	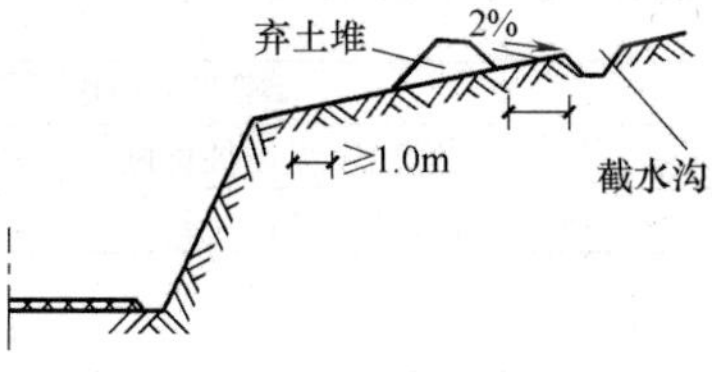 弃土堆　2%　$\geqslant1.0m$　截水沟	截水沟离弃土堆坡脚 $1\sim5m$;弃土堆坡脚离路基坡口不应小于 10m

续表

名　称	图　式	设 置 要 求
边坡平台上截水沟横向布置	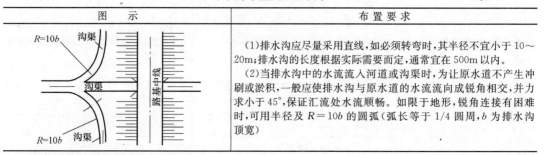	当土质边坡高度较大,降雨量较大时,可考虑在边坡平台上设置截水沟
山坡路堤上方截水沟横向布置		填方路堤上方截水沟,离开路堤坡脚至少2m

（3）排水沟

排水沟是用来汇集、引出、排除坡面汇集和流经的坡面径流的人工沟渠。

排水沟布置图示及要求　　　　　　　　　　表 2-19

图　示	布 置 要 求
$R=10b$　沟渠 沟渠 路基中线 $R=10b$　沟渠	（1）排水沟应尽量采用直线,如必须转弯时,其半径不宜小于10～20m;排水沟的长度根据实际需要而定,通常宜在500m以内。 （2）当排水沟中的水流流入河道或沟渠时,为让原水道不产生冲刷或淤积,一般应使排水沟与原水道的水流流向成锐角相交,并力求小于45°,保证汇流处水流顺畅。如限于地形,锐角连接有困难时,可用半径及 $R=10b$ 的圆弧(弧长等于 1/4 圆周,b 为排水沟顶宽)

（4）跌水和急流槽

跌水是阶梯形的建筑物,水流以瀑布形式通过,有单级和多级之分。它的作用主要是降低和消减水的能量。急流槽是侧面较陡的水槽,但水流不离开槽底。它的作用主要是在很短的距离内、水面落差很大的情况下进行排水,多用于涵洞的进出水口或截水沟流向排水沟的地段。

急流槽类型及适用条件如表 2-20 所示。

急流槽类型及适用条件　　　　　　　　　　表 2-20

类 型	适 用 条 件
浆砌片石(或混凝土预构件)急流槽	适用于一般山坡段沟槽
金属管急流槽	适用于纵坡坡度陡于 1:1.5 的急流槽
路堤边坡急流槽	适用于高路堤边坡,与拦水带出水口相接的排水急流槽

2）"堵"

就是要堵住孔隙和裂缝等处的渗漏水,同时还需要降低路基边沟水位,防止地下水位升高渗入路基,对路基造成侵蚀而降低路基强度。堵是对疏的补充,所谓大水要疏,小水要堵。要堵塞住漏水和渗水，就要使硬路肩与土路肩压顶之间、土路肩压顶与边坡防护砌体之间紧密连接，密不透水。没有土路肩压顶的路基，要做好土路肩横坡整理。根据路面宽度，等距离增设排水沟，保持路面排水顺畅。对因材料、结构、沉降、气候、雨水等原因引起的各种收缩缝、沉降缝、裂缝以及沉陷损坏等，要根据不同情况，分别采用沥青麻絮、砂浆、细粒式混凝土等进行填补修复，保证不漏水、不渗水。

3）"绿"

就是在路基边坡种植低矮灌木类植物，通过绿化植物的根系来固土护坡，并且利用植物的枝叶减弱雨水对路基边坡的直接冲刷，保证边坡的稳定性，按公路养护技术规范和CBM工程的要求，搞好边坡绿化种植，可以避免雨水冲刷造成的边坡坍塌。

4）"补"

就是要及时填补边坡缺土。当天气恶劣，土质含水量大，或边坡较陡时，可外掺适量水泥或生石灰粉，用来降低土的含水量，提高边坡填土初期的稳定性。补土时，应先将松散、潮湿的土方挖掘出来，整出台阶，然后分层填筑、夯实。每层填土厚度控制在10cm左右，夯击应采用均匀、密集的"鱼鳞夯"法，保证填土密实，回填完毕后整理好坡面，恢复好原坡形并适时补种植物。补土是对绿化工作的一种补充和辅助，两者相辅相成。造成缺土病害的原因大都是由于原路基填土不密实或人为破坏、绿化不到位等，及时补土、适时绿化就显得非常重要。

"疏、堵、绿、补"这四种防治边坡水害的方法，是通过实践总结出来的行之有效的方法。绿和补可以通过植物防护技术实现，前两种结合工程防护技术中的其他技术共同实现路基边坡的防护。在实际中要结合具体情况，因地制宜，灵活应用，才能发挥其花钱少、见效快、防治效果好的优点。

8. 基材喷射

岩质边坡硬度大，土壤成分少，植物生根发芽非常困难。在岩质边坡上喷射基材，保证坡面的基材混合物与岩质边坡有足够的粘结力，提供植被生长所需的平衡养分与水分，使植被能在岩质边坡上很好地生长扎根，起到封闭绿化坡面，抵抗雨水侵蚀，防止坡面风化剥落的作用。

基材的选取不仅要求其具备一定的强度，能保持自身的稳定；而且要有一定的孔隙，使植物根系在其中能很好地生长，基材的pH值须保持在最适宜植物成长发育的范围内。实际工程中，所选的基材一般由土壤、腐殖质有机物、混合肥、粗纤维、粘合剂、保水剂、水泥、pH缓冲剂、水及植物种子等组成一个整体，土壤在基材中占绝大部分，它提供植物生长所必需的环境条件，和适量水泥结合后参与岩质边坡的胶结，使基材作为一个整体而稳定。腐殖质有机物、粗纤维的主要作用是纸纤维和锯木屑在腐化之前保持基材内部具有一定的孔隙，使植被根系能很好地在基材层形成一种类似三维结构的加筋层，能形成透水通道，并在后期参与形成植物生长所需的肥料。

除了上述特征外，在实际施工中，基材混合物喷射到坡面后，考虑到天气变化等不利影响，基材混合物应具备抵抗雨水侵蚀的能力。这就要求设计基材配合比时，寻求在未来不同的降雨期（基材龄期）内能够使基材自身强度达到最优的方案。

9. 养护管理

养护管理是植物护坡工程的重要环节之一。植物护坡工程施工完毕之后，若放任不管，将可能导致两方面的后果：①植被衰退、坡面崩塌甚至出现裸地；②具有强大繁殖能力的大型杂草乘机侵入，目的植物枯萎、退化等。而且稍有症状便会加速坡面侵蚀。因此，为了营造目标植物群落和发挥其功能，必须对护坡工程的植物加强养护管理。一般地，植被护坡工程的养护管理包括浇水、追肥、病害防治、虫害防治、杂草防治等内容。

1）浇水

通常在早晨对植物进行浇水，中午浇水易引起草坪的灼烧，而晚上浇水容易使草坪感染疾病。有时浇水时间会受到限制，这时需要进行其他的补救措施，如傍晚浇水后立即施防治真菌的药剂。

灌水量的确定通常采用检查土壤水的深度来判定。在实际中，也可通过测定水分渗入深度所需时间来控制浇水时间的长短，从而确定浇水量。浇水量的确定由土壤的性质决定，比如黏土和粉砂土水量大于砂土，水分易被保持在表层的根内，而砂土中水分最易向下层移动，所以，一般土壤质地越粉，渗透力越强，需水量越少，但是由于粗质土壤的孔隙度较大，蒸发越大，需水量也越大。

一般来说，浇水应使土壤湿润到 10～15cm 深，减少浇水次数，增加浇水量可获得最佳效果，一周两次较好，干旱地区应适当增加次数。

2）追肥

在追肥过程中，追肥方法十分重要。如果方法不正确，追肥不均匀，常常引起植物色泽不均，甚至引起植物的局部灼伤，造成严重的伤害。

追肥方法一般采用人工追肥和叶面喷施两种方法。人工追肥一般不容易撒均匀，造成草坪花斑，追肥后需浇水。叶面喷施主要针对液体肥和可溶性肥。它的优点在于通过喷雾器喷施，施肥量少，容易施均匀。但要注意浓度控制，否则浓度过大也容易造成草坪灼烧。

追肥时间受多种因素的影响，一般是靠经验或观察植物长势。一般追肥要在温度和湿度对植物生长有利时进行。因此，追肥常在早春和晚秋进行。冷季型草一般夏季不施氮肥，因为氮肥容易使植物徒长，从而使土壤透气性差，易于染病。

追肥前要对草坪进行修剪。追肥时应注意施肥的均匀性，不使草坪颜色产生花斑。而追肥后一般要浇水，否则容易造成草坪烧伤。

3）病害防治

当植物受到不良环境条件的影响，或受到其他有害生物侵染时，植物就不能进行正常的生长和发育，会感染病害甚至会导致死亡。

如何防治病害，一般有两种方法。

（1）加强管理

① 合理排灌

水分不仅对植物的生长有影响，而且对病原物的生长和侵入起到极其重要的作用。当大气温度在饱和状态下时，叶片表面存在的自由水极有利于大多数真菌孢子的萌发和菌丝体的生长。但土壤过于干旱对植物的生长也是不利的。所以，应根据寄主植物和病原物对水分条件变化的反应作具体的分析和研究，以便采用最合理的排灌方式。

② 科学施肥

土壤中氮、磷、钾和各种微量元素的含量，过高或过低都会降低植物的抗病性。肥料施入的数量和时间对植物病害影响很大。如氮肥用量过大会引起许多病害的严重发生，如腐霉病、白粉病、枯萎病、黑粉病、禾草丝核菌褐斑病等。相反，氮肥不足就会引起红丝病、币斑病等发生。而解决这种状况的一个好措施是增施有机肥，可以改良土壤结构，促进土壤有益微生物的活动，增加土壤肥力，以达到减轻病害的目的。

（2）化学防治

化学防治是利用化学药剂来防治病害的一种重要的防治措施。常用的化学药剂有杀菌剂、杀线虫剂、杀虫剂及熏蒸剂。其中，最常用的是杀菌剂，它又分为两类：保护剂和内吸杀菌剂。

保护剂主要在病菌侵入寄主之前使用，它抵制病菌侵入，因此主要在植物体外发挥作用。保护剂应具备的条件是：有耐雨水冲刷、抗紫外线分解及黏着性好等特点。常用的保护剂有石硫合剂、波尔多液、福美双、代森锰和代森锌等。

内吸杀菌剂主要在病菌侵入寄主之后使用。将杀菌剂喷洒到植株叶片、茎秆上后，通过植物的表皮内层渗入，经过输导，直达作用部位，与已侵入的病原菌发生反应。常见的内吸杀菌剂有乙膦铝、萎锈灵、托布津、敌锈钠、粉锈宁、苯来特及氟硅酸等。

化学药剂主要通过喷雾和喷粉使用，特别是喷雾最常用。大多数杀菌剂是保护剂，它们必须在病原物到达植物侵染点以前覆盖表面才有效，以阻止孢子的萌发和侵入；一些杀菌剂具有内吸治疗的效果，它们能够抑制或者杀死侵入到组织内病菌的生长。一般应定期喷洒药剂，才能起到良好的防治效果。

4）虫害防治

有害昆虫取食草坪草、传播疾病，常使植被遭受损毁，严重影响植被质量。根据害虫对草坪草的为害部位，可以把草坪害虫分为地下害虫和地上害虫。

地下害虫一生中大部分在土壤中生活，为害植物地下部或地面附近根茎部的害虫，主要的种类有蝼蛄类、金针虫类、金龟甲类、地老虎类、拟步甲类、根蟓类、根天牛类、根叶甲类等。地上害虫是指以茎叶为食的害虫，其主要种类有蝗虫类、蟋蟀类、夜蛾类、螟虫类、叶甲类、秆蝇类、蚜虫类、叶蝉类、飞虱类、螨类、盲蝽类、蓟马类等。与地下害虫相比，地上害虫为害要小一点。但是地上害虫的咬食常常与传播禾草疾病相联系，因此，对地上害虫的防治也不可忽视。

（1）地下害虫的防治方法

由于地下害虫在土中栖息，为害时间又长，是较难防治的一类害虫。从研究和实践经验来看，在预防为主、综合防治的前提下，化学防治占有主导地位。

① 化学防治

a. 种子处理

主要推行液剂拌种，方法简便，是保护种子和幼苗免遭地下为害的有效方法，且用药量低，因而对环境的影响也最小。使用的药剂有辛硫磷、对硫磷、乐果、甲胺磷、甲基异硫磷等。

b. 土壤处理

使用剂量为50％辛硫磷乳油3.7～4.5kg/hm²，结合浇水施入土中，有良好的灭虫保苗效果；或用50％辛硫磷乳油3.0～4.5kg/hm²，加细土375～450kg/hm²（将药液加约10kg水稀释，喷洒在细土上，拌匀，使药液充分吸附于细土上），条施后浅锄，结合浇水效果更佳；或用2％甲基异硫磷粉剂30～45kg/hm²，加细土375～450kg/hm²，条施后覆土，效果良好且可减免用乳油处理土壤。

c. 喷施农药

用50%辛硫磷乳油1000倍液、2.5%溴胺菊酯1000倍液、90%敌百虫0.5kg，加水250～380kg或50%敌敌畏0.25kg，加水500kg，在防治期进行地面喷洒，有很好的防治效果；用2.5%敌百虫粉喷撒2次，每公顷每次用药45kg，对地老虎有较好防效；每平方米用磷化铝1g，对根蝽有较强的毒杀作用。

d. 毒饵、毒草

用90%晶体敌百虫0.5kg（或2.5%敌百虫粉1.5～2.5kg），加水2.5～5kg，喷在50kg碾碎炒香的棉籽饼或油渣上；用50%辛硫磷乳油50g，拌棉籽饼5kg或用鲜草代替，铡成碎草；每0.25kg敌百虫晶体拌草30～35kg。毒饵或毒草在傍晚撒到幼苗根际附近，隔一定距离撒一小堆，每公顷用量225～300kg。毒饵、毒草的使用是在错过昆虫幼期，虫龄已大，或早期没有达到防治指标，后期为害较普遍的情况下才使用的补救方法。

② 物理防治

主要是利用蝼蛄、金龟等的趋光性，用黑光灯等诱杀。平均每3.5hm^2地段设立一盏黑光灯，一盏灯可控制50～100m的范围。用黑绿单管双光灯（发出一半绿光，一半黑光）诱杀金龟效果明显，且可诱杀大量未产卵的雌虫，故可减少坪土中蛴螬的发生数量。

③ 农业防治

农业防治是综合防治的基础，在草坪保护中主要是改善生态环境条件，创造不利于地下害虫的生存条件，如播种前坪床整理，清除杂草，可消灭初期幼虫；适当调整播种期可以避开或减轻为害；适时浇水、合理施肥等对防治地下害虫都有一定的作用。

④ 其他措施

地下害虫种类繁多，习性各异，应灵活地采用多种辅助手段，因虫而治。如用葱花或信息素可捕杀地老虎，用榆、杨、槐的树枝浸于40%氧化乐果乳油30倍液中，每0.07hm^2插10～15枝可诱杀大黑鳃金龟。

（2）地上害虫的防治方法

① 农业防治

主要用于早期预防，如坪床整理、清除杂草，均能减轻为害。

② 药剂防治

a. 常用杀蚜药剂有1.5%乐果粉，每公顷用22.5～30kg、50%灭蚜松1∶1000倍液，40%乐果乳油1000～3000倍液，50%辛硫磷1000倍液，80%敌敌畏1500～2000倍液，烟草石灰水1∶1∶50倍液或鱼藤精（含鱼藤酮2.5%）600～800倍液。

b. 常用杀黏虫药剂有50%辛硫磷乳油5000～7000倍液，50%敌敌畏乳油2000～3000倍液，20%杀虫畏乳油250倍液，90%敌百虫1000～1500倍液，50%西维因可湿粉剂300～400倍液900kg左右。

c. 常用杀秆蝇药剂有50%一六零五3000～5000倍稀释液，0.1%敌敌畏与0.1%乐果1∶1混合液，以上药液一般每公顷用量750kg，用药的关键时期应在越冬代成虫开始盛发至第一代幼虫孵化入茎以前。

d. 常用杀叶蝉、盲蝽类药剂有40%乐果乳剂1000倍液，50%叶蝉散乳油，90%敌百虫 1500 倍液，50％杀螟松乳油 1000～1500 倍液，25％亚胺硫磷 400～500 倍液。

③ 诱杀防治

对趋化性强的害虫，可使用糖醋酒液等有酸甜味食物配成的诱杀剂进行防治。糖醋液的配制是：糖 1 份、酒 1 份、醋 4 份、水 2 份，调匀后加 1 份 2.5％敌百虫粉剂。白天将盆盖好，傍晚开盖，5～7 天换诱剂一次，连续 16～20 天。

5）杂草防治

杂草的生存和繁殖能力很强，在植物护坡工程中，它造成的危害非常大，它影响草坪草生长发育，是病虫的寄生地，破坏环境美观。它的防治手段主要有以下几种。

（1）农业防治

通过加强水肥管理，创造有利于草坪生长而不利于杂草生长的环境。如冷季型草坪返青早，早春施肥，促进早生长、早覆盖，从而达到控制杂草的目的。因为杂草种子发芽后能否生存下来取决于竞争力，增加草坪竞争力而杂草的竞争力则相对下降。实践证明，草坪生长旺盛、覆盖率高的地区杂草量少，反之，草坪稀疏则杂草危害严重。因此，通过施肥、浇水和修剪可以控制杂草的生长。

（2）物理机械防治

使用机具，将杂草的花茎切断，使这些杂草失去开花结果、繁衍后代的机会。有时花茎切断后，它又会萌发新的嫩茎，则必须连续多次使用机具剪除。进行物理机械灭除部分杂草，应根据杂草的高度，调整机具刀片间距，切下的花果穗及部分杂草茎端，须收集处理，不可乱丢。

（3）化学防治

用化学药品除草应掌握的要点如下：

① 要求土地平整。高低不平的地面不但操作不便，而且增加喷药面积，浪费药剂。

② 土地面积计算要准确，用药量计算要准确，以免造成药害或达不到预期效果。

③ 掌握在杂草幼苗期使用（最好在杂草 2～3 叶开展时），效果好，可节省成本。

④ 掌握在晴天无风天气进行，尤其是雨后晴天，地面湿润，对大部分药剂更能增进药效；天气久旱，可结合喷灌进行施药。

⑤ 各类除草剂防治杂草范围不同，混合使用，可增加效果，减少用药量，降低成本。

2.5.4　典型案例

案例一：镇江市植物固坡的初步设想

镇江市是一个风景秀丽的山水城市，市内有许多著名的风景区，如金山、焦山、北固山等。同时，镇江又是边坡地质灾害发生非常频繁的地区。因此，在对其边坡进行加固的同时又必须不破坏、进而美化周围的环境。因此，采取常用的边坡工程整治措施和植物固坡相结合的方法是一个最佳的选择方案。

根据镇江市边坡的地貌、地质和稳定性，可将边坡分为土质边坡、危岩崩塌和塌陷区边坡等。根据这三类边坡的工程地质性质，提出了相应的植物固坡的方案（表 2-21）。从表 2-21 中可以看出不同类型的边坡，其植物固坡的方法是不同的。对于不稳定的边坡，需要采取相应的边坡整治工程措施，然后再进行植物固坡。表 2-21 中所列出的植物固坡方案仅是初步的，具体实施时，还应根据实际情况，对方案作相应调整。

镇江市边坡分类及植物固坡方案   表 2-21

类型	特征	分布地点	植物固坡方案	说 明
土质边坡	天然边坡稳定性差	云台山、宝盖山、狮子山、跑马山、花山湾—桃花坞等地区	表面排水,在边坡底部放置阻隔栏栅,铲平斜坡,阻拦沉积物,上覆生物降解席、加筋席以及金属网格	边坡整治工程措施和植物固坡方法相结合
	天然边坡稳定性较好	其他大范围面积的普通土质边坡	在坡度较小的地方铺上草席,在坡度缓的地方用不同密度和强度的生物降解席、加筋席、有机粘合物、金属网格、生物毯等	服务于边坡灾害的长期预防工作
	人工填土边坡	古运河岸、河渠、市区公路及居民区附近	铲平边坡表面,使用一定强度、降解速度较慢的生物降解席及金属网格来保护边坡免受冲刷	防止冲刷及失稳,同时美化了环境
危岩崩塌	破碎的岩质边坡,易发生崩塌、崩落	云台山北坡、焦山西坡	表面排水,使用高强度的生物降解席,临界崩滑区采用金属网格,多石地方铺上草席或生物纺织垫,还可喷撒草种混凝土	边坡整治工程措施和植物固坡方法相结合
塌陷区边坡	边坡比较缓	韦岗铁矿采空区	固坡材料如草席、有机粘合物、金属网格、纺织物、生物降解席等组合使用	使采空区迅速绿化,恢复并美化周围的环境

案例二:九寨沟景区公路扩建山体边坡治理实践

九寨沟风景名胜区位于岷山南段贡嘎岭东北侧,地处青藏高原东北部,是青藏高原向四川盆地陡跌的两大地貌单元的过渡带。地势为南高北低,山峰高耸,河谷深切。

由于景区年游客量逐年递增,为提升接待能力,保证观光车辆合理运营,保护景区的生态环境,景区扩建公路长度约 30km。公路一侧靠海子(景点),另一侧靠山。在道路加宽施工过程中,不允许改变景点的原始风貌,只能对靠山侧部分山体进行挖方扩宽道路,导致山体边坡裸露,裸露边坡最高处达到 20m 左右,又由于要求做到对山体最小的破坏,放坡坡度平均在 60%～80%,最陡处接近 90%。为防止山体边坡垮塌,防止裸露边坡与景区极不协调,故需对边坡进行加固和绿化治理。景区于 2003 年对原观光公路进行扩建并对扩建后公路裸露边坡进行加固、绿化治理。

边坡治理的理念要求对公路扩建后的山体边坡进行加固处理,防止山体坍塌,确保道路通畅、舒适并对裸露山体边坡全部进行绿化。

根据九寨沟的气候、边坡的地质和土壤情况,对边坡采取不同的治理方法,因地制宜。比如采用喷浆护坡,以主动防护网为主、被动防护网为辅的综合治理护坡等措施。九寨沟景区边坡治理主要采取了一种叫护面墙的施工工艺。该施工工艺与其他护坡工艺比较,有施工工艺简单,可以就地取材,造价较低,工期较短,对周边环境影响小,治理效果明显等优点(图 2-107)。

具体施工步骤:平整坡面,砌筑护面墙,三维植被网施工,喷土,撒草籽,盖无纺布,前期养护(图 2-108)。

(1)平整坡面。将坡面松散处的泥石清理掉,局部突出山体修理平顺,平整后的坡面线形要求自然。

(2)砌筑护面墙。护面墙主要是起到对山体开挖坡面稳固和防止雨水冲刷等外界因素导致坡面垮塌的作用,该施工步骤是最重要的施工环节,直接影响整个边坡治理的成败。

图 2-107 景区公路边坡绿化治理效果

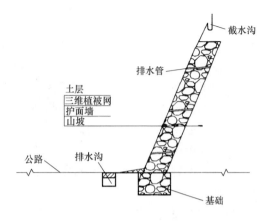

图 2-108 施工剖面示意图

护面墙就是用 M7.5 水泥砂浆紧贴山坡砌筑 20～30cm 厚的片石，对山体表面进行保护，包括基础和墙身两大部分，它与挡土墙有区别。在施工中对边坡凹处用浆砌片石填充。护面墙砌到与边坡顶面接缝处时，要求接缝紧密、不留缝隙，对于较高的边坡顶面设置截水沟（图 2-109）和墙面纵横间距 2m 布置排水管，防止地表水渗入护面墙，导致护面墙垮塌。护面墙在砌筑过程中砂浆要饱满，片石表面清理干净，按照规范进行砌筑。

（3）三维植被网施工。护面墙施工完成后，在其表面挂三维植被网并用 U 形锚钉固定，使三维植被网紧贴护面墙。

（4）喷土，撒草籽。将拌好的腐殖土、黄土和本地草籽均匀喷在三维植被网

图 2-109 截水沟

上，喷土厚不小于 5cm，完全遮盖护面墙及三维植被网。

（5）养护。对边坡盖好无纺布，每天早晚各洒水一次，大约两个星期草籽开始发芽见绿，对未长出草的地方，采用人工打孔补种。

在对边坡进行治理后，护面墙能够对边坡起到很好的支护作用，边坡植被长势良好，本地草根系发达，对护面墙的泥土起到了固定作用，绿化率近 100%，与周边环境十分协调，近几年来也未出现山体滑坡，改善了生态环境，起到了良好的水土保持作用，该边坡治理方法切实可行。

案例三：江苏北固山边坡复绿工程

北固山位于镇江市区北部，北临长江、长江路北侧，是镇江市的主要旅游景点之一。北固山海拔 58.5m，在地形上为宁镇山脉山字形结构的反射弧的前端，地形起伏较大，从北固山顶到长江夹江地貌单元较多，分别由残山、阶地、河漫滩及河床组成。近年来北侧山体出现较为严重的滑坡，给周围人们的生命财产造成严重危害。其中，溜马涧 2 处滑坡已发生明显滑动，上房建筑已严重受损，此 2 处滑坡紧密相连，受外界因素影响会发生连

串反应，故对其实施了滑坡治理。在结构施工完成后，北固山公园管理部门对其边坡进行了复绿工程，确保山体美化，力求与山体形态一致。为最大程度地保护现有植被，采用格构间隔坡面、喷播复绿，种植观赏性植物以增加景观。

喷播方法是近几年国际绿化行业的创新技术，主要用于施工面积大的公路、铁路两侧护坡的种植。喷播技术是以水为载体，将经过技术处理的植物种子、纤维覆盖物、粘合剂、保水剂及植物生长所需的营养物质，经过喷播机混合、搅拌并喷撒到所需种植的地方，从而形成初级生态植被的绿化技术。其优点为：播种后能很好地保护种子与土壤接触，比常规播种成坪快；在坡地不易施工的地方也能播种，喷播作业形成的自然膜可抗风、抗雨水冲刷；播种均匀，节省种子，保证质量；效率高，播种的同时，肥料、保水剂、浇水等一次成功且均匀。

(1) 边坡喷播工艺

① 厚层基材工艺设计：边坡复绿采用厚层基材工艺，施工步骤：坡面处理→铺网、钉网→喷射混合植生基材→喷播植物种子及营养基质→前期养护。

② 平整坡面：清除坡面杂物及松动岩块，对坡顶转角和坡面突出的岩体棱角进行整修，使之呈弧形状，坡面要求达到基本平整。

③ 包塑钢丝网铺设：坡面铺设采用优质钢丝网 (14 号)，网孔 5cm×5cm。做到铺网无遗漏，网与坡面之间保持 2～3cm 的间隙，使网处于基层中间位置，保证喷附有效厚度，必要时可以使用不同厚度的木块进行垫高调整。锚钉数量每平方米不少于 5 只，呈品字形布置。

④ 喷射基材：基材采用泥炭土、腐殖土、植物纤维、粘合剂和保水剂，用搅拌机搅拌均匀，然后用喷射泵和空压机将干料送到工作面，在喷射口将适量的水混合后喷射在坡面上，要求总厚度达到 7～10cm。厚层基材施工分为基底层 (不含种子) 和表层 (含种子) 喷播，基底层厚 4～6cm、表层厚 3～4cm，表层配入种子。分层喷播有利于提高出苗率、成苗率，缩短见绿与覆盖时间，降低养护成本。要求确保灌木成苗密度大于 5 株/m²。

⑤ 植物配置及喷播要求：

为了保证坡面植物的健康持续生长，要求坡面具有适宜植物生长的土壤环境和稳定的植物群落，因此，植物固坡技术必须遵循土壤学和生态学的基本规律，同时也要考虑工程的经济效益和景观生态效果。植物种类选择应遵循以下原则：适应当地气候条件、适应当地土壤条件 (水分、pH 值、土壤性质等)、抗逆性强 (包括抗旱、热、寒、贫瘠、病虫等)。对于选好的种子应进行发芽试验，合格后再作催芽处理，而后用植物纤维、粘合剂、保水剂、复合肥、缓释肥经过喷播机搅拌成喷播浆 (表 2-22、表 2-23)，在喷播泵的作用下，均匀喷洒在工作面上。采用小块近距离喷植，为了保证效果，每次喷 4m，下次喷时重叠 2m，且从左右 2 个方向往复喷植，即每 1 个地方都是左右方向各喷 1 次。喷播后 5～10min，水分下渗，此时容易检查效果，不足之处均作补喷，喷播过的地方严禁踩踏。

乔、灌、草种子配比及用量　　　　　　　　　　　　　　　　表 2-22

类　型	植　物　种　类	配比用量(g/m²)
草本	多年生高羊茅(3～4)、脱壳狗牙根(1～1.5)、多年生黑麦草(2～2.5)	6～8
灌木	胡枝子(1～2)、紫穗(1～2)、木豆(1～2)、伞房决明(1～2)、刺槐(1～2)、多花木兰(1～2)	2～4

基材混合物配比用量　　　　　　　　　　表 2-23

种类	细类	配比用量(%)	备注
植生基材	植物纤维	5	体积之比
	土壤(腐殖土过 1cm×1cm 筛)	65	体积之比
	泥炭土	20	体积之比
肥料	缓释复合肥	5	—
保水剂	钾—聚丙烯酸酯—聚丙烯酰胺共聚体	2.5	—
粘合剂	聚乙烯类	2.5	—

（2）植灌木复绿

种植坑的大小依据土球规格及根系情况而定。带土球的应比土球大 16～20cm，穴口深度一般比土球高度稍微深些（10～20cm），穴上下口径大小一致。树坑的直径随土球直径的增大而递增（表 2-24）。

常绿乔木类种植坑规格（cm）　　　　　　　表 2-24

树高/直径	土球直径	种植坑深度	种植坑直径
树高 100	35～40	40	50
直径 4～5	70～80	80	90
直径 3～4	70～80	80	90

① 裸根乔木可适当深栽，以不超过原基点 10cm 为宜，灌木类不宜深栽，基本与原基点持平即可。带土球的树木也不宜深栽，但可比原基点略深 5cm 左右。种植好后，每坑中垫 1 层 5cm 厚、经充分腐熟的基肥。严格按规范要求选择枝干健壮、丰满，树冠完整、不偏，无病虫害的苗木，严禁出现疫枝的苗木。乔木的分枝点不少于 5 枝，选苗数量要准确，对难以成活的树种要多加选几株备用。起苗时要派员到现场督阵，检查苗木质量，土球大小为干径的 6～8 倍，土球要求不破不散，包装结实，便于运输。

② 种植时保证树形姿态优美、耐看，灌木苗需大小一致、修剪后应为圆滑曲线弧形，起伏有致。选择根系发达的苗木，保证苗木种植后根系迅速恢复生长。

③ 苗木栽植修剪的目的，主要是为了提高成活率和注意培养树形，同时减少自然的伤害。因此，应对树冠在不影响树形美观的前提下进行适当的重剪。对已劈裂、严重磨损和生长不正常的偏根及过长根进行修剪。乔木类主要修除徒长枝、病虫枝、交叉枝、重生枝、下垂枝等。若干性强又必须保留中干优势，采用削枝保干的修剪法。对萌芽率强的可重截，反之宜轻截。对灌木修剪可较重，尤其是丛木类。做到中高外低、内疏外密。

④ 种植后在略大于种植坑直径的周围筑成 10～15cm 高的灌水土堰，堰应筑实，不漏水。浇水时应防止水流过急，冲裸根系或冲毁围堰，造成跑漏水。浇水后出现土壤沉陷致使树木歪斜的，应及时扶正、培土。为避免风吹树干摇动歪斜而影响成活，对胸径 5cm 以上的乔木搭支架固定。绑扎处应夹垫物，并用草绳缠干保温、保湿。保护好绿化坡面边缘，以有效地防止地表径流，减少坡面植生基材的流失，同时有利于促进植物生长。根据整治区的特征，本着因地制宜、节约成本的原则，该项目采用人工软管进行养护浇灌。

⑤ 病虫害以"预防为主、防治结合"的原则进行，充分利用植物的多样化来保护天敌，抑制病虫害，采用的树苗严格遵守国家和镇江市的有关植物检疫法规和规章制度。病虫害防治要因地制宜，并关注有关专业部门的病虫害预报。一旦出现病虫害症状立即对症下药，严防病虫害蔓延。春季是病虫害的多发季节，尤其是食叶性害虫发生严重，应加强

巡查，针对各种不同的虫害分别喷药防治。

⑥ 冬季寒流侵袭会给树木带来危害，通过培土、覆盖、设风障加以防护。在秋季不施肥，避免修剪过晚。密切注意天气预报，在恶劣的天气来临前做好相应的防护及加固措施。新种树木要加上支柱或者用绳索绑扎牢固，单株树木的支柱应放置在树木的迎风面。已被风吹倒的树木要及时扶起、修剪、加土冲紧、重新种好。

"不坍塌、不流失，而又草灌茂盛"，是边坡绿化最基本的要求。对于边坡我们的目标是"恢复植被、保护生态"。所以，笔者认为边坡绿化应该顺应自然，该绿则绿，该黄则黄，当地植物一经侵入，与周围环境融为一体，没有人工痕迹，工程边坡即可回归自然状态。

2.6 湿地的再造与修复

《湿地公约》中对湿地的定义：湿地是不论其为天然或者人工、长久或者暂时性的沼泽地，泥炭地或水地带，静止或流动的淡水、半咸水、咸水水体，包括低潮时水深不超过6m的水域；同时，还包括临近湿地的河湖沿岸、沿海区域以及位于湿地范围内的岛屿或低潮时水深不超过6m的海水水体。

湿地的修复与再造：修复是指生态系统原貌或其原先功能的再现；再造则指在不可能或不需要再现生态系统原貌的情况下营造一个不完全雷同于过去的甚至是全新的生态系统。

湿地的修复与再造是指通过生态技术或生态工程对退化或消失的湿地进行恢复或重建，再现干扰前的结构和功能，以及相关的物理、化学和生物学特性，使其发挥应有的作用。

2.6.1 湿地再造与修复的意义

湿地是地球上水陆相互作用形成的独特生态系统，是自然界最富生物多样性的生态景观，是人类最重要的生存环境之一。在蓄洪防旱、调节气候、控制土壤侵蚀、促淤造陆、降解环境污染等方面起着极其重要的作用。

湿地为人类创造经济效益。人类对湿地的利用主要集中在湿地排水和围垦上。如沼泽排水发展农业和畜牧业；森林湿地排水发展林业；围湖造田、造地发展农业和建筑业；深挖库塘灌水来发展养殖，吸引野生水禽；泥炭被开采作燃料，发展园艺业。近年来人口的急剧增加和对湿地的不合理开发利用，使我国湿地生态系统被破坏，生物多样性丧失、水质恶化、水土流失、河道淤积严重、海岸侵蚀与破坏，降低了湿地的社会生态服务功能。因此，保护现有湿地，恢复退化湿地，再造已丧失功能的湿地，已经成为发挥湿地生态、社会和经济效益的最有效手段。

2.6.2 湿地再造与修复的原则

在对湿地进行生态恢复时，除考虑土壤、植被、生物的恢复外，还应考虑水文条件的恢复。

（1）可行性原则。可行性是许多计划项目实施时首先必须考虑的，湿地恢复的可行性主要包括两个方面，即环境的可行性和技术的可操作性。因此，全面评价可行性是湿地恢复成功的保障。

（2）稀缺性和优先性原则。进行湿地修复与再造必须从当前最紧迫的任务出发，应该具有针对性。为充分保护区域湿地的生物多样性及湿地功能，在制订恢复计划时应全面了解区域或计划区湿地的广泛信息，了解该区域湿地的保护价值，了解它是否是高价值的保护区，是否是湿地的典型代表类型，是否是候鸟飞行固定路线的重要组成部分等。

（3）生态学原则。生态学原则主要包括生态演替规律、生物多样性原则、生态位原则等。生态学原则要求根据生态系统自身的演替规律分步骤、分阶段进行恢复，并根据生态位和生物多样性原则构建生态系统结构和生物群落，使物质循环和能量转化处于最大利用和最优循环状态，要求达到水文、土壤、植被、生物同步和谐演进。

（4）地域性原则。我国湿地分布广，涵盖了从寒温带到热带，从沿海到内陆，从平原到高原山区各种类型的湿地。因此，应根据地理位置、气候特点、湿地类型、功能要求、经济基础等因素，制订适当的湿地生态恢复策略、指标体系和技术途径。

（5）美学原则。湿地不仅具有生态功能，还有美学、旅游和科研价值。美学欣赏价值是湿地外在价值的重要体现。

（6）最小风险和最大效益原则。国内外的实践证明，退化湿地系统的生态恢复是一项技术复杂、时间漫长、耗资巨大的工作。由于生态系统的复杂性和某些环境要素的突变性，加之人们对生态过程及其内部运行机制认识的局限性，人们往往不可能对生态恢复的后果以及最终的生态演替方向进行准确的估计和把握。

（7）植物合理配置的原则。

（8）可持续发展的原则。

2.6.3 施工技术措施

1. 基底处理

适宜的湿地基底条件是湿地修复和再造的重要前提条件，因地制宜地进行物理基底的适当修复是湿地修复和再造的关键。物理基地修复设计主要包括物理基地稳定性设计和物理基地地形地貌的改造。

基底生态清淤技术：生态清淤技术的关键是清淤设备的选择及施工设备定位、生态疏挖、管道输送及淤泥固化。

1）生态清淤技术机械应具备：

（1）疏浚精度高，深精度要控制在10m以内。

（2）对底泥扰动要小，吸入浓度高。

（3）疏浚底泥输送过程中不泄漏。

2）施工设备定位：将施工图电子文档输入环保清淤监测软件，根据GPS卫星信号的指示，将环保绞吸式挖泥船在疏挖施工区内定位。

3）生态疏挖：施工设备定位完成后开始进行挖掘淤泥工作，根据施工实际调节环保绞刀头的挡泥导板及水平调节器，使密封罩处于挖掘作业区的合理位置，同时控制挖掘施工时，绞刀对周围水体的扰动范围最小。开挖采用扇形横挖法作业，即湖底挖泥船将定位桩打设在泥层中，实现对船体中心定位，并通过定位桩台车的液压轴臂的伸缩，实现定位桩台车在船尾滑道内相对船体的位移，使船体在反作用力下短线推进。每次推进距离1.0～1.5m，最大推进距离3.5m，并依靠挖泥船前端左右绞车收放锚缆，使船身以船尾定位桩为中心，船长为半径，绞刀头呈左右扇形移动，实现挖泥船扇形横挖法作业。

4）管道输送：挖掘的淤泥通过挖泥船上离心泵的作用，抽吸并提升加压，泥浆通过排泥管线（浮管、潜管、岸管）全封闭输送，吹填入堆泥场，如排距超过单船核定排距，需加设接力泵船。

5）淤泥固化：淤泥固化技术是将环保清淤后含水量较高的湖底淤泥通过一系列处理加工，使之成为固化处理土的技术。目前，处理淤泥的方法主要有物理脱水固化、加热烧结和化学固化三种。实际工程中应根据工程情况选择合适的处理方法。

2. 基质及填料处理

湿地中的基质又称填料、滤料，一般由土壤、细砂、粗砂、砾石、碎瓦片、粉煤灰、泥炭、页岩、铝矾土、膨润土、沸石等介质的一种或几种所构成，因此，多种材料包括土壤、砂子、矿物、有机物料以及工业副产品如炉渣、钢渣和粉煤灰等都可作为湿地基质。湿地基质在为植物和微生物提供营养的同时，还通过吸附、沉淀、过滤等作用直接去除污染物。

湿地基质的处理包括基质改良、人工清除污染基质、基质再造三种措施。

1）湿地基质改良

湿地基质改良是通过物理、化学和生物的方法对退化基质的结构、功能进行恢复，对基质团粒结构的 pH 值等理化性质进行改良及对基质养分有机质等营养状况的改善，促使退化基质基本恢复到原有状态甚至超过原有状态。其改良方法有物理改良、化学改良两种。

（1）物理改良：通过有机改良物改变基质物理结构，包括提高基质的孔隙度，降低基质的密度，改善基质的结构及增加基质的保水保肥能力。有机改良物种类很多，包括人畜粪便、污水污泥、有机堆肥、泥炭等。有机改良物的分解能缓慢释放出氮、磷等营养物质，可满足湿地植物对营养物质持续吸收的需要，可作为阴阳离子的有效吸附剂，提高基质的缓冲能力，降低基质中盐分的浓度。但是要注意的是，有些有机改良物本身含有重金属和毒性污染物，需要防止二次污染物。

（2）化学改良：基质化学改良是在基质原位上进行的，包括肥力恢复、pH 值改良、污染治理等方式。

① 肥力恢复：基质肥力是指基质物理、化学、生物的综合表现。对于基质结构不良及缺乏氮磷等营养物质的湿地退化区，可通过施肥补充植物所需的营养物质。基质肥力恢复过程中要控制化学品的投放量，大量施用化肥极易导致养分比例失调、植物中毒及地下水的污染甚至会导致生物链的断裂。

② pH 值改良：湿地退化区基质酸性过高或过低都会影响植物的正常生长、繁殖和结实等生理过程，因此，对于酸化或者碱化的基质都需要改善其 pH 值。对于 pH 值较低的基质可施用碳酸氢盐、硅酸钙、碳酸钙或熟石灰来调节中和基质的酸性，既降低基质酸碱度，又能促进微生物活性，增加基质中的钙含量，改善基质结构，并减少磷被活性铁、铝等离子固定的比例。当湿地退化区的酸性较高时，应少量多次施用碳酸氢盐与石灰，防止局部石灰过多而使基质呈碱性。对于 pH 值较高的基质，可利用适当的腐殖质酸物质进行改良，如施用低热值的腐殖酸物质。

③ 污染治理：a. 投放化学改良剂：使其与污染基质发生沉淀、吸附、络合、抑制、拮抗、氧化及还原等物理化学作用，该技术对污染较轻的基质适用，处理效果较好，但要

防止基质中污染物的再度活化和二次污染。b. 化学淋洗：指用清水或能提高水溶性的化学溶液来淋洗污染基质，吸附固定在基质颗粒上的溶解性离子，或生成络合物沉淀，然后将淋洗液回收。该技术的关键是淋洗试剂的选择，表面活性剂适合于砂土、砂壤土、轻壤土等轻质基质，但易造成地下水污染、基质养分流失及基质变性，在使用过程中需做好防渗措施。

2）人工清除污染基质

当基质中污染积累过多时，人工清除的方式对湿地恢复具有积极的作用。进行基质清除的主要目的是清除基质中的污染物，改善湿地水体底层的氧化还原条件，为各类湿地水生生物，尤其是底栖动物、沉水植物等提供良好的基质，基质清除过程应满足环保需求，防止扰动引起淤泥的扩散而引发二次污染，常用的清除技术包括以下三种。

（1）机械清除法

主要有三种方式，一是用泵抽吸并清除污染基质，其特点是可直接抽吸底泥，速度快，影响小；二是利用专业清除机，适合进行大规模作业且面积较大的污染分布区；三是利用专业的清除船，其优点是清除速度快，效果彻底。

（2）基质固化法

即在水体中施用对污染物具有固化作用的人工或自然试剂，将基质中的污染物固化或惰性化，使之相对稳定于基质中，可减少基质中的污染物释放到水体中。

（3）基质覆盖法

即将清洁物质铺在污染基质之上，将基质中的污染物与上覆水分隔开，防止基质污染物向水体迁移。

基质再造：湿地基质再造是在地形恢复的基础上，再造一层人工的基质，使基质的理化性质发生改变，达到湿地生物繁殖、生长和栖息的要求。

湿地基质再造技术包括基质的采集、堆放与覆盖三个主要关键步骤。

① 基质采集：采集应根据具体情况确定，用大型机械容易压紧基质，给湿地植物的生长带来危害，因此需要采用适宜的方法减少因压实基质表面所造成的抑制性后果，基质的采集与搬运应避免长期堆存和重复运输，达到保护基质结构及主要微生物活性的目的。

② 基质的堆放：采集的基质应堆放在干燥处，并保持干燥通风，在堆存的基质上种植一年生或多年生的草本植物以防止基质发生风蚀和水蚀现象。基质堆放高度一般不超过5m，如基质堆放过高或堆存期过长，基质中的微生物极易停止活动，导致基质容易发生板结，有机质流失。基质的采集和堆存最好是在其解冻和自然湿润的条件下进行，并且尽可能在6个月内完成基质的再利用。在保存基质时，应尽可能地维持原有的状态。

③ 基质的覆盖：根据湿地恢复区不同的恢复对象来确定覆盖的基质种类、覆盖流程以及覆盖厚度。其中，用于湿地植物恢复时，需覆盖含有有机质等营养物质较丰富的基质，并且在植物萌芽前覆盖完毕；用于底栖动物恢复时，也需要覆盖含有有机质等营养物质的基质，但其含量不宜过高；用于水面、浅滩或者用于浮游生物恢复时，应选择贫营养的砂砾等粒径较大的基质作为主要覆盖物，保证覆盖层以下覆盖有黏土层等渗漏系数较小的基质，以防止水量渗透（表2-25）。

基质分类、特征及其示例   表 2-25

划分依据	类型	特征	示例
基质来源	天然基质	基质粒径差异较大,物理结构复杂,化学物质丰富	土壤、沙子、石砾、蛭石
	合成基质	基质粒径差异较小,物理结构简单,化学物质单一	岩棉、陶粒
化学组成	无机基质	化学性质较稳定,具有较低的盐基交换量,蓄肥保水能力较差	沙子、蛭石、石砾、珍珠岩、陶粒、岩棉
	有机基质	化学性质常常不太稳定,它们通常有较高的盐基交换量,蓄肥保水能力相对较强	泥炭、木屑、树皮
基质组合	单一基质	具有单一生态特征	沙、石砾、岩棉
	复合基质	具有多种生态特性	壤土＋蛭石＋沙基质
基质性质	活性基质	具有盐基交换量或本身能提供给植物养分	泥炭、蛭石
	惰性基质	不起供应养分作用或不具有盐基交换量的基质	沙、石砾、岩棉

3. 水生植物的选择与种植

湿地植物具有吸收、吸附和富集水中营养物质和有害有毒物质的作用。

1)选择植物的原则

(1)能忍受较大变化范围内的水位、含盐量、温度和 pH 值;

(2)因地制宜,在本地适应性好的植物,最好是本地的原有植物;

(3)耐污能力强,且被证实对污染物有较好的去除效果;

(4)经济和观赏综合利用价值高;

(5)根系发达,地上生物量大,年生长周期长。

湿生植物可分为挺水型植物、浮叶型植物、漂浮型植物、沉水型植物及湿生植物。

① 挺水草本植物:包括芦苇、茭草、香蒲、旱伞竹、皇竹草、蘑草、水葱、水莎草、纸莎草等,为人工湿地系统主要的植物选配品种,这些植物的共同特性是适应能力强,为本土优势品种;根系发达,生长量大,营养生长与生殖生长并存,对氮和磷、钾的吸收都比较丰富;能于无土环境生长。根据植物的根系分布深浅及分布范围,可以将这类植物分"深根丛生型"、"深根散生型"、"浅根丛生型"和"浅根散生型"。

a.深根丛生型:其根系的分布深度一般在 30cm,植株的地上部分丛生,如皇竹草、芦竹、旱伞竹、野茭草、薏米、纸莎草等。

b.深根散生型:根系一般分布于 20~30cm,植株分散,这类植物有香蒲、菖蒲、水葱、蘑草、水莎草、野山姜等。

c.浅根散生型:此类植物如美人蕉、芦苇、荸荠、慈姑、莲藕等,其根系分布一般都在 5~20cm。漂浮植物多以观叶为主,如浮萍、槐叶萍、凤眼莲等,其中常用作人工湿地系统处理的有水葫芦、大藻、水芹菜、浮萍、水蕹菜、豆瓣菜等,根据对这些植物的植物学特性进行分析,发现其生命力强,对环境适应性好,根系发达;生物量大,生长迅速；具有季节性休眠现象，如冬季休眠或死亡的水葫芦、大薸、水蕹菜，夏季休眠的水芹菜、豆瓣菜等。生长的旺盛季节主要集中在每年的 3～10 月，生育周期短，主要以营养生长为主，对氮的需求量最高。

② 浮叶型植物：植物体内通常贮藏有大量的气体，使叶片或植株能平衡地漂浮于水面上，如王莲、睡莲、萍蓬草、芡实等。

③ 沉水植物：叶多为狭长或丝状，植株各部分均能吸收水中养分，在水下弱光也正常生存，但对水质有一定要求。花小、花期短，以观叶为主，如衫叶藻类、金鱼藻类、眼子菜类、苦草类等。一般原生于水质清洁的环境，其生长对水质要求比较高。因此，沉水植物只能作为湿地修复系统中最后的强化稳定植物加以应用，以提高水质。

④ 湿生植物：位于湿地边缘与陆地交接处，耐湿性突出，在空气、土壤、水分过饱和的状态如季节性淹水、局部水淹下长势良好，不易在干旱环境中生存。主要由耐湿地被植物、耐湿攀缘植物、中生性植物（吸湿性耐水淹植物）等构成（表 2-26、表 2-27）。

湿地植物对 TN、TP、TK 富集能力科属统计　　　　表 2-26

类型	科	属	科名	学名	去除率(mg·kg⁻¹) TN	TP	TK
挺水	禾本科	芦苇属	芦苇	*Phragmites australis*	39.02	3.30	67.84
		菰属	水生菰	*Zizania aquatica*	20.59	5.08	—
		香根草属	香根草	*Vetiveria zizanioides*	17.41	3.69	—
		稗属	稗	*Echinochloa crusgalli*	35.17	2.89	47.48
		米草属	互花米草	*Spartina alterniflora*	21.93	4.98	—
		芦竹属	变叶芦竹	*Arundo donax var. versicolor*	86.30	3.61	—
		薏苡属	念珠薏苡	*Coix lacryma-versiocd*	—	2.19	
	天南星科	菖蒲属	石菖蒲	*Acorus tatarinowii*	46.82	1.95	—
			菖蒲	*Acorus calamus*	36.96	3.88	—
		芋属	芋	*Colocasia esculenta*	—	3.28	—
			野芋	*Colocasia antiquorum*	58.10	5.71	—
	鸢尾科	鸢尾属	黄菖蒲	*Iris pseudacorus*	44.37	2.08	
			鸢尾	*Iris tectorum*	19.51	5.13	
			蝴蝶花	*Iris japonica*	—	1.04	
			花菖蒲	*Iris ensata var hortensis*	87.49	1.41	
	莎草科	藨草属	海三棱藨子	*Scirpus mariqueter*	18.68	4.12	53.19
			水葱	*Scirpus validus*	37.36	3.13	—
		莎草属	风车草	*Cyperus alternifolius*	61.62	3.70	—
	香蒲科	香蒲属	长苞香蒲	*Typha angustata*	36.24	3.53	
			宽叶香蒲	*Typha latifolia*	15.27	4.03	
			香蒲	*Typha orientalis*	23.08	3.43	
	伞形科	水芹属	水芹	*Oenanthe javanica javanica*	13.96	2.46	
		天胡荽属	香菇草	*Hydrocotyle vulgaris*	62.15	2.17	—

续表

类型	科	属	科名	学名	去除率(mg·kg⁻¹)		
					TN	TP	TK
挺水	美人蕉科	美人蕉属	美人蕉	*Canna indica*	76.00	5.35	—
			花叶美人蕉	*Canna glauca*	69.46	4.92	—
	百合科	黄精属	小玉竹	*Polygonatum humile*	—	3.14	
		沿阶草属	麦冬	*Ophiopogon japonicus*	—	0.89	
	雨久花科	梭鱼草	梭鱼草	*Pontederia a cordata*	67.72	6.82	
	千屈菜科	千屈菜属	千屈菜	*Lythrum salicaria*	50.36	3.38	
	灯心草科	灯心草属	灯心草	*Junous effasus*	23.38	2.17	
	泽泻科	泽泻属	泽泻	*Alisma plantago aquatica*	27.46	3.98	
	石蒜科	葱莲属	葱兰	*Zephyranthes candida*	88.87	1.87	
	忍冬科	接骨木属	接骨草	*Sambucus chinensis*	—	1.61	
	苋科	莲子草属	空心莲子草	*Alternanthera philoxeroides*	—	2.01	
	杜鹃花科	杜鹃属	杜鹃	*Rhododendron simsii*	—	3.09	
	虎耳草科	绣球属	绣球	*Hydrangea macrophylla*	—	3.03	
	浮萍科	浮萍属	浮萍	*Lemna minor*	72.34	—	
		紫萍属	紫萍	*Spirodela polyrrhiza*	47.95		
漂浮	雨久花科	凤眼莲属	凤眼莲	*Eichhornia crassipes*	82.52	2.24	
	莕菜科	莕菜属	莕菜	*Nymphoides peltatum*	61.52	2.24	
	菱科	菱属	菱	*Trapa bispinosa*	58.37	1.79	
沉水	眼子菜科	眼子菜属	菹草	*Potamogeton crispus*	78.43	3.84	
	金鱼藻科	金鱼藻属	金鱼藻	*Ceratophyllum demersum*	69.73	2.28	

一般来讲，生命力顽强的植物对于环境的适应能力强，抗污染的能力高，但在使用时要合理搭配植物群落，每一种湿地植物都有自己的特点，在具体操作中应考虑选择集中湿地植物进行合理的搭配，这样不仅可以提高湿地的净化效率，还可以增强净化效果。

2）水生植物的种植

在湿地修复与再造中，种植湿地植物的最佳时间是春天或初夏，湿地植物一般在此季节开始生长。此时段日照时间渐长，来自杂生植物和病虫害的影响最小，大多数植物能够适应性生长。而且，在湿地植物开始生长季节种植，既有充足的时间生长为成熟植物，又能在寒冷季节到来和植物生长速度减慢前达到有效的覆盖率。

因此，在进行植物配置和设计时，应该先确定设计栽种的时间范围（表 2-28），再根据此时间范围并以植物的生长特性为主要依据，进行植物的设计与选择。

3）植物的种植密度

种植密度主要是由植物种类、污水处理效能、湿地类型、景观要求决定的，对于水生植物来说，前者显得更为重要，水生植物种植主要为片植、块植与丛植，片植或块植一般都需要满种，即竣工验收时要求全部覆盖地面（水面）。另外，不同立地条件和不同需求对植物种植密度也有一定范围的变化，施工时请合理调配（表 2-29～表 2-33）。

湿地植物对 Zn、Cd、Pb、Cu、Mn、Ni、Fe、Cr 富集能力科属统计　　　　表 2-27

类型	科	属	种名	学名	去除率							
					Zn	Cd	Pb	Cu	Mn	Ni	Fe	Cr
湿生	柽柳科	柽柳树属	红柳	Tamarix ramosissima	—	2.41	6.65	379.67	—	—	—	—
	禾本科	稗属	稗	Echinochloa crusgalli	522.39	—	—	547.56	733.90	209.67	6611.17	389.72
		稗属	长芒稗	Echinochloa caudata	—	—	2.48	51.92	—	—	—	—
		菰草属	毛菰草	Carexlasi ocarpa	—	—	—	—	—	—	5595	—
		菰属	菰茭笋	Zizania latifolia	594.72	—	0.35	665.62	—	—	—	—
		菰属	水生菰	Zizania aquatica	905.99	—	—	—	—	—	—	—
		芦苇属	芦苇	Phragmites australis	269.07	0.67	6.61	268.28	1813.66	91.88	4926.09	58.16
		马唐属	马唐	Digitaria sanguinalis	—	—	3.42	181.58	—	—	—	—
		野青茅属	小叶草	Deyeuxia angustifolia	—	—	—	—	—	—	10156	—
挺水	莎草科	莎草属	碎米莎草	Cyperus iria	—	—	7.79	314.62	—	—	—	—
		莎草属	水莎草	Juncellus serotinus	282.86	0.68	8.41	581.32	—	—	—	—
		藨草属	藨草	Scirpus triqueter	254.66	—	—	129.94	1980.96	94.48	4232.71	52.27
		藨草属	水葱	Scirpus validus	576.01	—	—	—	—	—	—	—
		飘拂草属	日照飘拂草	Fimbristylis miliacea	450.41	—	—	415.14	—	—	—	—
		薹草属	乌拉薹草	Carex meyeriana	—	—	—	—	—	—	7041	—
	蓼科	蓼属	水蓼	Polygonum hydropiper	481.63	—	11.92	374.87	—	—	—	—
		蓼属	酸模叶蓼	Polygonum lapathifolium	—	—	3.58	212.72	—	—	—	—
	雨久花科	雨久花属	鸭舌草	Monochoria Vaginalis	419.12	—	16.38	476.62	—	—	—	—
漂浮	苋科	莲子草属	空心莲子菜	Alternanthera philoxeroides	629.82	—	—	682.56	—	—	—	—

续表

类型	科	属	种名	学名	去除率							
					Zn	Cd	Pb	Cu	Mn	Ni	Fe	Cr
	美人蕉科	美人蕉属	美人蕉	Canna indica	784.13	—	—	59.38	2110.15	25.33	5221.8	41.42
	千屈菜科	千屈菜属	千屈菜	Lythrum salicaria	353.53	—	—	74.50	1153.69	31.58	3203.11	42.57
	鸢尾科	鸢尾属	黄菖蒲	Iris pseudacorus	321.92	—	—	96.36	4516.41	36.91	1734.96	37.62
	香蒲科	香蒲属	香蒲	Typha orientalis	297.91	0.91	22.42	518.42	—	—	—	—
	百合科	黄花菜属	黄花	Hemerocallis citrina	374.97	0.77	18.33	628.51	—	—	—	—
	桑科	葎草属	拉拉秧	Humulusandens	235.14	0.81	11.32	504.18	—	—	—	—
	水雍科	水雍属	水雍	Aponogetomlakhomensis	212.93	0.16	—	—	—	—	—	—
漂浮	豆科	合萌属	合萌	Aeschynomeme indica	—	—	7.14	242.96	870.24	143.74	7843.69	1140.49
	雨久花科	凤眼莲属	凤眼莲	Eichhornia crassipes	199.13	0.05	—	819.33	870.24	143.74	7843.69	1140.49
	睡莱科	莕菜属	莕菜	Nymphoides peltatum	174.43	—	—	—	—	—	—	—

人工湿地植物配置区间　　　　　　　　　　　　　表 2-28

科	植物名	生活类型	越冬株型	萌发始期	植物配置区间（施工期）1月~12月
睡莲科	睡莲	浮叶	块茎	3月	1月～9月
	荷花	挺水	块茎	2月	1月～8月
	萍蓬莲	浮叶	块茎	3月	1月～8月
	芡实	浮叶	种子	3月	4月～7月
禾本科	芦苇	挺水	宿根	2月	1月～8月
	茭草	挺水	宿根	2月	1月～7月
	皇竹草	湿生	全株	3月	1月～9月
	芦竹	湿生	全株	3月	1月～9月
莎草科	水莎草	挺水	宿根	2月	1月～9月
	纸莎草	挺水	全株	2月	1月～9月
	旱伞竹	湿生	全株	2月	1月～9月
	荸荠	挺水	球茎	3月	5月～8月
	水葱	挺水	全株	3月	1月～9月
泽泻科	慈姑	挺水	球茎	全年	1月～9月
鸢尾科	黄菖蒲	挺水	全株	2月	1月～8月
	玉蝉花	湿生	宿根	3月	1月～9月
香蒲科	东方香蒲	挺水	宿根	3月	3月～8月
	宽叶香蒲	挺水	全株	3月	1月～9月
	香蒲	挺水	全株	3月	1月～9月
美人蕉科	美人蕉	湿生	块根	3月	1月～9月
天南星科	菖蒲	挺水	根茎	1月	1月～9月
	马蹄莲	湿生	全株	2月	1月～9月
灯心草科	灯心草	湿生	宿根	2月	1月～9月
旋花科	水蕹	浮水	种子	3月	4月～7月
千屈菜科	千屈菜	挺水	宿根	3月	1月～10月
竹叶科	再力花	挺水	宿根	4月	1月～8月
雨久花科	水葫芦	浮水	宿根	3月	1月～10月
水鳖科	梭鱼草	挺水	全株	4月	1月～8月
	水鳖	浮水	冬芽	2月	1月～8月
	海菜花	沉水	小苗	—	1月～8月

沉水植物种植密度　　　　　　　　　　　　　　表 2-29

名称	苦草	竹叶眼子菜	黑藻	穗状狐尾藻
植株大小（芽/丛）	—	3～4	10～15	5～6
密度[株(丛)/m²]	40～60	20～30	25～36	20～30

湿生植物种植密度　　　　　　表 2-30

名称	斑茅	蒲苇	砖子苗	野荞麦
植株大小(芽/丛)	20~30	20~30		5~7
密度(丛/m²)	1	1	2~4	6~10

浮水植物种植密度　　　　　　表 2-31

名称	水鳖	大漂	凤眼莲	槐叶萍
密度(丛/m²)	60~80	30~40	30~40	100~150

浮叶植物种植密度　　　　　　表 2-32

名称	睡莲	萍蓬草	荇菜	芡实	水皮莲	莼菜
密度(头/m²)	1~2	1~2	20~30	1株/(4~6m²)	20~25	10~16

挺水植物种植密度　　　　　　表 2-33

名称	再力花	海寿花	花叶芦竹	香蒲	芦竹	慈姑	黄菖蒲	水葱
植株大小(芽/丛)	10	3~4	4~5	—	5~7	—	2~3	15~20
密度(丛/m²)	1~2	9~12	12~16	20~25	6~9	10~16	20~25	8~12
名称	花叶水葱	千屈菜	泽泻	芦苇	花蔺	马蔺	野芋	紫杆芋
植株大小(芽/丛)	20~30	—	—	—	3~5	5		3~5
密度(丛/m²)	10~12	16~25	16~25	16~20	20~25	20~25	16	4~9

大量杂草特别是浅根旱生杂草的生长会降低湿地净化效率。杂草生命力顽强，在修复初期会成为优势物种而对其他湿地植物造成威胁。因此，在种植初期应通过人工拔出手段或降低水位的方法控制，尽量不使用除草剂等化学药品。

4) 新型湿地植物推荐

滴水观音表现出较强的环境适应能力，并且生物量较大，是一种值得推荐的湿地修复植物，滴水观音和马蹄莲都值得推荐（朱启红，夏红霞，2010）。马蹄莲，天南星科，马蹄莲属；多年生草本，佛焰苞白色，形大，似马蹄状，性喜温暖气候，不耐寒，不耐高温；原产非洲南部，中国分布在冀、陕、苏、川。

滴水观音，天南星科，海芋属，又名滴水莲、佛手莲；多年生常绿大型草本植物，茎粗壮，高达 3m，喜高温，潮湿，耐阴；主要产于亚洲热带地区。

4. 水生动物（微生物）的选择与生态修复

植物、动物和微生物是湿地生态系统的重要组成部分。其中，微生物作为湿地生态系统的分解者，在湿地生物多样性维护、生态平衡等方面均起着十分重要的作用。

所谓有效微生物群（effective microorganisms），是从自然界筛选出各种有益微生物，用特定的方法混合培养所形成的微生物复合体系，微生物组合以光合细菌、放线菌、酵母菌和乳酸菌为主。

有效微生物群对污染水体的透明度、高锰酸盐指数（CODMn）、溶解氧（DO）、总 N（TN）、总 P（TP）、叶绿素 a 均有明显的改善。

应用有效微生物群对藻型富营养化水体叶绿素 a 含量的降低和水体透明度的提高有显

著的效果，可有效抑制蓝藻的过度繁殖，控制藻类水华的发生（表2-34）。

5. 养护

植物的后期管理在湿地再造、修复过程中同样重要，在营造湿地水生观赏植物群落景观时，在2～3天内要加强人工维护，去除植物群落中生长的其他品种水生植物，避免产生种间竞争，影响植物群落的形成。

利用水生观赏植物美化、净化湿地水体时，在保持一定覆盖度和生物量的前提下，要加强水生植物的后期管理工作，及时将枯老的植物残体移出水体，防止由于植物残体大量堆积、腐烂导致的污染。在湿地水生观赏植物的配置上应考虑植物之间的遮光效应，在养护管理上采取修剪、除草、病虫害防治等措施，保证水生观赏植物良好的生存环境和景观效果。因此，要加强后期管理，长期清理。

分解有机物的主要微生物　　　　　　　　　　表2-34

有机物	微生物种类
蛋白质	假单胞菌、芽孢杆菌、微球菌、梭菌
纤维素	噬纤维菌、纤维单胞菌、生孢噬纤维菌、纤维弧菌、棒状杆菌、链霉菌、曲霉、毛壳霉、芽枝霉、青霉、木霉
淀粉	假单胞杆菌、节杆菌、无色杆菌、土壤杆菌、溶淀粉梭菌、产气荚膜梭菌、曲霉、根霉、毛霉
果胶	芽孢杆菌、假单胞菌、欧文氏菌、根霉、曲霉、镰刀菌、轮枝孢、灰绿葡萄孢
半纤维素	芽孢杆菌、无色杆菌、假单胞菌、噬纤维菌、乳杆菌、弧菌、链霉菌、链格孢、镰刀菌、根霉、毛壳霉、毛霉、青霉
类脂质	假单胞菌、分枝杆菌、无色杆菌、芽孢杆菌、球菌、产气荚膜梭菌、青霉、曲霉、枝孢霉、粉孢霉、放线霉
木质素	担子菌和某些细菌

2.6.4 典型案例

案例一：上海世博会后滩公园

后滩公园直接取引劣 V-V 类水质黄浦江水源，经内河水系纯生态净化处理后，达到地表水Ⅲ类水质标准，以满足后滩公园和世博公园每日绿化浇灌及生活杂用水的需要。后滩公园内河水系是个纯生态的自维持体系，整个公园湿地的规划中，注重水域生态系统与景观格局的相互关系，达到水系净化以及结构和功能统一的目的。

一、主要工艺流程

采用渗渠加集水井的方案，从黄浦江取水，经预处理池的蓄水与沉淀池处理、生物降解，然后再流经各个功能侧重点不同的湿地系统。首先进入梯田生态净化区，强调农田景观湿地土壤和生物的综合净化效果，进行第一次的过滤净化作用；然后进入植物综合净化区，在这里，具有完整水生群落结构的多种植物，全方位地对水系进行系统性的净化，大大提高水质；接下来的土壤生态净化区则是以土壤孔隙和土壤微生物，并辅助以植物，再次对水系进行过滤净化；然后水系依次经过侧重点不同的重金属、病原体、营养物净化区，每区都针对不同的净化目的配置了相应功能性的水生植物；最后进入水质稳定调节区，起到最终湿地沉降与过滤作用，并强调其生态景观性，使得湿地的功能搭配与净化效果达到极致；然后通过具有生物膜作用的生物沸石进一步净化水质，进入清水蓄水池深入过滤消毒，使得水质达到预期的相应标准（图2-110）。

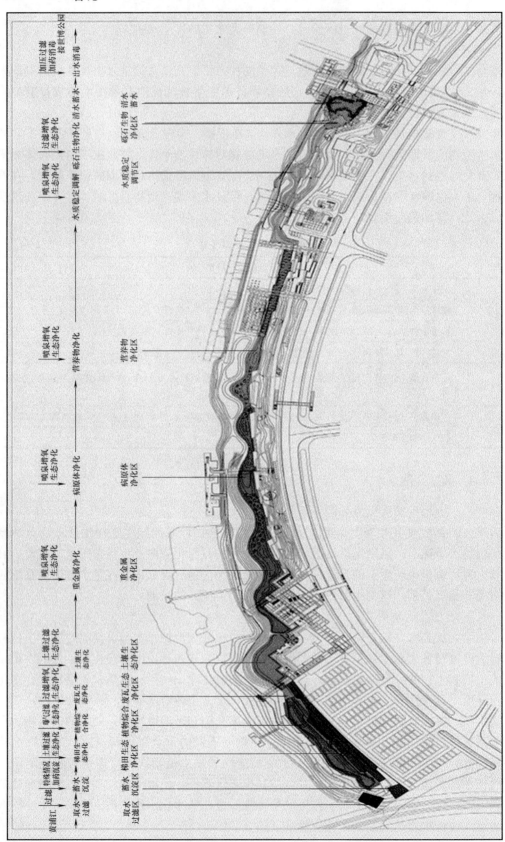

图 2-110　净化工艺流程

具体流程如下所示：

黄浦江水→1. 取水→2. 预处理池（蓄水、沉淀、生物降解、浮床植物）→3. 梯田生态净化（土壤过滤、水生植物、水生动物）→4. 植物综合净化（水生植物、水生动物）→5. 土壤生态净化（土壤过滤、水生植物、水生动物）→6. 植物生态深度净化→7. 生物沸石净化及清水蓄水→8. 消毒和加压（压力过滤和消毒）及提水供世博公园。

1. 取水过滤

由于黄浦江水质污染严重，且水位每天有变化，所以采用渗渠加集水井取水的方式，引黄浦江的劣 V-V 类水。利用黄浦江水流自然冲刷和潮位的变化自动反冲洗，经初步处理后进入预处理池。

2. 预处理池

预处理池为地下半潜式，通过重力沉淀，采用浮床植物以及浮游动物降解污染物，使其具有蓄水、沉淀、过滤、生物降解等作用，沉淀泥沙颗粒，去除蓝绿藻和有机腐屑，使水体澄清，污泥用于后段梯田或外运。

3. 梯田生态净化区

从预处理池出来的水可用于梯田灌溉，与水净化紧密结合。过滤层采用土壤层、滤沙层、滤水砾石层进行多层净化，多层梯田可滞留土壤，拦截、渗透不易被植物吸收的有机组织体。水田侧重农田景观的自然状态，主要种植水稻、莲、水芋、再力花、香蒲、水烛、千屈菜等。湿地水体、土壤、植物根系周围含有大量微生物，配合植物能吸收降解污水中的化学有害物质。田边种植湿生性的挺水植物，以丰富其生态景观效果（图 2-111、图 2-112）。

图 2-111 梯田生态净化区 1

图 2-112 梯田生态净化区 2

4. 植物综合净化区

主要采用立体式种植综合吸污能力较强、净化作用全面的水生植物（抗污染先锋种），并通过底泥和水中微生物及水生动物配合作用，快速降解水中的有害物质。同时，湿地土壤对水中的悬浮颗粒具有吸附和沉降作用，并且侧重于耐污种和净化作用的全面性，以及水生植物群落的完整性和净化能力在季节上的衔接。

沿岸浅水区挺水植物：芦苇、水葱。中心区沉水植物：轮叶黑藻、菹草、苦草、伊乐藻、眼子菜、聚草、金鱼藻。点缀性浮水植物：睡莲、王莲、菱。利用鱼类、虾类、螺类、贝类等底栖生物的不同生活特点进行食物链构建，利用土壤中的土著性微生物配合植物吸收降解污水中的有害物质，有利于生态安全（图2-113）。

5. 土壤生态净化区

污水中不易被植物吸收的有机组织体，被土壤过滤滞留在土壤中，通过微生物作用将其分解为易被植物吸收的无机盐和气体，然后被植物吸收或者释放到空气中，从而除去水体中的化学污染物。同时，使土壤配合植物根系，利用多层异质土壤对悬浮物进行拦截沉降。植物配置芦苇、茭白、水烛等植物；配置鱼类、虾类、螺类、贝类等底栖生物；土壤层中土著性的微生物配合植物根系吸收降解污水中的有害物质（图2-114）。

图2-113 植物综合净化区　　　　图2-114 土壤生态净化区

6. 分段植物生态净化区

1）重金属净化区

水生植物能吸附、富集铅、镉、汞、砷等重金属离子。其吸收积累能力为：沉水植物＞漂浮植物＞挺水植物，不同部位浓缩作用也不同，一般为：根＞茎＞叶。同时，通过土壤吸附、沉降重金属离子。主要栽种伊乐藻、轮叶黑藻、聚草、眼子菜、金鱼藻、苦草等沉水植物；水鳖等浮水植物（限制区域），以及芦苇等挺水植物，并且采用驯化的食藻虫引导水下植物迅速、健康生长，增强对重金属的净化力。利用鱼类、虾类、螺类、贝类等底栖生物降解重金属离子的作用，并且制造湿地底部微地形和水面栽种形式，增加种植面积和延长水流程，防止二次污染（图2-115）。

2）病原体净化区

一些水生植物（主要为挺水植物）可以从根部释放抗生素，当污水经过这些水生植物时，一系列病原体如大肠杆菌、沙门氏菌属和肠球菌等被去除。同时，土壤也为植物根系和微生物提供大面积接触沉降病原体的机会。主要栽种有挺水植物：千屈菜、小香蒲、花叶芦竹、水芹菜；漂浮植物：荇菜及其他挺水植物（限制区域）；沉水植物：伊乐藻、菹草、苦草。采用驯化的食藻虫促进沉水植被生长和生态修复。鱼类、虾类、螺类、贝类等底栖生物，利用本身土壤表层沉淀吸收病原体，制造湿地底部微地形和水面栽种形式，增加种植面积和延长水流程，防止二次污染（图2-116）。

3）营养物净化区

植物在受污江水中会吸收大量的无机氮、磷等营养物质，供其生长发育。水中无机磷、氨氮被植物直接摄取，转化为植物的蛋白质、有机氮、ATP等有机成分，通过水生物食物链调节和植物收割得以去除。其他不易被植物吸收的大部分氮通过水和土壤中微生物的降解，一部分释放到空气中，一部分被植物吸收。生根植物直接从土壤中去除氮磷等营养物质，而浮水植物则在水中去除营养物质。植物侧重点为对水体中 TN、TP 含量的降低，漂浮植物对氮的吸收率高，浮水植物则偏重于磷的吸收，而挺水植物则兼而有之。主要栽种水鳖及其他水面挺水植物和湿生植物（限制区域）；微齿眼子菜、伊乐藻、苦草等沉水植物；芦苇、黄菖蒲、美人蕉等挺水植物。采用驯化的食藻虫促进水生植物生长，能量转化，加速去除氮、磷等营养物。利用鱼类、虾类、螺类、贝类等底栖生物，以及具有土著性、生态安全性且繁殖对氮和磷具有较强吸收能力的微生物。制造湿地底部微地形和水面栽种形式，增加种植面积和延长水流程，防止二次污染（图 2-117）。

图 2-115　重金属净化区

图 2-116　病原体净化区

7. 水质稳定调节区

经过一系列过滤净化后的江水，水质基本达到使用要求，也为水生动植物生存提供了良好的栖息环境，保持水体生态系统平衡。土壤提供给各类水生植物不同的土质环境。充分利用水生植物群落的综合水质调节作用，但同植物综合净化区相比较则更侧重于景观性。种植上海本土性的水生植物，并具有一定净化作用，提高水体景观的观赏效果。沿岸浅水区和中心区挺水植物：石菖蒲、金叶黄菖蒲、梭鱼草。中部区挺水植物：水葱。中心区沉水植物：轮叶黑藻、菹草、苦草。点缀性浮水植物：睡莲、王莲。漂浮植物：菱及通过栽种床栽种有水面挺水植物和湿生植物（围隔限制区域）。鱼类、虾类、螺类、贝类等底栖生物以及指示生物。尽量采用土著性、具有生态安全性的种类，通过生物降解，维持生物群落食物链的稳定性（图 2-118）。

图 2-117　营养物净化区

图 2-118　水质稳定调节区

图 2-119 生物沸石净化区

8. 生物沸石净化及清水蓄水

采用天然沸石滩区石头，沸石有大量孔隙和间隙，使生物膜更容易附着，且作为水系净化的最后一道工艺，水质已达到标准，不会存在杂质堵塞问题。沸石大部分是经由火山所喷出的沉积岩，因沉积岩中的有机物被液化或汽化而产生微细的孔洞，具备对有机分子的吸附性。其主要作用有：①过滤器；②天然的脱色剂；③去除有毒有害物质等（图2-119）。

9. 备用过滤消毒及提水

为确保用水的可靠性，后滩公园生态水系在最后处理工段增加处理设备，使水加压以及备用。选用高效的离心过滤和消毒，达到生活杂用水标准后，接世博用水系统。采用自动反冲洗过滤系统，占用空间小，维护费用低，便于操作。留在过滤系统内的杂质在反冲洗阶段只需要少量的水即可彻底清洗。并将采用二氧化氯（ClO_2）消毒剂，安全、无毒，灭菌效果好。而且投放是在生态水系末端进行，光解强，不会对水中的生物产生危害。

二、"生物操纵"抑控富营养化技术应用

随着长三角地区人口的快速增长和社会经济的高速发展，黄浦江水质受到严重污染，富营养化状况不断加剧，已严重危及社会经济的可持续发展。

世博后滩公园直接取引黄浦江水源用于生态流程中，黄浦江水体富营养化将直接影响到公园的景观效果和用水质量。因此，必须寻求一种长期有效而又廉价、不造成二次污染的处理技术。造成水体富营养化的主要因素是水体中氮、磷元素含量超标而引起的藻类大量、恶性繁殖。氮、磷元素是植物生长必需的营养物质，所以，在后滩公园设计和施工中，选取了"生态操纵"技术处理水体富营养化问题。

1. 取水口水质状况

后滩公园取水口处黄浦江水质现状为：

溶解氧（DO）为Ⅲ—Ⅳ类；化学需氧量（COD_{Mn}）为Ⅳ类；

总氮（TN）为Ⅳ—Ⅴ类；总磷（TP）为Ⅲ—Ⅴ类；

汞（Hg）为Ⅰ类；铜（Cu）为Ⅰ—Ⅱ类。

源水水质为劣Ⅴ—Ⅴ类，其中总氮、总磷最高值均超劣Ⅴ—Ⅴ类标准，水体富营养化程度高，水域生态系统退化比较严重。

2. "生物操纵"技术

传统的营养盐控制和化学药品直接除藻效果不理想或对整个后滩公园生态系统负面影响较大，只能作为应急措施，不宜长期施用。

后滩公园采用了纯生态工艺的"生物操纵"技术。"生物操纵"技术是运用水体生态系统内营养级之间的关系，通过对生物群落及其生境的一系列操纵，达到藻类生物量下降等水质改善效果的水生生物群落管理措施。"生物操纵"主要运用了以下几个技术。

1）营养级串联效应技术

直接向水体中投放顶级消费者——鱼食性鱼类，以此来清除水体中以大型浮游动物为食的小型鱼类，增加水体中枝角类和桡足类的现存量，增大其对浮游植物的摄食量，从而减少水体中浮游植物的现存量，降低水体中的氮、磷负荷，提高水体的透明度，达到改善水质的目的。

2）营养物生物过滤技术

通过在内河水系内设置滤水动物的生物过滤带，通过水生动物直接过滤、吸收、利用浮游植物及悬浮有机碎屑，减少水体中的浮游植物的现存量，进而消耗水体自身的营养盐类，增加水体的透明度。

3）营养物生物吸收技术

在水系中种植具有净水功能的水生植物，通过植物生长吸收水体中的氮、磷等营养物，并通过水生植物对营养物和光能的竞争抑制浮游植物的生长，从而降低水体中浮游植物的现存量和氮、磷含量，达到改善水质的目的。

3. "生物操纵"技术的实施方法

"生物操纵"技术强化了系统关键生物要素的量度和净化功能，针对影响富营养化形成不同的关键环节采取不同的关键措施，通过人为正向干预措施，有利于建立合理的水生生态系统，防治水体富营养化。

1）调整鱼类放养方式

主要措施是调整放养品种结构。施工期间补充投放黄浦江水系条件下驯养的食藻虫980kg，降低常规鱼类放养强度，弱化鱼食性鱼类的捕捞，强化浮游动物食性鱼类及小型鱼类的捕捞，使鱼类群落朝有利于保护浮游动物资源的方向发展。

2）引进顶级消费者

增加投放顶级消费者，施工期间分批引进白鲢1200尾、鳙鱼800尾、鳊鱼100尾、鳜鱼60尾、青鱼60尾、草鱼100尾、清道夫1000尾以及观赏鱼类若干，放殖各分区。恢复并延长了生态系统食物链，水系中藻类被轮虫类食藻虫吃掉，食藻虫又被浮游动物吃掉，再向上一级吃一级，最后全部变成鱼类的饵料，使得鱼类数量提高，既增加了观赏效果，又使水体变清（图2-120、图2-121）。

3）引进投放淡水贝类

图2-120 鱼类放养

图2-121 现状水中的鱼

施工期间驯养投放螺蛳、萝卜螺（200kg）、环棱螺（2000kg）、三角帆蚌（5000只）、无齿蚌（2500只）等底栖动物，放养青虾（22kg）、米虾（58kg）、溪虾等甲壳类水生动物，实现了生产力转换，恢复和维持健康水生态系统，净化水体（图2-122、图2-123）。

图2-122 贝类放养1   图2-123 贝类放养2

4）种植水生植物

挺水植物：茭白、芦苇、香蒲、水葱、水花生、菖蒲、石菖蒲、慈姑、荷花、旱伞草等。

浮水植物：凤眼莲、水鳖、荇菜等。

沉水植物：菹草、苦草、伊乐藻、轮叶黑藻、金鱼藻、光叶眼子菜、聚草等。

耐寒性植物和喜温性植物组合、漂浮植物和沉水植物组合，提高持续净水时间，有效去除氮、磷营养盐，改善水质，保持底泥中氮、磷含量，其主要由太阳能来驱动，不会产生有害副作用。且为水中营养物质提供了输出的渠道，水生高等植物提高水体溶解氧，为其他物种提供或改善生存条件，为水生动物提供栖息、繁衍生息、索饵育肥的场所；提高透明度，改善景观；同时，水生植物对藻类具有克制效应，可以抑制藻类的生长（图2-124、图2-125）。

图2-124 水生植物种植1   图2-125 水生植物种植2

5）增氧设备

人工向河道内充入空气，加速水体复氧过程，以提高水体的溶氧水平，恢复水体中好氧微生物的活力，使水体自净能力增强（图2-126）。

6）水质和生物指标监测

由上海海洋大学定期进行水质和生物指标的监测，评估生态净化效果并进行改进。监测指标有：

（1）理化指标：水温、色度、pH值、DO、COD_{Mn}、TN、TP、NH_3—N等。

（2）水生生物：浮游植物、浮游动物（原生动物、轮虫、枝角类、桡足类）现存量。

图2-126 人工增氧设备

（3）河蚌生长参数：测定河蚌的体重及存活率等。

（4）鱼类：鱼类生长指标及群落结构等。

后滩公园生态水处理工艺应用大量生态学原理，采用系统聚类分析与水域生态工程集成技术体系特征，融入了"生物操纵"等技术抑控水体富营养化，修复了受损的食物网和生态系统。注重自然生态保护，将人工调控与自然调控相融合，构建世博园生态水系生物群落要素，将自然生态净化与物理处理完美结合，发挥水体自净作用，使水系水体趋于生态平衡，把世博园后滩公园生态水系规划设计为一个完整的、健康的、近自然的人工湿地生态系统，且运行和维护成本较低，渴望取得比较理想的效果，体现人类与自然融合的生态特色景观。

案例二：潍坊市白浪河湿地公园

（1）优势：①白浪河紧邻水库，河道水位基本稳定。北方水资源较为匮乏，为了维持河道生境，需要将水位的变化固定在一定范围内，水库的存在为此提供了可能性。②水体质量较好。白浪河水源补给主要是通过水库的渗透、下流及雨水；同时，周边没有大规模的工业污水排放。

（2）劣势：①景观破碎化程度高。流域沿岸各用地性质较为混杂，资源布局分散，不便于绿地的综合利用和景观功效的最大化。②生物多样性低。现状植被覆盖率低，主要为毛白杨、垂柳、芦苇等，常见动物如鱼类及鸟类等密度及多样性较低。③缺乏统一的规划管理，雨污合流；部分水域长满芦苇和杂草，河道淤塞；河道中存在着大量的农户自垦鱼塘，水体之间缺乏联系和沟通。

（3）潍坊市白浪河湿地恢复策略：

① 恢复湿地通畅的水环境。通过疏浚河道连通原有鱼塘、营造自然水系、清除淤泥及藻类植物、从水库引水等措施，增加水体的连通性，提高自净能力，增加物种交流的机会。

② 恢复湿生原生态环境。通过恢复河道及两岸的浅滩、岛屿、林地、草滩、水面、灌丛等不同类型的生境，满足不同类型的生物生长发展需要，恢复湿地的生物多样性。

③ 恢复和丰富生态岸线。把原有孤立的鱼塘连通，形成大小、空间不同的岸线；模拟自然式驳岸，营造丰富的水空间；控制水体深度及水流速度，减少泥沙的携带和淤积。

④ 增加物种种类，恢复生物多样性。在部分区域放养了天鹅、鸳鸯及其他禽类，丰

富动物的种类；增植浆果类及香花类植物，以引入鸟类、蝶类等动物；在充分保留原有植被如野生芦苇群落、垂柳群落、白杨树群落等的基础上，补种乡土植物如柳树、杨树、狗尾草等，增加植物种类，促进生物多样性的完善。

⑤ 增加水生植物种类。水生植物能够有效地净化水体，改善水体质量。通过补植部分能吸附重金属等有害物质的水生植物，能有效地改善水生环境，引导水生动植物群落的良性发展。

白浪河湿地公园在湿地恢复的基础上还做了景观规划，规划内容包括交通规划、水系规划、植被规划、活动规划和控制规划。最终建成白浪河湿地公园。

在水系规划中，对原有水体进行疏浚、清理；从水库引水，控制水系的深度及流速；联系沟通各孤立的池塘，营造丰富的岸线形式和有收有放的水系空间，既有开阔的水面，也有幽远、曲折的小水面；形成岛、半岛、滩涂等丰富的湿地类型，满足不同类型动植物栖息生长的需要；严格控制周边工厂及相关企业的污水排放，实现雨污分流，提高水系的自净能力和清洁度。

在植被规划中，原有植被的恢复及乡土植物的种植，是实现湿地生境多样性的基本前提。丰富的植被能够有效地改善基地的环境，改善动物的栖息地环境，改善水体质量，从而起到改善整个湿地公园生态环境的目的。植被规划，以保护利用原有植被为出发点，体现"自然、生态、野趣"为原则，保护植物多样性为目的。在进行植被规划之前，必须对原有及周边植被情况作充分而详尽的调查和研究，从而确定植被规划的目标和具体的技术手段。通过实地的调研，将规划区域因地制宜地分区对待，主要分为外围植物群落、水陆交错区植物群落、水生植物群落及林带植物群落。既强调林冠线的变化与统一，注重季相变化及常绿阔叶树种的比例；也注重植物种类的选择，促进植物多样性的恢复。外围植物群落以速生树种毛白杨为骨干树种，形成植被缓冲区，减少和隔离外在干扰，同时达到围合园内空间的作用，体现地方特色。水陆交错区植物群落以耐水湿的乔灌木如枫杨（*Pterocarya stenoptera*）、垂柳等及部分水陆生草本植物如喜旱莲子草（*Alternanthera philoxeroides*）、千屈菜（*Lythrum salicaria*）、再力花（*Thalia dealbata*）、梭鱼草（*Pontederia cordata*）、芦苇（*Phragmites australis*）、睡莲（*Nymphaea tetragona*）等组成。设计的水生植物群落主要包括：挺水、浮水和沉水植物等，以起到净化水体、丰富岸线、为动物提供食物、恢复生物多样性等作用。采取相关的措施和手法以控制水体中水生植物的生长面积（30%以内），防止水生植物无限制地蔓延和扩张。林带植物群落主要保护利用场地原有的垂柳、毛白杨、芦苇等，结合地形和水系因地制宜地进行改造，营造特色丛林景观，体现生态性和野趣性。因此，在进行植被规划设计时，应尽量采用乡土植物，分区域分环境对待，营造丰富的植物群落，在体现湿地公园的自然性和生态性的同时展现其野趣性。

时至今日，白浪河湿地修复项目正在积极的建设中。部分区域已经建成，区域水体连成一体，基本确保水位线的稳定（降雨量与蒸发量平衡）；水体质量得到改善，水生植物目前生长良好（图 2-127）；已有少量水鸟栖息；补植的乡土植物生长情况良好。湿地生境恢复基本达到预期目的（图 2-128）。

案例三：厦门五缘湾湿地公园

修复前（图 2-129）五缘湾湿地的主要问题：①植被单薄，品种单一，建设前现场保留一些木麻黄、果林和朴树林，整体植物生态系统脆弱。②水体污染严重。主要存在一些砖厂、电镀厂、村庄和农田，很多工厂废水、居民生活污水以及农药化肥残留物直接排放到湿地中，导致水体污染严重。③水体盐碱度偏高：由于受海水影响，涨潮的时候海水倒灌，导致湿地内的水含盐量偏高。④公园区域内有三个破旧的庙宇，没有其他人文服务设施。

图 2-127 白浪河湿地 1

图 2-128 白浪河湿地 2

图 2-129 修复前（2004 年）

1）湿地修复措施

（1）规划分区：

根据湿地保护及功能的要求，将公园划分为五个区：①核心无人保护区：以原生态保护为重点，主要是为鸟类提供一个安全完整的活动空间；②核心外围保育区：以修复和保护为主；③生态游憩区：以游览、旅游、休闲、度假为主；④生态湿地游览区：以娱乐、科普、展示、生态净化为主；⑤游客服务区：提供游客服务和湿地展示宣传。

（2）水体修复。根据五缘湾湿地公园地形、地势、污染源分布特点、水文特征，结合公园整体设计规划及建设成自然生态系统公园的要求，采用底泥矿化处理、微生物净化、人工浮岛净化、生物栅、增氧推流、复合滤床处理、人工湿地等生态修复技术措施，通过多个污染点逐步改善、修复、重建，最终实现水质改善。如设计制造了总面积达到 1000m² 的 125 个花瓣型人工浮岛，分散性固定在水系湖区；在湿地公园东侧，还结合迷宫景观，设置了一个面积为 2400m² 的人工湿地。通过水生植物根部的吸收、吸附和根际微生物对污染物的分解、矿化以及植物化感作用，削减水体中的氮、磷等营养盐和有机物，抑制藻类生长，净化水质，恢复洁净好氧湖泊生态系统。

（3）植被修复。植物品种的选择上，在保护原有植物的基础上，以乡土树种为主，补种一些适合湿地生长的植物，如水生植物、临水植物以及耐盐碱植物等，同时在一些关键位置适当增加一些开花等观赏性植物；在植物群落上尽量做到层次丰富、植物品种多样，完善植物整体生态功能。

2）湿地修复成果

水质改善情况：治理前，湿地水系主要水质指标超过地表水劣 V 类标准，其中 NH_3-N、TN、TP、COD 平均指数分别是 V 类标准的 6 倍、7.6 倍、5 倍和 2.5 倍以上，水体处于严重富营养化状态，局部水域颜色从淡绿色转为灰绿色，再变为深绿色，最后变为暗绿色发臭状态。经过治理，至 2009 年 9 月份，湿地水系整体水质均达到 V 类标准，实现生态系统平衡，基本恢复水生态自净功能。

植被覆盖率提高，生物多样性提升：通过整体植物规划设计，已形成不同专类的植物分区，有水生植物区、木麻黄林保护区、朴树林保育区、诱鸟植物区、开花植物区等，目前湿地公园植物群落已基本成形，植物品种多样。同时，利用昆虫、鸟类、风力、流水等自然力量带来更丰富的植物资源，形成具有自我更新能力的湿地生态群落。

海岸湿地鸟类多样性得到保护：根据厦门观鸟会的会员们观察发现，尽管五缘湾周边进行了较大规模的房地产开发，但是由于建立了湿地公园，鸟类的种群数量并没有明显减少，从 2007 年开始对五缘湾进行鸟类的持续观测，至 2010 年 3 月，已记录到的鸟种已经有超过 100 多种。对照原五缘湾区域生态修复前的鸟类资源本底调查（9 科 25 种湿地水鸟和 17 科 29 种山林和农田鸟类），可以说明五缘湾海岸湿地鸟类多样性得到了保护。

经过湿地公园建设，五缘湾已成为厦门市市民的又一旅游休闲观光热点、科普教育基地。同时也是厦门市政府的重要接待场所之一（图 2-130、图 2-131）。

图 2-130 公园总平面图

案例四：美国拉斯维加斯城市过水区湿地建设

拉斯维加斯过水区（Las Vegas Wash，图 2-132）位于美国内华达州克拉克县拉斯维加斯山谷东南部，作为一条城市河流，全长 19.3km，从斯隆渠道（Sloan Channel）到拉

图 2-131 修复后的公园景观

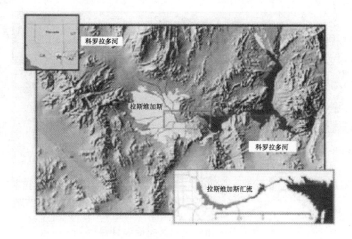

图 2-132 拉斯维加斯过水区方位

斯维加斯湾。除了市政用水，城市地表水、浅层地下水、再生水和雨水也是过水区水源的重要成分。20 世纪 70 年代，进一步的人口增长引发了早期扩张的湿地开始退化。水渠的阻断、两岸浅滩的侵蚀以及雨水的泛滥严重影响了拉斯维加斯过水区。浅层地下水位的降低和排放，使得业已形成的湿地大大减少。1995 年，湿地植物减少到过水区渠道的外围。此外，河岸的区域开始被外来植物入侵。

拉斯维加斯过水区近年的生态复原实践主要包括水土保持、示范湿地、植被覆盖率的提升、外来植被入侵的管理、水质改善、生物监测、考古资源、教育和发展等。并将稳定过水区作为重点步骤进行长期管理，包括三个主要方面：①河床的稳定；②河岸的保护；③植被的复原。

稳定河床的方法之一是在整个过水区设置侵蚀控制结构堰，计划共有 22 个，截至 2007 年，已建成 10 座堰（图 2-133、图 2-134）。过水区系统随着每一个堰的建成均有所改善，同时抵御季节性风暴与防洪泛的能力也明显增强。此外，过水区还减少了 70%～80% 的沉积物，使过水区和米德湖的水质得到了提升。

成功地稳定了渠道之后，进一步的工作是发展河岸及湿地栖息地。侵蚀控制结构堰有助于减缓水流，形成结构后面的一个池塘，在此，湿地植物才能得以生长。堰的施工工程，还包括清除过水区两岸大片的入侵植物，如柽柳等。然后再代以本土的湿地、河岸和陆生植物。目前正着手于减缓渠道的下切侵蚀（down cutting），降低河岸的水土流失，在河道边培育植被，平衡输沙和提高生态系统，从而促进渠道的稳定（表 2-35）。

到 2007 年为止，项目组已在过水区种植植被超过 55hm²。根据过水区设施改建计划和植被总体规划，估计 71hm² 将重新进行植被绿化以控制过水区的水土流失。该 55hm² 完成后，其中 22hm² 可应用于控制水土流失的稳定计划，其余 33hm² 保留以满足内华达国家公园和克拉克县多生物物种栖息地保护计划的需要。

图 2-133　拉斯维加斯过水区的示范堰（2006 年 5 月）

图 2-134　拉斯维加斯过水区的示范堰及复原区

常规拉斯维加斯过水区整治设计目标　　　　　　　　　　　　　　表 2-35

现　　状	设 计 目 标
不确定性的水流,任意改变的水流	可预见的基本水流范围
0.2%～0.8%的通道坡度	0.05%～0.3%的渠道坡度
20 个明显的湾流（headcuts）侵蚀	稳定没有湾流（headcutting）侵蚀的渠道
洪水流速在 0.9～1.8m/s	洪水流速低于 0.9m/s
缺乏渠道与河床保护	稳固的渠道边坡（sideslopes）
高变量的沉积物承载	沉积物的进出量平衡

图 2-135　美国奥兰多伊斯特里湿地公园

案例五：美国奥兰多伊斯特里湿地公园

奥兰多湿地公园的回收废水处理系统世界闻名。这是湿地及湿地公园管理手段中极具创新性的项目，其目的在于扩大地区可利用地下水量。此系统通过对废水的高科技处理，不仅可以过滤掉有害物质，还能将废水中的水分和养分输送到各种类型的湿地中，促进不同种类的动植物生息繁衍（图 2-135）。

1979 年，在美国环保局的授权下，奥兰多城斥资 512.8 万美元建立了占地 1 万余亩的废水处理系统——"铁桥地区废水回收设施"，并于 1987 年 7 月完成了人造湿地处理系统，利用湿地功能吸收并消除废水中残余的氮、磷等营养物质。该系统每日处理 1300 余万 m³ 的回收废水，废水通过一个直径约为 1.2m、超过 27km 长的管道流入湿地的分水闸，后通过位于奥兰多湿地公园西部边界的分水闸流经各种各样的栖息地，最终到达湿地系统的排水管，通过管道进入圣约翰河。废水首先被导向深沼泽栖息地，此处有香蒲和大芦苇等单一栽培作物；随后，废水流经混合型沼泽和潮湿性草原地区，此地区生长着密集的海寿属和其他水生性灌木，同时这些地区有涉水鸟和迁移水鸟栖息；最后，废水流入湿地系统中的硬木沼泽。废水处理系统的每日出水检测报告都要提交佛罗里达环境保护部门和圣约翰河水质管理行政区，每日湿地系统将处理废水中 64% 的总氮量和约 74% 的总磷量。

2.7　大苗种植

在园林种植过程中选用较大规格的、苗龄相对较大的幼青年苗木进行栽植，称为大苗种植。

2.7.1　大苗种植的意义

栽植成活率的高低与树木的年龄有很大关系。幼龄苗木的营养生长比较旺盛，并且对栽植地的适应能力较强，但是因为植株小，很容易受到损伤，尤其在园林应用中，植株常栽植于人们经常活动的空间周围，较小的苗木很容易受到人畜损伤，导致枝干折损或死亡干枯，既影响了所要达到的景观效果，又没有达到绿化目的。

根据园林应用的实际情况，采用较大规格的幼青年苗木栽植，成活率高，容易形成景观效果，符合生态景观施工的要求。

2.7.2　大苗种植的原则

1. 选择苗木为首要

选择规格较大的幼青年苗木，一般在苗圃培育 5～8 年，用作行道树、庭荫树时一般要求落叶乔木主干高大通直，树干高 2.5～3.5m，胸径 5～10cm，树冠完整丰满，根系强大；常绿乔木一般要求树高 3～6m，枝下高为 2m，冠形均匀。观花小乔木类，采用1.5～2m 或枝下高 0.5～1m。同时，要根据所要达到的绿化效果兼顾树木的形态选择。

2. 水分平衡为关键

在树木移植过程中，保持树体的水分平衡，防止树木过度失水，是栽植成活的关键因素。

3. 栽后养护是重点

"三分栽，七分管"，栽后养护是保证树木最终能够成活的不可忽视的重点步骤。

2.7.3　施工技术措施

在施工的实际操作过程中虽然划分了具体的操作步骤，但是尽量缩短起苗、运输和栽种的时间间隔是保证树木成活的一个关键。

1. 起苗

起出的苗木质量与苗木原有状况、操作人员的技术和认真度、气候条件、土壤湿度、土球包扎技术、工具锋利程度等，都有一定的关系。因此，应做好有关前期准备工作；起掘时按照要求完成；起掘后做好相关处理和保护。

1) 季节选择

选择合适的时间是保证苗木移栽成活率的关键因素之一，通常在苗木休眠期，生理代谢较容易达到平衡。可以选择春、秋、冬季进行大苗种植，一般早春和晚秋是最佳时节，特殊情况下因当地气候条件有别。通常情况下，在北方地区，秋季 10 月至次年 4 月，落叶乔木最适宜移植的时间是落叶后到发芽前，常绿树可在成长期进行移植，但是最好在春季新芽萌发之前半个月为好。在南方地区，在 2 月下旬到 3 月中旬为最佳时期，此时间内气候条件有利于萌发新根。

2) 掘前准备

按设计要求从苗圃中选择苗木，并在树干的阳面作记号，尤其是对光线敏感的树种一定要标记。所选的苗木数量应略多于使用量，以作为补充。对枝条分布较低的常绿针叶树或冠丛较大的灌木、带刺灌木等，需要用草绳将树冠捆拢，从而方便操作。为了有助于挖掘操作和少伤根系，苗地过湿的应提前开挖排水沟；过干燥的应提前一周充分供水，特别是两年以上没有移植的。同时，起苗还要准备好起苗工具和包装运输所需的材料。

3) 起苗方法

按所起苗木是否带土，分为裸根起苗和带土球起苗。

（1）裸根起苗

落叶乔木按胸径的 4～6 倍为半径（灌木按株高的 1/3 为半径定根幅）划定断根范围，在边缘处垂直挖下，至根密集层以下一定深度，切断侧根。然后选择一个方向向内深挖，适当按摇树干，找到深层粗根的方位，并将其切断。切忌硬切粗根，防止造成根系劈裂。根系全部切断后，放倒苗木，用工具轻轻拍打外围土块，对劈裂的根进行适当修剪。如不能及时运走，要在原穴覆湿土以保持水分。

（2）带土球起苗

多用于常绿树和大树，需要根据苗木的胸径、冠幅、树种以及当地的土壤条件确定土球大小。一般以干的周长为直径划定断根范围，确定土球的大小进行挖掘，土球的高度要少于宽度 5～10cm。如果苗木没有主根且须根较多，土球可以适当缩小，便于运输。土球的形状可挖成方形、圆形或长方的半球形，一定要注意保证土球完好，首先土球要削光滑，其次进行捆扎，草绳的包法有橘子式、井字式和五角式，要打紧、不能松脱，注意土球底部要封严，不能漏土。

4) 移栽前修剪

修剪的目的是减小蒸腾面积，保持水分平衡。落叶乔木一般减掉全冠的 1/3～1/2，而对于恢复容易的槐、枫、榆、柳等可以去除全冠重剪。常绿乔木应该尽量保持树冠的完整性，只对一些病虫枝、枯死枝、过密枝进行修剪。修建过程中要考虑到树形框架以及树木生长的整体效果。同时，还应对根部进行必要的修剪，剪除断根、烂根、枯根和短截无细根的主根。

（1）增加新的捆扎方法，如钢丝法、机械包装法等。

（2）此处还应增加一些出苗修剪的内容。

2. 运输

苗木出圃前要仔细检查起掘后的苗木质量。对已经损伤或不合景观效果要求的苗木应淘汰，并适当补充新的苗木。车厢内应先垫上草袋等软物固定，以保护苗木不受磨损。乔木苗装车应根系向前，树梢向后，按合理顺序安放，不要压得太紧，苗木的枝梢不要拖到地面，根部应用苫布盖严，并用绳捆好。带土球苗装运时，苗高小于2m的苗木可立放；苗高2m以上的应倾斜或水平放置，并用木架将树冠架稳。土球的直径小于20cm，可安放2～3层苗木，并应适当紧凑，防车开时晃动。运送苗木过程中，土球上不许站人和压放重物。应有专业人员跟车陪同押运，经常注意苫布是否被风吹开、车辆颠簸对苗木有没有影响。短途运输时，中途最好不停留；长途运苗时，裸露根系易吹干，要在途中洒水处理。中途休息时车辆应停留在荫凉处。到达目的地后要及时卸车；要做到轻拿轻放，注意保护苗木，尤其是根部。经长途运输的裸根苗木，根系较干者，应浸水1～2天。较大土球苗，可用木板斜搭在车厢上，将土球移到长木板上，顺势慢滑卸下，尽量避免散球。

施工地假植：如果苗木运到施工现场后，不能及时栽种，应采取假植措施。对裸根苗，短时间内放置可使用苫布或草袋盖好。如果该地区干旱多风，应在栽植地附近挖浅沟，将苗呈稍斜放置，将根埋入土中。如假植时间较长，应选不影响施工的附近地点挖一宽1.5～2m、深30～50cm的沟依次安放需假植的苗木。在假植期间，土壤过干应适量浇水。带土球的苗1～2天内能栽完的不必假植；1～2天内栽不完的，应集中放好，四周培土护根，树冠用绳拢好。如果囤放时间过长，土球间隙中也要补充细土培好。假植期间对常绿树应行叶面喷水，保持水分平衡。

3. 栽植

在栽植前，苗木要先经过修剪，目的是为了减少水分的散发流失。修剪时要注意一般常绿针叶树及用于植篱的灌木不多剪，只剪去枯病枝、受伤枝等必须修剪的枝条即可；而较大的落叶乔木，尤其是生长势强、容易抽植的树木如杨、柳、槐等可增加修剪强度，树冠可剪去1/2以上，可减少地上部分蒸腾，减轻根系负担，维持树木体内水分平衡，同时也不致招风摇动；对于花灌木及生长较缓慢的树木可进行疏枝，去全部叶或者部分叶，去除枯病枝、过密枝，对于过长的枝条可剪去1/3～1/2；攀缘类和藤蔓性苗木，可剪除过长部分。此外，在修剪时要注意分枝点高度，灌木的修剪要保持自然树形，树木栽植前，还应适当修剪根系，主要将断根、劈裂根、病虫根和多余的根剪去，修剪时剪口应平而光滑并及时涂抹防腐剂以防水分蒸发、干旱、冻伤及病虫为害。

1）挖穴

选好栽植点后，根据苗木根部的大小确定穴的大小，通常情况下树穴要比土球直径大20～30cm。保证树穴的穴壁要通直，挖土过程中要将表土与心土分开放置。裸根栽植的土穴深度要比原来的根茎深5～10cm，带土球栽植的要高出土球顶部4～5cm。

2）栽植方法

裸根苗的栽植，要先填些表土于穴底，放苗入穴，比试根幅与穴的大小和深浅是否合适，适当修理，栽植时，一人扶正苗木，其他人先填入拍碎的湿润表层土，约达1/2深度时，轻提苗，使土壤填补空隙，保证根系呈自然向下舒展，然后踩实，继续填满穴后，再踩实一次，最后保证穴内土与地面相平，然后用剩下的底土在穴外缘筑灌水堰，高8～10cm，俗称三埋、两踩、一提苗。

带土球苗的栽种，应先确定好挖坑穴的深度与土球高度是否一致，对坑穴作适当调整后，放苗入穴，在土球四周下部填少量土，使树直立平稳，然后剪开包装材料，将不易腐烂的材料取出，为防栽后灌水树木倾斜，填入表土至一半时，要用木棍将土球四周砸实，继续填土至满穴并砸实，但不要损坏土球，做好灌水堰。

栽植时要在树穴周围均匀放置透气管和观察管，可以在穴底做排水层，在雨季时帮助快速排出积水，防止树根长时间被积水浸泡。透气管可以使根部保持良好的呼吸状况，观察管可以观察根部是否积水，也可以在需要时将生长液通过观察管直接注入根部（图2-136、图2-137）。

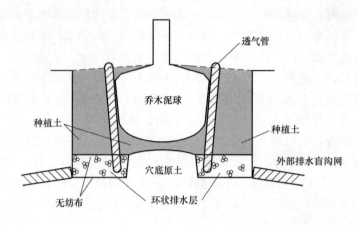

图 2-136   种植穴剖面结构示意图

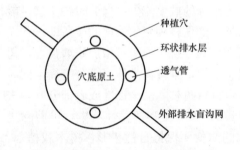

图 2-137   种植穴平面结构示意图

4. 养护

1）设立支架

由于栽植苗木为大规格，为防树体歪斜或大风吹倒苗木，在栽植后需设支柱支撑，常用通直的木棍、竹竿作支柱，选用长度以能支撑树的 1/3～1/2 处为标准，一般用长 1.7～2m、粗 5～6cm 的支柱，支柱下端应于种植时埋入，也可栽后打入土 20～30cm，但应不要打在根上或损坏土球。立支柱的方式大致有单支式、双支式、三支式三种。支法有立支和斜支，支柱与树干的捆绑交接处要注意既要捆紧又要防止日后摇动擦伤干皮，捆绑时树干与支柱间要使用草绳或棉布隔开后再绑，使树体所受的损伤减到最小。

2）灌水

树木移栽后立即灌一次透水，以确保树根与土壤紧密结合，促进根系发育，然后连续灌三次水，每次灌水后应该及时用细土封树盘或盖地膜保墒和防止表土开裂透风，以后根据土壤墒情的变化注意浇水。遵循"不干不浇，浇则浇透"的原则，在夏季还要多对地面和树冠喷水，增加环境湿度，降低蒸腾。

3）施肥

栽植后第一年秋季，追施一次少量速效肥，第二年早春和秋季也要施 2～3 次，提高树体营养水平，促进树体生长。

4）激素处理

对难成活的树可结合浇水加入 200mg/L 的萘乙酸或 ABT 生根粉，促进根系提早快速发育。

5）搭架遮荫

大规模树木移植初期尤其是在高温干燥季节栽植，要搭制荫棚遮荫，以降低树冠温度，减少树体的水分蒸发。体量较大的乔、灌木树种，要求全冠遮荫，荫棚上方及四周与树体需要保持 50cm 左右的距离。遮荫度为 70% 左右，使树木接受一定的散射光，确保树体可以进行光合作用。成片栽植低矮灌木，可以打地桩拉网遮荫，顶部距离树体顶端 20cm 左右。根据树木的长势以及季节变化情况，逐步除去遮挡。

2.7.4 典型案例

1. 云杉大苗种植

1）起苗

栽植在苗木休眠期进行，一般在春季或秋季移植。春季移植的时间一般在 4 月中旬至 5 月上旬土壤解冻时为宜；秋季移植时，在苗木停止生长，进入休眠期进行，一般在 10 月下旬开始。

在苗木选择时，尽量选择木质化程度高、顶芽饱满、组织充实、根茎粗壮、须根多、无病虫害和机械损伤的Ⅰ级大苗。苗木高度在 0.5～3m 范围内的优质壮苗。

云杉大苗一般采用带土球起苗法，土球的大小根据移植苗木根系的大小确定，以保持根系不受破坏为宜，一般是所移植苗木地径的 8～10 倍。挖掘出来后捆绑土球。

2）运输

将土球及时用草帘包裹，用草绳缠绕结实。应尽量保护好树干和树冠，从基部向上密缠草绳 20～25cm，继之向树冠疏缠成纺锤形；为防止运输中折尖，把长 1～2m、直径 3～5cm 的木棍平行于主干至树尖，用草绳缠绕扎实，防止树尖折断。

3）栽植

栽植和整地同步进行，整好地后解除草绳草帘，栽植时做到三埋、两踩、一提苗，深度适中，栽植后设置支架，5m 以上的云杉设置两层支架。

4）养护

云杉栽植完成后，需要按时除草，时间分别为 5 月、6 月、8 月、9 月，栽植之后的第二、三年各除草一次，除草的同时进行松土施肥，松土深度为 10～20cm。

还要注意的是积极预防病虫害，云杉大苗常见的主要病害有云杉锈病，地下害虫如金龟子、地老虎、金针虫、线虫等害虫发生时也要注意防治。

2. 红叶李大苗栽植

1）起苗

如果天气干燥，起苗前 3～5 天浇 1 次透水。起苗时土球大小要根据树种的不同而异，一般土球直径为苗木地径的 4～5 倍，土球厚度要根据苗木主、侧、须根的分布而定；土球挖好后要用草绳捆扎好。

2）运输

尽量保护好树冠和根。

3）栽植

在树穴的底部先填表土与农家肥或复合肥的混合土，厚度约为 10～20cm。在混合土上再覆盖表土，防止烧根。将红叶李大苗放置到树穴正中，放入的方向要与起苗时标明的方向保持一致。让土球与土壤紧密接触。完成填土后，立即浇定根水。定根水浇完后，及时覆土。

4）养护

栽植完成后需要进行大苗支撑，红叶李为小乔木，常用的支撑方法为基部支撑。基部支撑主要是沿红叶李大苗土球外侧倾斜打木桩，形成三角形或四边形，绑缚的程度以固定树干为宜，节点高度应在主干 1.3m 以下。

春、秋两季栽植的红叶李大苗，栽植每隔 10～15 天浇透水 1 次，要浇 4～6 次。到第 2 年早春一定要浇 1 次透水，浇水的时间应掌握在地温上升、树液流动、树体萌芽时最好。红叶李大苗在栽植成活的第 1 年内，尽量少施肥。每次浇水后最好都要松土或除草。红叶李抗病性较强，在淮南地区病害较少，发生也不严重，主要是虫害发生严重，发生最常见的是刺蛾。

3. 黄山栾大苗栽植

1）起苗

选择生长旺盛，无虫害的壮龄苗木，土球直径在 60～80cm。苗木胸径为 8～12cm，树高大于 3.5m。

2）运输

搬运过程中轻搬轻放，防止土球松散，不伤枝。

3）栽植

在 4 月初萌动后进行栽植，如果栽植地土壤比较干旱，栽植深度要增加 15cm 左右，栽植完成后浇透水。

4）养护

设置支架，增强抗风能力。每次浇水后及时进行中耕松土，减少水分的流失，促进空气流通，清除杂草。同时，注意防止病虫害的发生。

4. 东方杉

身材高大的东方杉是上海地区唯一获得我国绿化"新品种权"保护的树种。

图 2-138　东方杉目前长势 1

然而，"东方杉"是其商品名，它的学名是"培忠杉（*Taxodiomeria peizhongii*）"。它是由我国著名的树木遗传育种学家叶培忠教授亲手促成的"混血儿"（图 2-138～图 2-140）。

1925 年，墨西哥落羽杉被引种到了中国，该树种虽然树形美丽、抗性多样，但从繁殖角度讲，由于其花期不遇，所以基本只能通过无性繁殖。到了 1963 年，我国闻名林木育种专家、南京林业大学的叶培忠教授进行了几次大胆的尝试，他用中国柳杉做父本，墨西哥落羽杉做母本，进行杂交。具有遗传学基础的人都知道，由于中国柳杉和墨西哥落羽杉虽同为杉科植物，然而两者并不属于同属植物，所以很难产生后代，即使可以出现两者"结晶"，也基本不育。但其中一次杂交试验的结果还是令人满足的，授粉后结出了 3 枚球果，播种后竟奇迹般地生出 12 株小苗。他用这 12 株小苗作为母本进行无性繁殖，至 1972 年，培育的种苗数量达到了 6000 余株。一个属间杂交的新品种就此产生了！

对该新品种应用同工酶分析技术进行杂种酶谱鉴定，表明和父母本的酶谱有差异，证明它的同工酶带有 2 条来自母本墨西哥落羽杉，3 条来自中国柳杉，使杂种形成了完全互补型的酶带，反映了父母本遗传基因的互补实质。而且杂种的过氧化物酶同工酶酶谱出现了一条父母本不具备的新的"杂种酶带"，表明了杂种还具有独特的新基因，是一个木本植物中的属间杂交新种！当初称之为"杂交墨西哥落羽杉"。

图 2-139 东方杉刚移栽到世博公园

图 2-140 东方杉在原种植地长势

1998 年，上海在进行树种资源调查时，意外地在台风的一个主要入侵口——浦东川沙林场，发现近 2 万 m² 长势极其旺盛的树林。它们中有的在河里存活了 10 多年，依然胸径粗壮；有的在盐碱地里生长了近 30 年，依然根深叶茂。经鉴定，这些正是当年引种的墨西哥落羽杉杂交品种，而且在速生方面远远超过它们的"父母"——生长于中国的柳杉和北美的墨西哥落羽杉，后者 1925 年进入中国以来至今未形成片林。上海林业站后来还发现，东方杉对土壤的适应力极强，即使在 pH 值为 8.7 的盐碱地中仍能健康生长，甚至还

图 2-141 东方杉目前长势 2

能够承受含盐量高达 3.96‰的土壤；它们的枝条像柳树一样柔软，即使遭遇台风也不易折断；它们挂叶期长，可从当年 3 月持续到来年 1 月，而其他树种大多 11 月就落叶；它们病虫害极少，迄今为止仅发现个别虫害，而同期种植的水杉在上海已发生过 3 次大面积

虫害,发现病虫害不少于10种。显然,东方杉这一树种在沿海防风、湿地造林、盐碱地绿化等领域极具发展潜力(图2-141)。

2007年2月,金山区一工厂扩建将影响到6棵30年树龄的东方杉的生长环境。上海园林(集团)公司领导了解到这一情况后,主动与该工厂联系,几经协商后,决定将6株东方杉移植到上海正在建设的世博公园内。

2007年3月12日,上海市领导参与了世博公园6株东方杉的移栽,如今经过近两年的复壮东方杉已郁郁参天,挺拔秀直。东方杉从诞生至今,始终牵挂着几代有心人的心弦,从育林、护林到开发,真可谓:半世纪的风雨,几代人的辛劳。一棵树的兴盛、一个国家的发展有着如此相似的经历。

东方杉这古老杉树家族中最年轻的成员是2010年世博园内一道靓丽的自然风景(图2-142)。

图 2-142　东方杉组成树林草地景观

2.8　容器苗

2.8.1　容器苗种植的意义

利用各种容器装入营养土或栽培基质,采用播种、扦插或移植幼苗等方式,通过水肥管理等措施培育苗木，称为容器育苗。通过容器育苗，即使用育苗容器繁殖培育或栽培而成的苗木，统称为容器苗。

与传统的大田地栽育苗相比，容器育苗与容器栽培技术是一种生产栽培方式的改变，它引起了与此相关的苗圃建设、苗木生产、管理技术、应用手段、经营观念等的重大变革。容器苗便于集约化管理、机械化作业，便于销售和运输，体现了更为集成化和标准化的经营观念，是苗木产业现代化的产物。在全球苗木产业迅速发展的新形势下，容器育苗与栽培技术的种种优点，使其成为苗木生产发展的主要趋势之一。目前，容器苗生产在发达国家应用十分广泛，在我国园林也开始崭露头角，相信会得到越来越迅速的发展。

2.8.2 容器苗种植的原则

容器苗与地栽苗的培育是两种完全不同的方式。容器苗是在容器中装入各种人工配制的基质进行栽培，其生长整齐一致，且可随时移动，可以一年四季用于园林绿化，而不影响成活与生长，绿化及形成的景观效果好。但是，对苗木生产而言，容器育苗又有投资成本高，技术与管理要求高等特点。因此，容器苗在种植时应遵循以下原则：

（1）不伤根原则。容器苗的根系虽然发育较为良好，但在移植时也要注意不伤根。在苗木起苗、运输等作业时，一定要减少根系的损伤和水分的损失，从而提高苗木的移栽成活率。

（2）精心配制培养基质的原则。容器育苗所用的培养基质需经过认真的选择和人工配制，基质中具有按某一特定树种需要而配制的营养物质供苗木生长。加强培养基质的保水、通气性能，有利于苗木迅速生长。

（3）日常管理精细化的原则。容器育苗日常管理较为精细，水肥管理上，必须日常浇灌，高峰月份需水大，水质一定要好；需要经常追肥。需要日常浇水、除草、病虫害防治和温度控制。需要经常整理苗床用地，如给水排水、用碎石或塑料覆盖苗床等。

2.8.3 施工技术措施

1. 选苗

成苗移植所用苗木要经过精心挑选，一般要求分级挑选，选择苗木长势好，苗干粗壮、挺直，根系发达，根系已经在容器中达到容器壁但无盘根现象，并形成坚实的根团，顶芽饱满，色泽正常，无多头，无机械损伤，无病虫害，木质化程度好的壮苗。这样就保证了苗木质量与规格的一致，使裸根培养阶段造成的苗木异质状况得到很大改善。

2. 选容器

育苗容器是指装填育苗基质培育容器苗的各种器具，可以使用不同的材料制成，具有各种不同的形状与规格，是容器育苗的基本生产资料与核心技术之一。

1）容器的类型及选择

育苗容器的选择在国内外都经历了一个从简单到完善、从小容器到大容器，容器材料由硬质到软质的过程。国外使用的育苗容器，最早是装奶粉的旧铁皮罐，后来基本上都采用塑料做的硬质容器，也就是现在的加仑盆。在大规格的苗木生产上，采用美植袋、木箱等容器。容器的需求量非常大，既有通用型的容器，也有一些企业采用加印自己品牌的定制容器。国内目前多采用寿命短的营养钵，较大规格的容器苗则采用加仑盆或者美植袋，也有采用控根容器的。育苗容器根据其划分的标准不同而有不同的类型。

（1）根据栽植特点划分

根据栽植使用的特点，容器可分为两类（图 2-143）。一是可回收循环使用的容器，它们栽植时必须将苗木从容器中取出，能多次反复使用。主要为多孔聚苯乙烯泡沫塑料营养杯、多孔硬质聚苯乙烯营养杯及其他用聚苯乙烯、聚乙烯、木材、竹类、陶瓷、金属等制成的硬质容器。二是不可回收的一次性容器，它们是用有机材料、自然纤维、土壤等材料制成的，在土中可被水、植物根系分解或被微生物分解，栽植时不需取出苗木，一次性使用。如泥炭容器、黏土营养杯、蜂窝式纸杯、细毡纸营养杯、纸质容器，用牛粪、锯末、黄泥土或草浆制作的容器，也包括蜂窝状地膜制成的容器。

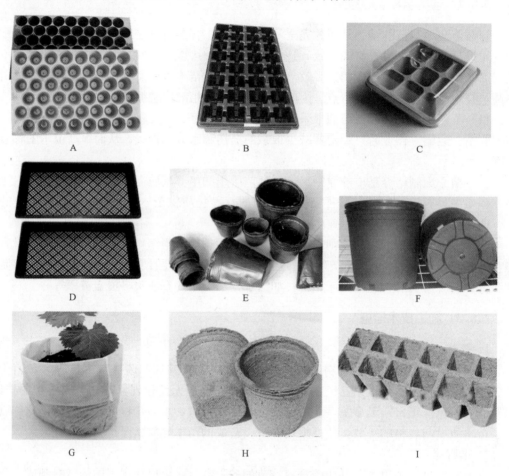

图 2-143 几种常用的育苗容器

（A～G 为不可降解但可回收利用的塑料制容器，其中 A～D 为各种结构与用途的穴盘，E 为软质塑料独立容器，F 为硬质塑料独立容器，G 为无纺布软质育苗袋，H、I 为可降解的纤维材料制作的容器）

（2）根据容器形状划分

生产中一般根据容器材料特点、育苗目的与要求来选择容器形状。容器的形状多种多样，有圆柱形、圆锥形、圆台状、杯状、方形、六角形、四棱柱形、六棱柱形、袋状、网状、块状以及蜂窝塑料薄膜容器与无浆砖砌圆圈式容器等。

（3）根据制作容器的材料与生产阶段和用途划分

目前生产上使用的容器，主要由以下材料构成：软塑料、硬塑料、纸浆、合成纤维、泥炭、黏土、特制纸、厚纸板、无纺布、木板、竹篾、陶瓷、混凝土等。如果按生产阶段和用途划分，一般可分为育苗用容器、周转用容器、成品苗容器、大苗容器、水培用容器、盆栽式容器等。

（4）其他类型的容器

由于不同的容器对苗木生产的影响不同，为满足不同栽培条件下特殊的育苗要求，不断研制与使用了各种新型的容器类型。如盆套盆系统，把种植有苗木的容器放置于田间的固定容器中栽培，结合了田间露地栽培与容器栽培两种栽培模式的优点，防风、防冻，在较寒冷地区效果良好；控根容器，盆壁有很多小孔，可以防止根系在盆壁缠绕（图2-144）；容器苗涵管容器，一般由两个半圆形的容器组合而成，外面用钢丝扎起来，销售时起苗方便；还有瓦块油毡围堰的容器和砖块围堆成的容器，在我国江浙与华南地区，常见一些苗圃使用砖砌容器栽培桂花、罗汉松等大苗。

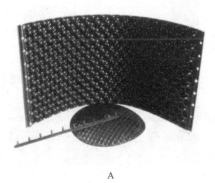

A   B

图 2-144　控根容器

（A 为组装前控根容器的底、围边和插杆，B 为栽培使用中的控根容器）

2）育苗容器的规格及其对苗木生长的影响

育苗容器的规格与树种、育苗期限、苗木规格和育苗的立地条件、市场需求等有关。生产中容器规格相差很大，主要受苗木大小的影响。

容器对苗木生长的影响，主要体现在对根系的抑制作用上，即苗木根系会由于容器的限制而出现"窝根"或生长不良现象。为了避免根系生长受容器大小的限制，应该适时地将容器苗移栽到较大的容器之中。但是，移栽不仅需要耗费大量的劳动力，而且时间较难把握，实施不及时会使在移栽后出现缓苗期。容器的大小会影响苗木在确定的时间内所能达到的规格和质量。如果容器太小，苗木在生长季末会出现根系生长受阻现象，严重时甚至停止生长，结果不仅无法充分利用生长期，而且苗木在规格与质量方面也无法完全发挥潜力；如果容器太大，苗木不能充分利用容器所提供的空间和生长基质，虽然提高了苗木的观赏价值，但更会提高生产费用，所带来的回报不及耗费，是生产中应该避免的。

容器的规格影响到单位面积的产量及质量，也就关系到节约用地的问题。在保证苗木质量和移植成活率的前提下，应尽可能采用较小规格的容器进行育苗。选用容器应本着经济、适用的原则，即选择制作材料来源广，加工制作容易，成本低，并经过生产实践证明有利于苗木生产的育苗容器；并尽可能考虑使用方便，保水保温性能好，起苗、搬运均不易破碎，有完整根团移植的育苗容器。

3. 运输

由于容器苗都是带盆销售，致使车厢容量空间较为紧张，为了保证容器苗在运输途中无损伤（特别是长途运输），应将容器小心码放，进行必要的包装，既要注意不损伤苗木，又要尽量利用空间，减少运输成本。一些较大的苗木或专门速递苗木的公司，配备专门设计的容器苗运输车，车内不仅有分层的架层结构，可以有效防止运输过程中苗木的损伤，方便装车与卸车，而且还常常有制冷系统，使苗木在运输过程中，仍然能够有适宜的温度环境，保证了销售苗木的质量。对大规格容器苗的运输，一般都是在起重机械的帮助下，直接在苗圃装载运输到施工场所，这一过程相当于裸根苗的苗木出圃。这种开敞式的运输，不仅要注意苗木装载整齐、防止互相挤压，而且在运输过程中还要注意缓行与避开大风下雨的天气（图 2-145、图 2-146）。

图 2-145 容器苗 1

图 2-146 容器苗 2

我国目前的容器苗仍然主要是用于市政工程建设与单位绿化，苗木的销售与运输有其现实的特点。一般是使用单位或相关人员，直接到现场订购苗木，然后由苗圃人员将其集中在专门的苗木集结区或运输区，再装车运输。由于车辆在运输途中行驶可能较快，风速很大，所以装车时应注意不要装得高度超出车厢太多。若是长途运输，为防止遭遇恶劣天气（如酷暑、大雪或霜雪天气）的危害，最好是装好车后在车厢上覆盖一层油布，但要注意通风换气，途中应定期揭开通风。

4. 种植与养护

1）上盆（或换盆）与摆放

在容器栽培中，苗木上盆（或换盆）是指把通过容器育苗生产的容器移植苗移入大规格容器中继续培养的技术环节。移植苗可以苗圃自己培育，也可以通过商业购买，从其他的专业育苗苗圃获得。对一些中、小型苗圃而言，后者是非常有效地获得容器移植苗的途径，这样使苗木生产的育苗繁殖与栽培抚育在不同苗圃内完成，促进了苗圃间的分工与协作，是苗圃产业市场化发展的重要特点。在我国，苗木上盆工作主要是人工操作，费工费时；在国外基本上是机械化作业或在机械化条件下人工辅助作业，工作效率较高。在美国，用于容器苗上盆或换盆的机械种类很多，但操作过程基本上是一样的，一般是拖拉机通过装土铲把基质装入装盆设备的进料箱中，装盆机内的搅拌装置不断搅动，使基质从出料口排出，工人只需准备好苗木和容器，放到出料口的下边装盆，然后通过传送带把上盆或换盆后的容器苗传送到一定区域，由专人装车和运输，并运到圃地即苗木区摆放，大大加快了装盆、运输及摆放速度。随着我国劳动力成本的增加，在容器苗生产中实现机械化操作是必然的发展方向。

容器苗的摆放直接关系到管理措施的实施，因此，按容器苗的类型、规格、植物种类进行科学摆放，类似于大田生产中的苗木移植，是容器栽培苗木的主要技术内容。摆放时一般按容器苗的类型对苗圃进行分区，如乔木区、灌木区、标本区等；在各大区按区内苗木的特点（以种或品种为基础的生物学特点），如按苗木对水分的需求及酸碱度的不同分成不同的小区摆放。对环境条件要求相同的苗木放置于同一区内，采用相同的管理措施，既便于管理，又有利于苗木生长发育。如果不是采取一次上盆定植，待容器苗上盆后长到容器不再能满足根系生长要求的时候，就需要换更大的容器了。每次上盆及换盆，类似于大田生产中的移植，其移植的次数是由苗木的生长特点与出圃苗木的规格决定的。

2）灌溉

由于容器内基质的容量有限，直接影响水分的供给、调节与缓冲，因此，保障水分供给，满足容器苗生长需要，就成了容器栽培技术管理的重要内容，灌溉设施的系统建设也就成了容器苗圃建设的基础内容与前提条件。灌溉使用的水源水质、灌溉方式、灌水量和灌水次数等都会对容器栽培产生影响，是决定容器苗生产的重要因素。

首先，好的水源与水质，是培育高质量苗木的基本条件之一。一般来说，中性或微酸性的可溶性盐含量低的水，有利于苗木的生长，水中不含病菌、藻类、杂草种子更为理想。其次，灌溉方式（喷灌或滴灌）的选择要合理。一般来说，灌木和株高低于1m的苗木多采用喷灌，而摆放较稀的大苗则以滴灌为主。采用计算机自动控制喷灌，不仅可以节约用水用工，喷灌均匀，还可以兼作施肥，省工省力，且施肥均匀，效果好。从长远看，劳动力成本远高于喷灌设备投入，而且自动控制喷灌效果要优于人工喷灌，特别对容器栽培，自动滴灌的节水效果更为明显。因此，采用先进灌溉技术是发展趋势。对大规格容器苗培育而言，自动滴灌技术把浇水与施肥结合，能够有效满足苗木生长的水肥需要，而且管理方便，节省劳力，是美国许多苗圃容器大苗培育技术的有机组成部分。但滴灌投入大、技术要求高，是其在国内使用的两大障碍。最后，灌水量和灌水次数是容器栽培管理技术最基本的内容，一定要根据苗木与基质的需水特点科学管理。对容器苗按对水的需求特征进行合理分区，把需水量相同或相近的苗木分在同一区或组，并在喷灌时保证所有容器都能获得基本等量的水。容器苗的用水量一般要大于地栽苗，通常大的容器1～2周浇一次水，小的容器也要3～6天浇一次水，其灌溉的次数随着季节的不同而调节。

3）施肥

有效的容器苗施肥要考虑两个方面：一是要最大限度地减少肥料从生产区的流失，二是增加肥料被苗木利用或吸收的量。由于容器苗不同于地栽苗，主要靠人工施肥来补充营养需要，在生产中可使用的肥料包括水溶性肥与控释肥。

（1）水溶性肥

水溶性肥可结合喷灌直接施入，这种方式对于小乔木和小灌木较为合理。也可以在给苗木浇水的时候通过自动肥料配比机，随浇水一起完成。容器苗面对有限的根系生长空间和经常性的浇水，没有新的营养来源，还随浇水流失很多营养，这就需要经常补充肥料。然而，如果经常性使用速效的肥料，不但容易引起烧苗，而且还会增加容器苗的生产管理成本，频繁记录施肥的时间，增加管理难度。因此，对较大规模的园林容器苗的栽培，使用速效的液施肥并不是一种很好的选择。

（2）控释肥

控释肥可在较长时间内为苗木提供营养，减少了反复施肥给植株带来的伤害以及管理上的不便，适于园林绿化大苗的生产。控释肥可以在上盆或换盆时，直接将肥料拌到基质中，这样使用效果最好，根系生长分布均匀；也可以在追肥时，直接将肥料施在容器内基质的表面，这样使用肥料的利用率会相对降低。控释肥的种类很多，其原理是利用不同厚度、不同材料的包膜材料控制肥料养分释放速度，使肥料养分释放速度与作物生长周期需肥速度相吻合。施用这种由包膜包裹的控释肥颗粒以后，基质中的水分使膜内颗粒吸水膨胀，并缓慢溶解，扩散到膜外，将在 2～9 个月的时间里持续不断地释放养分。因此，一年只需施肥 1～2 次，大大地节省了人工，其在园林容器苗栽培中的使用越来越普遍。

4）病虫害及杂草防治

（1）病虫害防治

病虫害防治是苗圃生产管理的重要环节，容器栽培也不例外。容器苗病害主要有炭疽病、白粉病、叶斑病、枝枯病、枯萎病、幼苗猝倒病等，虫害主要有蚜虫、蛾类幼虫、蝗虫等，如防治不力，会给生产带来巨大损失。尤其在苗期阶段的立枯病和猝倒病，严重时可导致幼苗全部死亡。

病虫害的防治应以"预防为主、综合防治"为基本原则。防治幼苗病害的主要方法是基质消毒。可采用溴甲烷或福尔马林熏蒸，具体操作是将拌好的基质放在密封的室内或用塑料薄膜把基质盖严、密封，酌情加入一定量的溴甲烷或福尔马林。熏蒸的时间随温度的升高而缩短，一般气温高于 18℃时，需 10～12 天；5～8℃时，需 35～40 天。在熏蒸时如基质中有机质含量高要适当增加药剂量。溴甲烷熏蒸效果最佳，可杀死基质中的所有生物，如病菌、虫、杂草的幼苗及种子。熏蒸时一定要注意安全，消毒的场所要离居住区 80～100m 以外。除了熏蒸还可在发病期采用喷药防治。可选用的药剂有 50% 多菌灵 500 倍液、75% 百菌清 500～800 倍液、50% 托布津粉剂 800～1000 倍液。每隔 7～10 天喷药 1 次，连续喷 3～4 次。根部病害可以用地敌克 800～1000 倍液灌根。通常要在修剪之后及时喷药，防治伤口侵染。虫害采用周期性喷药防治。可选用的药剂有吡虫啉 800 倍液、90% 敌百虫 1000 倍液和 50% 杀螟松 1000 倍液，或菊酯类药剂。生产管理人员要经常巡视苗区，注意观察，及早发现病虫害并及时喷药，以便最大限度地减少损失。

（2）杂草防除

杂草防除是园林植物容器栽培生产技术中的重要环节之一。当年换盆的容器内一般杂草相对较少，但随着苗木留在容器内的时间延长，杂草会越来越多，尤其是苔藓类会布满盆面，影响苗木的生长，这时就要及时清除。如果苗床上碎石铺得薄或铺的时间过长，也会生长杂草。因此，在大苗区，可喷施灭生性除草剂彻底清除杂草；而在灌木区或小苗区，要在苗木售出后苗床清理干净时彻底清除。

5. 容器苗的整形与修剪

树冠紧凑、树形优美，是对优质园林苗木的基本要求，整形与修剪则是达到这种要求的基本方法。一株苗木整体形成的姿态叫株形，由树干发生的枝条集中形成的部分叫树冠。各种树种在自然状态下有大致固定的株形，如圆锥形、圆筒形、椭圆形、球形、伞形、杯形、扫帚形等。而根据园林景观配置的要求，对苗木株形进行修剪加工、定向培养叫做造型，大致可分为尽可能表现自然株形的自然造型和按目标株形整形的人工造型，我国传统的盆景培养就是一种典型的容器苗定形过程。

容器苗的株形及其造型方法，与地栽苗木相似。相对于地栽苗木，容器苗一般要轻剪，除非树形变化太大，才能重剪。灌木的修剪，尤其是绿篱类灌木的修剪，可通过类似草坪修剪机械的工具进行。这样既可以保证灌木高度的一致，又可以提高修剪的速度，是国外很多大的容器苗苗圃常采用的修剪方式。但是，利用人工进行修剪，可以根据不同苗木树种的生长习性与特点以及在不同阶段的不同要求，灵活采取修剪措施，获得理想的培育效果。经过修剪、造型后的容器苗，形状和大小一致，在苗圃中摆放整齐，远看似良田麦浪，近瞧如仪仗阵列，构成了容器苗圃独特的景观。

6. 越冬及越夏管理

越冬是容器栽培的重要一环，尤其在冬季气温较低的地区。有一部分树种的根系对低温反应敏感，在长江中下游地区，冬季气温低于 $-5℃$，如果不加保护，容器苗根系会因冻伤而影响次年生长甚至死亡，因此，需积极采取越冬保温措施。一般可以采用以下两种方法预防冻害：一是把苗木移入温室或塑料棚中，为了节省空间，移入温室的容器苗应紧密摆放，有些甚至可以摆放几层，这种方式适合于小型容器苗。二是可采用锯木屑、稻秸、麦秸及稻壳覆盖根部或壅埋容器，以保证苗木的正常越冬，大苗越冬宜采用这种方法。翌春把秸秆收集堆积起来，经过一年腐烂，又成为优良的栽培基质。

盛夏是夏季的高温期，同时也是容器苗木能否安全过夏成活的关键期。持续高温和干热风使空气更加干燥，地表温度急剧升高，从而使苗木树干和枝叶以及土壤中水分的蒸发流失加快，这给容器苗的生长成活造成了极为不利的影响。在酷暑高温的环境中，需要及时有效、适时适量地给苗木补充水分养分，从而保证苗木正常生长。常绿树种早晚要进行叶面喷水，确保苗木在盛夏高温环境中安全成活。

7. 典型案例

（1）把容器栽培作为一种苗木的生产方式，大规模用于苗木生产，在我国是从 20 世纪造林育苗开始的。20 世纪 30 年代，广西大青山一带有人将已抽薹的马尾松苗床苗在起苗时用手将苗根抓成土团上山造林，结果比不带土的裸根苗造林成活率高得多。从而得到启发，接着制作土团点播马尾松种子，培育百日苗上山造林，这是最早、最简单的营养杯苗造林。

（2）千阳县容器育苗是 20 世纪 80 年代后期开始进入试验阶段的，90 年代初期进行大面积推广应用，90 年代末期进入鼎盛时期，年产苗量 1000 万～2000 万袋，2000 年最多，年生产容器苗 4000 多万袋，曾为中德合作造林和其他工程项目造林提供了大量优质苗木，同时也为周边地区提供了大量优质苗木，使广大苗农从中得到了实惠。但是从总体上看容器育苗还有很多问题有待解决，特别是苗木质量不高，主要表现在苗细、苗弱，苗木高度达不到要求，究其原因主要是营养（基质）配置不合理，只是黄土配少量沙子和化肥，在苗木生长阶段，由于怕烧苗而很少施追肥，同时容器袋偏小，又不注意间苗，苗木的生长空间狭窄，养分、水分、光照得不到很好的补充，严重影响了苗木质量（任志聪等，2005）。

（3）北京市容器苗产业发展迅速，形成了很多集生产经营、科技开发、示范推广为一体的容器苗生产商。

苗圃行业经过多年的建设与发展，现形成林木种苗、花卉、绿化工程三大主导产业。产品种类从城市园林绿化大苗、荒山造林苗木、节水抗旱的地被植物到花卉的组培苗、容器育苗和温室工厂化育苗等集约化、标准化生产。苗圃培育的容器苗生长良好、无病虫害、移植易成活，完全适应北京的土壤和气候（图2-147～图2-150）。

图 2-147　大东流苗圃办公区

图 2-148　大东流苗圃科教区

图 2-149　大东流苗圃育苗区

图 2-150　大东流苗圃温室区

2.9 盐碱地绿化技术

2.9.1 盐碱地绿化的意义

土地盐碱化是一个全球性的难题，在发展中国家尤为严重，因为随着人口不断增长和城市化进程的逐步加快，人类对粮食、蔬菜等生活必需品的需求不断增长，环境问题更加突出，现有耕地承载的压力越来越大，导致土地盐碱化、荒漠化等现象愈演愈烈。同时，基础设施建设用地、工矿企业开发用地、社会发展城市用地、生态建设绿化用地等对土地的需求日益增长，导致耕地面积逐年减少。如何促进人口—资源—环境和谐发展是一个世界范围内迫切需要解决的问题。

盐碱地指的是那些盐分含量高，pH 值大于 9，难以生长植物，尤其是农作物的土壤。大量盐碱地的存在，已经严重抑制了农业种植和绿化工作的可持续发展，成为了影响生态环境保护和经济发展的一个瓶颈。利用园林绿化栽培技术对盐碱地进行土壤改良，正在得到越来越多研究者的认可。利用园林植物改良盐碱地，一方面可以提高绿化面积，美化环境，保持生态；另一方面，还可以有效降低盐碱地改良的经济投入，对实现中国社会的可持续发展有着重要的意义。

2.9.2 盐碱地绿化的原则

对盐碱地进行园林绿化是实现国土园林绿化的一个重要的环节。但是由于此类土地自然条件恶劣，植物生长难度极大，因此，盐碱地的绿化必须遵循一定的原则并采用专业化程度较高的造林方法与造林技术。

1. 树种选择

盐碱地区园林绿化，树种选择极其重要，要选择适合当地生长的耐盐碱树种。在高水位盐碱区，还应注重选择耐水湿的树种。切忌盲目引进没有经过驯化试验的树种和花木品种。

另外，在准备阶段还要进行严格的水土测试，以科学地选择树种。

2. 适时栽植

区位不同，树种不同，植物的萌芽物候期也不一样，因此，种植时间切勿强求一致。

例如，在内蒙古中西部，应提倡秋季造林。秋季土壤经过脱盐之后，盐分比春季低，水分条件也好，栽植后土壤会立即封冻，水分停止蒸发，不会产生返盐，而且由于地温比春季相对较高，易发新根，次年早春根系发育早，可提高树木成活率。栽植时间以 11 月份树木落叶后至土壤封冻前为宜。

3. 铺设隔盐层

为了有效控制地下盐分随土壤水分蒸发而迅速上升，可在树穴底层铺设隔盐层，以阻断盐分上行的通道。适合做隔盐层的材料有炉灰渣、麦糠、锯末、树皮、马粪、碎石子、卵石、稻草等。据试验，炉灰渣以 20cm 以上为好，麦糠以 5cm 为宜，锯末、树皮以 10cm 左右为宜。应注意隔盐层与根系之间必须要有 20cm 厚的保护性土层，以防隔盐层物质腐熟过程中产生的热量烧坏根系。隔盐层以上用原土，重盐碱地要换客土，利用优质土来保证树体生根、发芽。同时，作为有机物的隔盐层经过一段时间分解后，可以形成腐熟的有机肥，从而增加对树体生长的肥力支持。

4. 抬高栽培地

抬高地面会相对降低地下水位，从而降低了地下水位的上升高度。对于局部景观，在造景时，可采用此法，通过人为手段，制造起伏微地形，种植点抬高高度可用以下公式计算：

$x=k-h$（x 为抬高地面的高度；k 为地下水临界深度；h 为年平均地下水埋藏深度）。

5. 控制栽植深度

一般情况下，大坑深栽会造成树木由于呼吸不畅而死亡。除杨、柳树可适当深栽外，其他树种均以浅栽为好。栽植深度比苗木原土印深 $1\sim2cm$ 左右，踏实、绑扎、固定好苗木即可。苗木根系分布在土壤表层，地温相对较高，利于产生新根，此层中的水分含量也适度，不至于造成水渍烂根，又能保证根系有良好的透气性，同时，土壤中的盐分也不会在新根产生时就开始侵害树体，从而可有效提高成活率。

6. 控制灌溉水质和水量

盐碱地地区通常有丰富的水资源，但水的盐碱度较高，因此常导致过量浇水，又因排水不畅而产生相当严重的土壤次生盐渍化。改良土壤后，若浇偏碱性水，数月之后，改良好的土壤又会变成碱性土。通常矿化度超过每升 $2g$ 即为咸水，不适于灌溉。因此，要采用矿化度小于每升 $2g$ 的水进行浇灌。同时，开展给水排水水利工程，通过工程手段，把多余的水安全排放到种植地之外。

2.9.3 施工技术

盐碱地绿化是园林绿化的一个新领域。由于盐碱地土壤含盐量高，pH 值也大，必须采取切实可行的技术措施，选择合适的绿化树种，否则难以达到预期的效果。针对不同的土壤含盐量选择不同的树种并采取不同的施工技术措施，盐碱地园林绿化工程同样能建成绿树成荫、花草艳丽、景色优美、环境怡人的风景区。

盐碱地的绿化一般分几步进行，首先排盐、洗盐、降低土壤盐分含量；再种植耐盐碱的植物，培肥土壤；最后种植作物。具体的改良措施是：排水，灌溉洗盐，放淤改良，种植植物，培肥改良，平整土地和化学改良。

1. 排碱技术

治理盐碱土应着重以水肥为中心的土壤建设，以实现生态的可持续发展。盐碱土最直观的特征是土壤板结，土壤结构性差，灌溉后土粒很容易自动分散，并形成结皮，阻止水分渗入和降低土壤贮水能力。由此可见，盐碱土结构不良，"板"是现象，"贫瘠"才是实质。当土壤中含盐量超过 0.3% 时，大多数园林植物不能很好地存活。因此，盐碱地绿化的首要任务是改良土壤。下面介绍几种简便易操作的实用方法。

1）客土改造

对于建筑垃圾土或过于严重的盐碱土，要更换适宜苗木生长的客土，单株种植的要加大种植穴的直径和深度，成片绿化的要适当加深换土深度。

2）挖坑或深翻晒土、灌水压碱

对于土壤盐碱程度不是很高、但过于板结通气性差的土壤，如果施工时间允许，最好秋天挖树坑或将种植层土壤深翻晾晒几个月，促进土壤熟化，春季植树时再注意灌大水压碱，起到降低土壤含盐量的作用。

3）抬高地面的高度

一般盐碱地地下咸水层水位较高，低洼地或盐碱比较严重的地方，可根据地下水位和盐碱程度将地面适当抬高，并将原地表以下的盐碱土取出约 30cm，然后用好土填至种植所需高度，降低地下水的相对高度，从而减轻盐碱侵害。

盐碱地因地下水位高，带有盐碱的水通过土壤毛细管上升到地表，水分蒸发后，将盐碱留到地面上，给绿化工作带来困难，可以通过设置防盐碱隔离层来抑制盐分上返。具体做法是：按设计种植面高度挖深 120～130cm，底部铺 20cm 厚的石渣，在石渣的上面铺设 10～15cm 厚的炉灰渣或粗沙，再往上加 10cm 厚的麦秸或稻草，上面用好的种植土填至所需高度。这样可在一定程度上抑制下层盐分上返。在种植穴的四周，用塑料薄膜进行封闭，以抑制侧方盐分入侵。如果种植大树应适当加深，以保证树根与隔盐层间有 20～30cm 厚的种植土为宜。

4）铺设地下滤水管网

布设合理的排水管网，降低地下水位是搞好盐碱地绿化的治本措施。可以通过铺设地下滤水管网将地下水位控制在临界深度以下，并可将土壤中的盐分随水排走，达到土壤脱盐和防止次生盐渍化的目的。这项工作最好能和城市基本建设统一结合起来，完善绿化建设的排水系统，使积水及时得到排除，从而降低地下水位。地下滤水管网的铺设一般为一级管和二级管相结合，一级管的渗入水汇入二级管中，然后流入污水管排走。若污水管道埋的深度较浅，不能自行排泄渗水，可在二级管的末端设集水井，定期强排。滤水管网的埋设深度、间距、纵坡主要取决于绿地种植的植物种类、土壤结构、地下水位的高低、气候以及附近污水管道的深度等。综合以上条件，一般一级管以水平距离 5～10m，深度 0.8～1.2m，纵坡 0.1%～0.3% 为宜。

5）增施有机肥料

在盐碱地区绿化时，在种植土中适当多施入一些有机肥料，不但能够增加土壤养分，供给植物生长所需营养，而且可促进土壤团粒结构的形成，改善土壤的保水、通气、热传导状况，并能在有机肥腐烂过程中产生酸性物质中和盐碱，从而有利于树木根系生长。现有专为盐碱地区生产的有机—无机复合型改良肥，pH 值呈酸性，可选择使用。

6）土壤中掺入粗沙

盐碱土土壤结构差，容易板结，根据土壤结构状况，在土壤中掺入一定量的粗沙或炉灰渣，不仅可以改善土壤的通气状况，并且因土壤孔隙度加大，部分毛细管被破坏，也可在一定程度上阻止下层盐分上升。

7）利用生物改盐

将种植地平整后，深翻、浇淡水，在适宜播种期播入绿肥种子，长到一定程度后把草或绿肥植物深翻入土中。这样可增加土壤有机质，改善土壤水、肥、氧气条件，提高土壤肥力、降低盐碱含量，大大地提高了园林绿化植物的成活率。

8）挖坑晒土

将绿化土壤提前挖出，让太阳曝晒或经冬季冻结，使其容易风化，避免反盐反碱现象。秋季平整场地、挖穴，挖出土壤经冬季冻结至来春化冻后再进行栽植。

2. 栽植技术

1）树穴的准备

树穴的尺寸要根据树种的大小要求而定。在大庆地区，常绿树树坑要 120cm×100cm×100cm，落叶乔木为 80cm×80cm×60cm，落叶灌木为 60cm×60cm×50cm，榆树篱等沟槽深为 40cm，栽苗前要提前挖好树池。

2）苗木的修剪

苗木栽植前要争取带大土球移植是非常必要的，栽植前要将苗木的断根、烂根剪掉，对干枯枝、叶、折枝、病枝进行修剪，反季节施工时要对苗木树冠进行重度修剪，减少对水分的蒸发量，缓解移植断根吸水供应不足的矛盾。这项工作有利于植株的成活。

3）生根粉与抗蒸腾剂的使用

生根粉含有多种生根剂和营养物质，可促进植物生根，这对于盐碱土栽植的园林植物来说是非常重要的。生根粉可以沾根，也可以随水浇灌，反季节栽植给盐碱地绿化带来了难度，配合遮阳网施用抗蒸腾剂，可以有效地使叶片气孔封闭，控制水分蒸发，提高植树成活率。目前，有 ABT、坪安等多个品牌的促生根剂、抗蒸腾抑制剂及树木营养液等促进树木成活的园林药剂，有的在栽前使用，有的在栽后使用，实践证明确实有效，可根据具体情况选择使用。

4）苗木栽植及栽后管理

栽植时，在原来挖好的树坑内先根据实际情况回填一层种植土，有条件的话，在植树的同时最好施入一些有机肥料，如厩肥、绿肥或枯草落叶等，它对改良盐碱质土壤有很大作用，可使土壤形成团粒结构，增加其肥力，使其保持疏松，增加氧气的蓄积，减少水分的蒸发，促使幼树快速生长。再回填一层种植土，然后垂直放入树苗，一边回填土，一边踩实扶正，至少要踩两遍，围好水堰。大一些的常绿树及大乔木栽植时要用木棍捣实。苗木种植深度最好与原深度保持一致，最深不能超过原有深度 5cm，然后要由专业人员进行修剪，剪口大于 3cm，要涂漆。

尽量缩短从起苗到栽植的时间，栽后及时抓好各个时期的管理工作，特别在浇水方面要注意进行大水压碱，浇水必须浇足，不可浇半截水，小水勤灌，一般在第一次浇透水后，第二天再浇一遍水，3～5 天浇第三遍水后封坑。在 5～6 月的高温干燥季节更要特别注意浇大水，把盐碱压下去，浇水后及时松土或封坑。同时，也要切忌浇水过多，盐碱土本来就容易板结，通气性能较差，如果浇水过多，使土壤水分长时间处于饱和甚至过饱和状态，则易造成烂根而导致植物生长不良甚至死亡。对于一些耐寒性差的，还要注意作适当的越冬防寒保护。

3. 养护技术

盐碱地绿化植物的养护管理是盐碱地绿化能否成功的关键一环。要从以下几方面入手。

1）增加排水设施

盐碱地的一大特点，就是地下水位高，蒸发量大，把大量带有盐碱的水通过毛细管将水蒸发后，将盐碱返到地面上，因此应完善绿化建设的排水系统，使积水及时得到排除，降低地下水位。

2）适时浇水

适时浇水可冲洗过量盐碱，防止盐害作用，降低土壤渗透压，利于根系吸收水分；浇水后及时松土除草，保持土壤水分，切断毛管水分蒸发，减少返盐。

在植树后先灌大水进行压碱，并及时松土，每过 10～15 天左右，趁盐碱未返上来之前，再浇一遍透水，把盐碱压下去，有利于树木根系生长而促进成活。在第二次浇水后，要及时封堰。这样既保水，又防止返盐碱，在日后的管理过程中，浇水必须浇足，千万不要浇半截水，更不得频繁浇水。

3）多施有机肥

有机肥可增强植物生长势和对不良环境的抵抗力，应根据植物的不同生长阶段及土壤立地条件合理应用。

4）加强养护

对新栽植物要注重连续和重点养护，亦不能于年后疏于管理。由于当年换土并设置隔盐层当年成活率较高，往往在栽后年表现出生长减弱，生长季叶萎蔫、枝条干枯、夏季叶片间歇性脱落，因此绝不能一年后便疏于管理。

4. 植物选择

在盐碱地上绿化，筛选耐盐植物是最有效也是最经济的措施。选用耐盐植物一方面可大大降低工程费用和养护管理费用，另一方面耐盐植物定植后可降低土壤盐分含量，提高土壤有机质含量，从而为其他植物的生长提供了条件。一般耐盐植物筛选应考虑以下几点。

1）耐盐能力强

要求植物能够适应绿地土壤含盐量，这是最基本的要求。

2）易繁殖、生长快

耐盐植物要尽量选择繁殖容易，生长快，能尽快地覆盖绿地，防止土壤返盐，并能逐步降低绿地表层土壤含盐量的品种。对于乔灌木，应选择根系发达或具有菌根、树冠大、落叶多的树种，起到改良土壤、提高土壤肥力的作用。

3）重视乡土植物

乡土植物指的是原产于本地区或通过长期引种、栽培和繁殖，被证明已经完全适应本地区的气候和环境，生长良好的一类植物。乡土植物在多年的生长过程中对当地的环境条件、土壤条件和气候因子，都有较强的适应性，不仅有助于改善土壤的盐碱度，同时在景观效果方面也能形成地方特色。同时，由于乡土植物对水肥的消耗低，因而种植和维护的成本较低。盐碱地区绿化应把乡土种类作为植物造景的首选。

4）慎重对待外来种

外来种由于在当地缺乏天敌、易形成优势种，排斥当地种，易造成当地的生态危机，因此在应用时应慎重考虑。

5）其他因素

由于不同地区的不同气候、地理、土壤等方面的差异，应因地制宜地选用适宜的耐盐碱植物，才能达到预期的目的。如在常发生洪涝的地区，在选择绿化植物时，除考虑它的耐盐性外，还应注意它的耐涝能力。经过园林绿化工作者的多年努力，我国已经筛选出多种适用于盐碱地的绿化植物。

（1）乔木类

① 常绿乔木（表 2-36）

常绿乔木   表 2-36

序号	名称	生 态 习 性	推 介 理 由
1	龙柏	喜光且耐阴性较强,耐寒热。适应各类土壤,在中性、深厚而排水良好处生长最佳。有较好的隔声、阻尘效果。也可作灌木使用	在庭院中用途较广,且耐修剪,下枝不易枯,冬季叶色不变。但过多种植略显肃穆
2	侧柏	喜光且有一定的耐阴力,适应性强。喜排水良好的土壤,但对土壤要求不严,在碱性土壤中生长良好,抗逆性强	属应用普遍的园林树木之一,有较好的观赏效果。但部分品种冬季叶色略有枯黄,择苗需注意
3	华山松	树冠广圆锥形。耐寒力强,适应多种土壤,但对盐碱土适应性较差	树形高大挺拔,针叶苍翠,冠形优美,是优良的庭院绿化树种。盐碱地栽植部分换土即可
4	白皮松	阳性树,略耐半阴,喜排水良好且适当湿润的壤土,对土壤要求不严,在酸性、石灰性土壤中均能生长。耐干旱,对汽车尾气、烟尘污染有较强抗性	特产我国,其树干皮呈斑驳剥落,内呈乳白色,故又称虎皮松。自古以来多配植于宫廷、寺院等地,有较好的观赏效果
5	中国女贞	喜光,稍耐阴。在微碱性湿润土壤中生长良好,但不耐干旱瘠薄。耐修剪,对有害气体抗性强	终年常绿,但每年 2 月份左右换叶。观赏效果好,常作为厂区抗污染绿化树种

② 落叶乔木（表 2-37）

落叶乔木   表 2-37

序号	名称	生 态 习 性	推 介 理 由
6	毛白杨	强阳性,适应性强。不宜栽于水浸处,酸性至碱性土壤均可生长	树干灰白端直,树形高大广阔。夏季微风拂过叶片发出响声,感觉极佳,作为庭阴树、行道树有很好的观赏效果
7	加拿大杨	喜光,耐寒,对水涝、盐碱和瘠薄土地适应性较强。生长极快	树冠宽阔,叶片大而光泽,与毛白杨相似,适于作行道树、庭荫树及防护林
8	垂柳	小枝细长下垂。较耐寒,特耐水湿,耐盐碱	枝条细长柔垂,姿态优美,植于水景旁,枝垂水面,别有风致
9	栓皮栎	树皮灰褐色,木栓层特厚纵深裂,故此得名。喜光,耐寒,深根性,抗风性特强。喜深厚、适当湿润且排水良好的土壤,也耐干旱瘠薄	树干通直,枝条伸展。树形雄伟,浓荫如盖,叶背灰白色,引人注目,有很好的观赏效果,适合作庭荫树、行道树。如需要,防护林亦可
10	青朴	喜光,喜湿润土壤,也耐干旱瘠薄。对土壤适应范围较广,但在土层深厚处生长最佳。抗烟尘,有极佳的吸附效果。病虫害少	树干通直,冠荫如伞。孤植、丛植皆宜,是很好的庭荫树及观赏树
11	构树	喜光,适应性强,耐干旱瘠薄,也能生于水边;生长快,侧根分布广。抗烟尘,少病虫害	树皮浅灰色,有深色裂纹。果球形,8～9 月果熟,橘红色,悬于叶下,颇为美观。适于建材回填区域绿地,有一定的分蘖能力,亦是较好的庭荫树种
12	玉兰	喜光,稍耐阴,颇耐寒。喜肥沃、湿润而排水良好的土壤,土壤 pH 值 5～8 均能生长。怕积水,生长较慢	花大而美观,芳香,是我国著名的早春花木,有"莹洁清丽,恍疑冰雪"之赞。配植于建筑旁,丛植效果极佳
13	山楂	性喜光,稍耐阴,耐寒,耐干燥、瘠薄土壤,萌蘖性强,根系发达	树冠整齐,花繁叶茂,果实鲜红可爱,有极佳的观花、观果效果,可作庭荫树及园路树

序号	名称	生 态 习 性	推 介 理 由
14	杜梨	喜光,稍耐阴,耐寒,耐干旱、瘠薄及碱土。深根性,抗病虫害能力强	适栽于盐碱、干旱区域,春季白花颇为美观,也常植于庭院观赏
15	日本樱花	花白色至淡粉红色,径2～3cm,微香,3～6朵一组,花期一周左右。喜光,耐寒。喜深厚且排水良好土壤	管理相对简单,春天开花时满树灿烂,甚为美观。有很好的庭院观赏效果,宜栽于山坡、建筑物前及园路旁
16	刺槐	强阳性,颇耐寒,耐干旱、瘠薄,在轻盐碱地上生长良好。浅根性,寿命较短。抗烟尘力强,不耐涝,易被强风吹倒	树冠高大,枝叶繁茂,可作庭荫树及行道树,也是蜜源树种
17	国槐	喜光,耐寒,对土壤要求不严,但在干燥、贫瘠土壤及低洼处生长不良。耐烟尘,深根性,萌芽力强,耐修剪,寿命很长	枝繁叶茂,树冠广阔而匀称,荚果串珠状,肉质,10月果熟,常悬挂树梢,经冬不落。对城市环境适应性强,与刺槐应用相似
18	龙爪槐	系属国槐变种,繁殖多用国槐嫁接。小枝长而下垂,树冠伞状,枝似龙爪,故此得名	配植于水景、假山、建筑物旁,有很好的景观效果
19	臭椿	喜光,适应性强,很耐干旱、瘠薄,不耐水湿。能耐中度盐碱。对烟尘、汽车尾气抗性较强。根系发达,生长快,少病虫害	树干通直高大,树冠开阔,叶大荫浓,秋季红果满树,是很好的庭荫树及行道树
20	苦楝	喜光,不耐庇阴。适应盐碱地生长。稍耐干旱、瘠薄,也能生长于水边	树形优美,花雅致且有清香,叶形秀丽,耐烟尘,是极佳的庭荫树和行道树
21	乌桕	喜光,稍耐寒,有一定的耐旱和抗风能力。耐水湿,能耐间歇性的水淹,对土壤适应范围较广,在含盐量0.25%以下的盐碱地生长良好。干燥、瘠薄处不宜栽种。主根发达,抗风力强,生长尚快	树冠整齐,秋叶红艳可爱,植于水边、湖畔、山坡、草坪都很适合,也可栽作庭荫树及行道树
22	火炬树	小核果球形,有红色刺毛,紧密聚生成火炬状,果期9月。阳性树种,适应性极强,喜温耐旱,亦耐水湿,抗寒,耐盐碱	因此树根系较浅,水平根发达,蘖根萌发力甚强,优于构树。花及果穗鲜红,夏秋缀于枝头,极为美观。秋叶艳红,有极佳的观赏效果,但与其他配植需注意
23	元宝枫	弱阳性,耐半阴,有一定的耐干旱能力,不耐涝,耐寒。深根性,抗风力强。耐烟尘及有害气体	树姿优美,叶形秀丽,秋季叶变成黄色或红色,是观赏效果极佳的秋季彩叶树种。配植于堤岸、湖边、草地效果很好。易作庭荫树及行道树
24	栾树	喜光,半耐阴,耐寒,耐干旱瘠薄,耐盐渍性土,能耐短暂水涝。深根性,病虫害少,有较强的抗烟尘能力	树形端正,枝叶茂密而秀丽,春季嫩叶多为红色,秋叶变黄。夏季开花满树金黄,宜作庭荫树、行道树及风景树
25	柽柳	有灌木形态,花粉红色,顶生呈大圆锥状,夏秋开花。性喜光,不耐阴。耐沙荒、盐碱及低湿地,有一定的抗旱能力。有较强的抗风能力,萌芽力强,耐修剪	可生长于重盐碱地,并对其有改良效果。可作为绿篱或配植于林下,也可栽于水边或草坪观赏。盐碱地特别推荐使用
26	灯台树	花小,白色,花期4～5月。喜光,稍耐阴;适应性强,稍耐寒;喜湿润肥沃土壤	树干端直,分枝平展,层次分明,有若灯台,花色素雅,圆果累累,紫红鲜艳。孤植于庭院观赏,作为庭荫树及行道树亦佳

序号	名称	生 态 习 性	推 介 理 由
27	君迁子	花淡橙色或绿白色。果球形或圆卵形,果实幼时橙色,成熟时为蓝黑色,约2cm。花期4~5月,果熟9~10月。适应性强,喜光、耐半阴。耐旱寒,也耐湿。喜肥厚土壤,在瘠薄土、中碱土中也可生长。寿命长,对汽车尾气抗性强	树干挺直,树冠圆整,荫浓。果有一定观赏性,又名软枣。可作庭荫树、行道树或护岸栽植
28	白蜡	喜光,稍耐阴,耐寒。喜湿,耐涝,也耐干旱。对土壤要求不严,适应性强。耐修剪,深根,快生长,抗烟尘,对汽车尾气、氯气、氟化氢抗性较强	树干挺直,可作行道树或植于湖边、河岸。在我国分布广泛,属于乡土树种
29	水曲柳	喜光,耐半阴,耐寒。喜肥沃、深厚、湿润土壤,稍耐盐碱。寿命较长	与白蜡同属,故应用与效果相似
30	楸树	喜光,根蘖和萌芽力很强。喜深厚、湿润疏松土壤。可适轻盐碱土,但在干燥瘠薄的沙砾土、黏质土中生长不良,也不耐水湿。对二氧化硫抗性强,吸滞灰尘能力强	树形秀伟,花大且美,宜作为庭荫树及行道树

（2）灌木类

① 常绿灌木（表2-38）

常绿灌木　　　　　　　　　　　　　　　　　表2-38

序号	名称	生 态 习 性	推 介 理 由
31	龙柏	见表2-36中的序号1	见表2-36中的序号1
32	平枝枸子	喜光也稍耐阴,喜空气湿润和半阴环境。耐土壤干燥瘠薄,较耐寒,不耐涝。半常绿	枝叶横展,晚秋叶色红亮,红果累累,是很好的配植品种。也可作地面覆盖植物
33	铺地柏	阳性树,在干燥的沙地上生长良好,忌低湿	匍匐生长,配植于岩石旁或草坪角隅效果不错,可作被地植物
34	大叶胡颓子	喜光,也耐阴。对土壤要求不严,可适盐碱土。耐瘠薄,耐寒,有一定的耐旱能力。花期长,抗多种有害气体	其枝条交错,叶背银白色,有褐色鳞片,可反光,花含芳香,4月至11月中旬,红果下垂,观赏性极佳,有很好的配植效果
35	大叶黄杨	喜光,耐阴,耐修剪	为常用的绿篱灌木,有较好的观叶效果
36	金心大叶黄杨	系大叶黄杨变种	叶脉中心为金黄色,有时叶柄及小枝也变为黄色

② 落叶灌木（表2-39）

落叶灌木　　　　　　　　　　　　　　　　　表2-39

序号	名称	生 态 习 性	推 介 理 由
37	日本小檗	喜光,稍耐阴,耐寒。对土壤要求不严。萌芽力强,耐修剪	春花黄色,秋叶变红,果熟红艳。有较好的观果、观叶效果,可作刺篱
38	珍珠梅	喜光,能耐阴。耐寒,对土壤要求不严。萌蘖性强,生长快,耐修剪	花小而白色,蕾似珍珠。叶形美观,花期长且在夏季,是很好的庭院观赏灌木
39	玫瑰	适应性很强,耐寒、耐旱,对土壤要求不严,微碱性土地也生长良好。喜阳光充足,排水良好处。不耐积水	玫瑰色艳花香,最宜作绿篱、花境、坡地栽植。但在中性或微酸性土壤中开花最好
40	紫荆	较耐寒,喜光。好生于向阳、肥沃的土壤。畏水湿。萌蘖性强,耐修剪。对氯气有一定抗性,滞尘能力也强	紫荆干直丛出,先叶开花,花形似蝶,满树嫣红。在庭院、草坪、园路隅角配植效果很好

续表

序号	名称	生 态 习 性	推 介 理 由
41	海州常山	性喜凉爽、湿润、向阳环境。对土壤要求不严,耐旱,耐盐碱性较强	花形奇特美观,且可延续性观果。观花、观果期近半年,6～11月。在国庆有较好的点缀效果
42	卫矛	喜光,对气候适应性很强。耐干旱和寒冷。对土壤要求不严,少病虫害	早春嫩叶和秋叶皆为紫红色,且落叶后有紫色小果悬垂枝间,枝有四棱,颇为美观。配植于水边、草地或作绿篱都很适合
43	紫薇	小苗多为灌木状,枝干多扭曲,树皮易于剥落,干特别光滑。花多为淡红色,顶生呈圆锥状,花期6～9月。喜光,稍耐阴,耐旱,怕涝。萌蘖力强	树姿优美,树干光滑洁净,花色艳丽,花期长且开于夏秋少花之际,故有百日红之称及"盛夏绿遮眼,此花满堂红"的赞语。多作庭院树,在池畔、路边、草坪都有很好的点缀效果
44	石榴	呈灌木状,花朱红色,花萼紫红色,花期5～6月,部分至7月。喜光,有一定耐寒能力,稍耐干旱、瘠薄。寿命长	树姿优美,枝叶秀丽,花色红艳且花期长,古人曾有"春花落尽还榴开,阶前栏外遍地栽;红艳满枝染夜月,晚风轻送暗香来"的诗句。还有很好的观果效果
45	红瑞木	半阴性树种,适应性强。极耐寒、耐旱、极耐修剪	秋叶鲜红,落叶后枝干红艳,是少有的观茎树种。在草地上丛植、林间配植都有较好的效果

(3) 攀缘类 (表2-40)

攀缘类植物材料　　　　　　　　　　　　　　　　表2-40

序号	名称	生 态 习 性	推 介 理 由
46	葡萄	落叶大藤本,喜阳光充足、气候干燥。较耐寒。对土壤要求不严,pH值5～7.5生长最好	品种繁多,可采用当地树种,是良好的垂直绿化树种
47	凌霄	落叶藤本。好温暖向阳,不耐寒,耐干旱,忌积水,萌芽力、萌蘖力均强	花大,漏斗状钟形,外橙红色,内鲜红色。柔条纤蔓,碧叶绛花。在应用中与其他攀缘植物搭配栽植更具有层次感,垂直绿化效果更佳
48	紫藤	幼苗多呈灌木状。喜光,略耐阴,喜湿润、肥沃土壤,有一定的耐瘠薄与水湿能力。对土壤酸碱适应性强,在微碱性土中生长良好	应用广泛,品种繁多。条蔓纠结,屈曲蜿蜒,其老枝宛若蛟龙翻腾。有极高的观赏效果
49	地锦	落叶大藤本,耐旱、耐寒,对土壤及气候适应力强。阴处、阳处均能适应。对二氧化硫等有害气体抗性较强	分枝具卷须,带有吸盘,蔓茎纵横,密布气根,翠叶遍盖如屏,秋后入冬叶色变红或黄色,颇为美观。适配植于宅院墙壁、围墙、庭院路口
50	小叶蔷薇	落叶灌木,茎偃伏或攀缘生长。适应性强,喜光、耐寒,对土壤要求不严	最宜作为花篱,坡地丛栽也颇具野趣

(4) 水生、湿生类 (表2-41)

水生、湿生类植物　　　　　　　　　　　　　　　　表2-41

序号	名称	生 态 习 性	推介品种(理由)
51	荷花	宿根水生花卉。荷花喜光,不耐阴。对土壤选择不严,以富含有机质的肥沃黏土为宜。适宜的pH值为6.5。耐寒性强,病虫害少,对二氧化硫有一定抗性。当水中酚、氰等毒素含量过度时会造成植株死亡	我国荷花品种丰富,约达200种以上,建议由施工方适地择优选用

序号	名称	生 态 习 性	推介品种（理由）
52	睡莲	喜阳光充足、通风良好、水质清洁、温暖的静水环境。要求腐殖质丰富的黏质土壤	建议选择耐寒类品种，因其不可在冰冻水中越冬，故须注意择地种植。最适水深25～30cm，通常在10～60cm之间均可生长
53	芦苇	多年生，簇生草本。高2～5m。喜光，抗干旱，因冬季地上部枯死，不存在越冬问题。对土地适应性强，多见于湿地	芦苇荡为园林绿地的独特景观，根系极强。应用中不仅有利于护坡及控制杂草，且颇有野趣
54	香蒲	对环境条件要求不严，适应性较强，性耐寒，喜光，喜深厚肥沃泥土	是常见的观叶植物，又名"长苞香蒲"，是切花材料。最宜水边栽植

（5）多年生宿根草花类（表2-42）

多年生宿根草花类 表2-42

序号	名称	生 态 习 性	推 介 理 由
55	德国鸢尾	耐寒性较强，但地上茎叶多在冬季枯死。喜排水良好、适度湿润土壤	花色艳丽，叶丛美观。在花坛、花境、地被中有较好的观赏效果
56	美商陆	喜温暖湿润环境，多野生于山坡、林缘及房屋附近。宜疏松、肥沃沙壤土	可在庭院中栽植，成片布置坡地和阴湿隙地，可取得较好效果
57	宿根天人菊	耐夏季干旱及炎热，稍耐寒。喜阳，也耐半阴	花色艳丽，花姿娇娆，花期较长。布置花境、花坛、散植或丛植于草坪及林缘
58	福禄考	抗寒性较强，喜光	多用于花境及花坛
59	桔梗	喜光，也耐微阴，适栽于排水良好、含腐殖质的沙质壤土中	花大，花期长。用于花境
60	紫露草	紫露草性强健而耐寒。喜光，也耐半阴。不择土壤	用于花坛、道路两侧丛植
61	八仙花	落叶灌木。喜温暖阴湿，不甚耐寒。在碱性土中花色红。因冬季地上部分枯死，第二年萌发新梢	花序大而呈球形，开花时节，花团锦簇，其色能蓝能红，令人赏心悦目。作配植有很好的效果
62	石竹	耐寒，耐干旱。喜光，忌潮湿、水涝。以排水良好的肥沃土壤为宜	石柱形似竹，花朵繁密，色泽鲜艳，质如丝绒，布置花坛或花境皆可

（6）地被类（表2-43）

地被类 表2-43

序号	名称	生 态 习 性	推 介 品 种
63	观赏性草坪	由冷、暖季草进行混播，枯草期不明显。一年四季都有较好的观赏效果	由施工方自行配比选择
64	可践踏草坪	属于耐践踏草类，不会因游人赏玩而裸露地表	中华结缕草、马尼拉草等

2.9.4　盐碱地绿化的案例

1. 天津滨海盐碱地改良——华北地区

1）天津滨海盐碱地生态分析

（1）自然条件

天津市位于北纬38°33′～40°15′，东经116°42′～118°03′之间，属于暖温带大陆性季风气候。其土壤形成多为河流沉积物，质地黏重，有不同程度的盐碱化，大部分土壤含盐量在0.2%～0.4%，最高可达4.7%。据统计，该地区平均年蒸发量为年降水量的3倍多，导致盐碱地在春季出现返盐高峰。同时，该地区地下水矿化度高，淡水资源相对匮乏，不能被植物利用。目前，天津盐碱地主要分布在渤海湾的滨海淤泥质滩涂地区，包括大港、塘沽、汉沽、宁河、东丽、津南及静海南部。

（2）盐碱地改良的制约因素

据资料统计，可将天津滨海盐碱地改良的制约因素分为以下五个方面：

① 成陆和垦殖年代短，土壤盐碱重。天津滨海地区位于退海成陆仅500～700年的海积平原上，现大部分土地是盐田、苇地和盐碱荒地，土壤含盐量大于1.0%。部分已垦殖的农田，也因开垦年代短，土壤盐碱重，土壤肥力下降，影响了植物的正常生长。

② 有机肥源不足。盐碱土体中有较多阻碍作物生长的盐类和碱类物质，缺乏有机营养物质的土壤团粒结构差，易板结，透水性、通气性不好，直接影响农林业对土地资源的有效利用。

③ 淡水资源匮乏。天津是中国淡水资源最匮乏的地区之一，人均占有地表径流量只有311m³，不到全国人均的1/8，水蒸发量是降水量的3倍，其淡水要靠长距离输送才能从其他地区获得。

④ 土壤潜育化作用强，水分物理性状恶劣。由于天津盐碱地地势低洼和季节性积水，土壤潜育化作用强，颜色灰暗，心底土有明显的潜育层，其水分物理性状恶劣，土温低，通透性差，不利于植物的生长和发育。

⑤ 土壤次生盐碱化严重。受人为因素影响，如破坏原有植被、开渠蓄水、过度施用化肥等行为，原来非盐碱化的土壤发生盐碱化，或土壤原有盐碱化程度增强。

2）天津滨海盐碱地改良技术

（1）利用传统方法改良盐碱地

① 物理措施方面，如地面覆盖技术可对土壤保温，减少其水分蒸发和缓解返盐现象；微区改土绿化技术可形成有效的淡化微区，在滨海地区应用广泛；也有研究者采用深耕细耙，改善土壤团粒结构，增强土壤透水透气性，降低其盐分危害。

② 工程措施方面，选择"允许深度"理论作为铺设排盐管的指导依据，建立埋深浅管道、水平间距密集的浅密式排盐系统，形成滨海浅潜水淤泥质软基础条件下的暗管水平排水，将工程排盐与城市排水完美结合。

③ 化学措施方面，使用化学改良剂来改善土壤的酸碱度，增加土壤阳离子代换能力，降低土壤含盐量。在天津滨海盐碱地增施钾肥、磷肥，提高作物对盐胁迫的适应能力，降低土壤pH值，同时磷素可提高树木的抗盐性。

④ 采用生物措施进行盐碱地植被恢复，普遍认为是最有效的措施。不但发挥以森林为主的多种植被治理盐碱的生态效应，还促进了生态良性循环。天津滨海盐碱地的生物改良首选当地苗木，因为其不仅具有适应当地恶劣自然条件的优势，还具有较强的抗盐碱能力。

（2）综合措施治理盐碱土

在常年的生产实践中，人们意识到无论采取任何单项措施防治土壤盐碱化的效果都是有限的，且不稳定、易反复。因此，加强天津滨海盐碱地改良综合技术的应用尤为重要。

结合滨海盐碱地综合治理技术指导，选择较成熟的造林营林技术，选用耐盐树种作盐碱土绿化的先锋树种，乔、灌、草相结合，强化盐碱土的生物积累和脱盐过程。在生产实践中，先粗放造林，再利用理化方法使土壤脱盐、培肥。在盐碱地区大面积营建防护林、水土保持林和水源涵养林等，发挥了较好的改良作用。

依据天津滨海盐碱地综合措施治理取得的初步成果，构建稳定的生态模型，也是当地盐碱地改良的有效措施之一。主要包括集约经营型、林农间作型、林草间作型、客土填垫工程模式、原生荒土改良模式、废弃物利用土体再造模式、耐盐植物景观模式等生态模型。

3）天津滨海盐碱地改良新工艺

（1）废弃物资源化

面对天津滨海地区环境建设可持续发展中土源紧缺的现实，结合周边地区大量存在的海湾泥、粉煤灰、碱渣土等废弃物，可配置成一种新型种植基质代替农田客土。这三种固体废弃物的矿物组成含量丰富，这些废弃物单独或两种以上物质混合，可形成不同的土壤母质，再经过自然因素和人为因素的共同作用形成人工土壤。

经天津盐碱地改良研究员多年努力和实验推广的结果表明海湾泥与碱渣土或粉煤灰按3：1比例混合最适宜当地盐碱地改良，同时该配比基质在土壤改良和植物适宜性方面均优于滨海盐碱土，综合效益十分显著。

（2）快速改良肥的应用

天津地区使用的改良肥是有机—无机型复合混改碱肥料，可降低土壤 pH 值及含盐量，提高植物成活率，供肥效果好，也有改良碱性与微咸水质的功能，对改良碱斑及缺铁黄化也有特效。

天津开发区净水厂绿化工程的土壤含盐量为 0.04%，土壤 pH 值为 8.5，属滨海重度盐碱地。施用改良肥（天津配方）40t，按 1kg/m² 施用，播黑麦与高羊茅混合草坪4 万 m²，一次成坪，草坪绿期可延长 18～20 天；用于小区绿化，树木成活率达到 95%以上。

（3）培肥土壤

除种植绿肥、施用有机无机肥料和填埋生活垃圾外，还可就地取污水处理厂的生化污泥作为原材料，其含大量有机质和氮、磷等营养元素，且液态污泥中含有胶体物质，对土粒有胶结作用，易形成水稳定性土壤团粒结构。长期施用污泥不但增加土壤有机质含量，增强植物本身的抗盐能力，还能提高土壤的代换性能，从而减弱土壤盐分对植物的危害和防止脱盐过程中发生碱化。

（4）节水型盐碱滩地物理—化学—生态综合改良及植被构建技术的实施

为解决天津滨海盐碱地因绿化换土而毁坏耕地的问题，天津有关盐碱地研究专家根据土壤毛细渗透的特性，成功试验了盐碱地绿化就地改造和盐土回填的技术。

节水型盐碱滩地物理—化学—生态综合改良及植被构建技术是将水利与农田建设、降低和排除土壤盐分、引进耐盐植物和提高其耐盐能力相结合的水利工程、农业措施和生物技术集成的系统工程，其中采用有机肥料和草炭配施硫酸亚铁，提高了土壤肥力，增加了团粒结构，调节了土壤 pH 值，使天津滨海盐碱土的土壤性质和植物生长状况在短时间内得到了改善。

（5）容器苗造林

天津蓟县的容器苗造林发展前景良好，在阔叶树容器育苗造林方面取得了显著的成绩。近几年，蓟县每年采用容器苗造林达200万株以上，在干旱山地造林成活率和保存率均达到了95%以上。容器苗造林延长了造林时间，绿化速度快，效果好，实现了当年育苗、当年造林、当年绿化的目标，最重要的是可使苗木对不良环境有一个适应阶段，提高了造林成活率。

综上所述，一方面，改良盐碱土的传统方法正以新形式灵活运用并获得良好效益；另一方面，通过科学试验，探索新科技和培育新耐盐植物，将这两方面合理结合，对于有效改良天津盐碱地现状有重要意义。

4）盐碱地改良技术比较与评价

（1）水利措施的弊端：

天津滨海地区淡水资源匮乏，近几年来，虽然在推广开发改良盐碱地的水利措施方面做了大量有效工作，但也带来了副作用。如在旱地农业中经济成本过高，因为一方面要冲洗土体中的盐分，另一方面还要控制地下水位的上升不致引起土壤返盐，这就必须具备充足的水源和良好的排水条件，做到灌排相结合。建立水利措施投资非常昂贵，且用于维护的费用也很高。除此，在洗盐的同时除了把Na^+、Cl^-等离子排走外，土壤中一些植物必需的矿质元素，如P、Fe、Mg和Zn等也同时被排走。这种措施一旦停止，土壤含盐量还会恢复，阻碍盐碱地的可持续开发利用。

（2）植被修复是盐碱化土地恢复的最有效措施。目前，盐碱土改良方法中，水利工程改良、土壤耕作和化学改良等方法已普遍应用，但效果并不乐观。综合现有治理措施不难发现，植物修复是盐碱地恢复的最经济有效的措施，同时也是盐碱地修复的最终目标。建立有效的植被恢复模式与引进适宜树种已成为治理盐碱地的有效方法之一。已有研究相关抗盐碱植物耐盐碱基因的分离、提取、克隆技术，通过对不同植物品种耐盐性的比较研究，分析其耐盐性差异的生理机制，加入微观技术和组织培养及分子遗传学方法，可以对植物耐盐机理进行更为深入的研究。今后还需不断通过转基因技术和其他技术的结合，建立完善的植物耐盐体系，使其尽快运用到实际当中，建立良好的植被修复体系。

（3）化学措施的不稳定性。化学措施改良盐碱地方面，一般是通过施用化学改良剂来改良土壤。目前主要有石膏、钙质化肥以及施用腐殖酸类改良剂。这种改良模式因土地类型不同，施用量也不同，施用时间长短取决于经验和资金状况，由于此改良模式周期长、投资高、效果不稳定，推广的范围和面积不会很大。

对于任何盐碱地的改良模式都是各有利弊的，适用区域和土壤环境也不完全相同。所以，对于天津滨海地区，可尝试综合各项技术优点，将深松土壤、化学改良以及种植耐盐树种、草地相结合，将工程改土、化学改良与生物利用相结合，采用以土壤改良为主、耐盐植物种植为主的改良模式，实施保护性耕作和平衡施肥，采取滴灌农艺，降低成本，加快效果转化周期，以取得治理效果的最优化。

5）对于天津滨海盐碱地改良的建议及展望

（1）盐碱地水盐预报、监测和评价系统一体化

因土壤水分和盐分的运动具有明显的时空性，在时间和空间维上的变化都十分剧烈，可在认识区域水盐运动的发生、滨海盐碱地发展规律的基础上，建立可行的区域水盐预

报、监测和评价系统，以便进一步了解土壤水分和盐分的动态变化，其是寻求最佳的宏观生态调控模式和环境保护的策略，是开展区域水盐研究的各种信息数字化、智能化、计算机决策自动化技术的基础研究，也是土壤盐碱化改良利用的现代化标志。合理地建立当地滨海盐碱土水盐预报、监测和评价系统及区域水盐信息与次生盐碱化、潜在盐碱化水盐预测、预报的研究，可更有针对性地改良盐碱化土壤。

（2）加强盐碱地灌溉管理及咸水灌溉方面的研究

对于天津这个淡水资源匮乏的城市，缓解当地水危机大致有节水灌溉和咸水利用两方面。灌溉具有大水洗盐的作用，如何将微灌技术运用到滨海盐碱土灌溉还有许多问题需要解决。同时，由于咸水中还有一定的盐分，因此咸水灌溉必然会对土壤的理化性状产生一些负面影响，但有研究表明只要利用途径合理，这些负面影响就会得到抑制和消除，必须建立相应的监测系统模型和管理措施：

① 建立污水土地处理与利用系统。对于天津大港、塘沽区等拥有丰富滨海盐碱地资源且水资源缺乏的地区，可尝试建立污水土地处理系统：将处理后的污水及汛期沥水作为水资源，既可起到改良土壤作用，又可用水冲盐，同时用土地系统处理污水，可截留大量营养盐（特别是磷的排放），对控制天津海域的富营养化及赤潮发生也有重大作用。

② 浅层地下水的活化利用与调控。可借鉴黄淮平原近滨海缺水盐碱土区所研究的技术成果，以水管理为中心，以活化利用浅层地下淡水和微碱水为手段，以调控地下水埋深在临界动态以内为指标，以浅层水存贮的地层空间作为四水（降水、地表水、土壤水、地下水）转化的协调库，最大限度地把降雨径流转化为可控制的地下水资源。

（3）按生态位引种耐盐经济植物，综合治理改良滨海盐碱土

所谓的"生态位原理"指的是生态系统中的各种生态因子都具有明显的变化梯度，物种占有、利用和适应这些变化梯度的部分，成为其生态位。利用生态位原理等生态工程原理，合理规划布局相应的模式和物种，在未围垦的海滨盐土实施低投入、高产出的复合技术，实现种、养、保护环境相结合的可持续发展农业产业技术。如何通过合理的植物群落配植和运用现代生物技术、加强耐盐植物品种的筛选与应用、减少资源量浪费，是提高人工生态系统效益的关键。因而，合理运用生态位原理，可逐步形成一个具有多样性种群的、稳定而高效的盐碱土生态系统。不仅可有效增加滨海盐碱土植被覆盖率，改良滨海盐碱土的土壤性质，对于今后盐碱地改良及农林业产业化的发展也有一定的指导作用。

（4）加强高效盐碱地改良剂的研究

中国对土壤改良剂的研究和应用还处在不成熟的阶段。随着改良剂施用的增多，在施用过程中一些问题也暴露了出来。如用量过少，改良效果不明显；用量太大，成本会提高造成浪费。另外，某些土壤改良剂本身无毒，但经耕作、光照、机械等作用后，会逐渐分解出微量有毒体（如 PAM，但它在土壤中停留的时间极短）。应加强对不同种改良剂混用、改良剂同肥料混用等的研究，提升盐碱地改良剂的使用效果。

（5）建立可持续的盐碱地综合治理规划

在盐碱地改良利用过程中，采取的改良措施经历了由单一到综合的过程，在综合治理的同时，又要因地制宜，突出重点。对于滨海盐碱地改良利用的研究，还应建立在长期监测的基础上，以发展的观点，将有效措施不断加以结合、调整和完善，做好近期、中期、远期的绿化规划，合理建设盐碱地绿地景观，制定可持续的发展规划是改善滨海地区盐碱

地的基础。

2. 滨州市区盐碱地绿化——黄河三角洲地区

1）成因

滨州市位于黄河下游的鲁北平原，黄河三角洲腹地。黄河从市区南端穿境而过，经东营至渤海入海口。由于长期受黄河携带泥沙堆积和潮水冲刷的共同影响，黄河河道不断左右摆动演变，形成了西起徒骇河口，东至小清河口之间的黄河河口区。滨州市位于该河口区内。由于地理位置和地质条件的特殊性，造就了其几个方面的生态特点：

（1）春旱夏涝秋又旱的大陆性半干旱季风气候。

（2）海拔低，受海潮影响频繁。滨州市地处黄河河口区地势低平、最高的西南部。

（3）潜水位高，矿化度大，返盐量高。

（4）风蚀水浸严重，沙土瘠薄，易返盐，限制了市区种草植树等绿化工作的开展。

2）盐碱地绿化策略

（1）降水改碱是城市绿化的基础

地下潜水位浅，含盐量高，土壤盐渍化重，是制约滨州市区绿化的主要因素。要加速城市绿化步伐，必须降水改碱。采用下面几种措施降水改碱是行之有效的。如：挖沟截渗排碱、打排水井排水控制地下水位、衬砌引黄渠道和供水水库等。

（2）设置隔碱层

设置隔碱层不仅能有效地控制盐分上升，提高栽植成活率，而且可以改善土壤水肥条件，促进植物生长。在经济条件具备时最好采取在隔碱层以下设置排碱暗管，使暗管与排水沟相通，保证上面的渗水和多余地下水及时排走，使地下水位控制在排碱管以下，才能确保花草、树木的正常生长。

（3）大穴整地

地势较高、排水良好的地段，土壤含盐量一般较低，植树前挖长、宽各 1.5m，深 1m 的大穴，拣出石块等垃圾后填回原土。灌足淡水，土壤干后，再灌 2～3 次，即可栽植。

（4）客土治盐

在滨海盐碱地，绿化工程的施工首先要进行改土脱盐或换土，使土壤的水、肥、气、热状况适合绿化植物生长发育的要求，才能达到预期目的。植树前将种植地挖深 1m，并据排水要求形成一定的坡度，在底部填 20cm 厚的鹅卵石，并加填 20cm 厚的稻草，然后填满无盐的种植土。种植地下挖的深度根据当地地下水位确定，一般以不超过该地的地下水位为宜。

（5）改碱肥应用

改碱肥是一种无机—有机型复合改碱肥料，由 10 余种原料组成，酸碱度为 5.0。利用离子吸附、酸碱中和以及盐类转化三大改良盐碱土壤原理，降低 pH 值及含盐量，提高园林植物的成活率。

（6）养护和管理

盐碱地绿化最为重要的工作是后期养护，其养护要求较普通绿地标准更高、周期更长。为给树木供应充足的营养，可用氯酚素喷洒树木叶片，同时进行叶面施肥。树种下后 1 个月，第 1 次浇足氨浆水，第 2 次浇保养水，1 个月 3 天一小浇，7 天一大浇。小浇即在根部少浇水，主要是叶面喷水，保持叶面水分；大浇即在根部浇足水，以防土壤再次发生盐碱化，低洼处要注意排水。且持续浇 2 次或 3 次以上，以达到树根在软土壤中生出新的毛细根的目的。另外，注意防治病虫害，城市绿化植物的防治要注意安全，不能使用剧毒农药和有强烈刺激气味的农药。

3）结论

经过多年的艰苦努力，滨州市盐碱地绿化工作取得了很大的成绩，获得了许多宝贵的经验。改良盐渍土，选择适宜的耐盐碱品种，加快盐碱地绿化工作，是当前一项十分迫切的任务。盐碱地绿化研究日益得到重视，研究手段和方法不断更新，研究范围不断扩大。有些已经应用于生产，取得了良好的效果。因此，随着高新技术的发展，盐碱地绿化工作必将跨上一个新的台阶。

3. 浙江沿海盐碱地绿化

1）气候条件及盐碱地概况

（1）气候条件

浙江气候总的特点是：温暖湿润、雨量充沛、日照充足、四季分明。年平均气温 15～18℃，极端最高气温 33～43℃，极端最低气温 −2.2～−17.4℃，无霜期 240～250 天。年平均雨量在 980～2000mm，年均蒸发量 1300～1380mm，平均相对湿度 80％左右；年平均日照时数 1710～2100h；年均风速 2.2～2.9m/s，常年均有 2～3 次台风和 4～5 次暴雨、大暴雨影响。

（2）土壤条件

土壤质地大多为粉沙土、轻壤土、黏壤土、轻黏土、黏土，土层厚度大多达 3m 左右，深的可达 5～8m 以上。地下水位高，大多在 0.5m～1.0m 左右。土壤 pH 值介于7.6～8.5 之间，含盐量多在 0.2％～0.4％左右，少部分新围垦的海涂地含盐量可达 0.8％以上，其中最高为 1.6％（台州市椒江滨海工业园区，原为盐田）。

2）制约沿海盐碱地绿化的主要因子分析

（1）土壤含盐量

①影响水分的有效性；②引起植物中毒；③植物伤害；④影响土壤的团粒结构与肥力。

（2）水分

造成盐碱地土壤的植物缺水的主要原因，并不是土壤缺水，而是由于盐溶于水后，土壤溶液的浓度增加，使植物不能从中有效地吸收水分。另一方面，在沿海盐碱地上，一般地下水位在 0.5～1m，相对较高，影响植物根系的生长，同样黏性的盐碱土透气性差、缺氧，影响根系生长。

（3）灾害性气候因子

有台风、强风、暴雨、风暴潮等。

台风的高发季节在浙江沿海一般在 7～9 月，正值夏季高温，台风可直接刮倒树木，使根系与土壤分离。台风过后，高温天气，树木蒸腾量大，树木往往因缺水而死亡。在暴雨时，容易造成积水淹没植物，不及时排水，盐碱地的盐分就会随水分上移而危害植物根部，导致死亡。风暴潮也往往造成海水倒灌，高盐溶液影响植物根系吸收水分，致其死亡。

（4）碱分

据慈溪等地试验，沿海盐碱地海防林种植后 2～3 年，土壤盐分含量降低，从 0.77％

降到 0.17%，但土壤 pH 值反而上升，由 8.5 上升至 9.3，碱分对树木根颈部造成"灼伤"的现象严重，导致韧皮部的破坏，影响养分的输送，使植株死亡。

3）提高沿海盐碱地绿化成活率的主要措施

（1）改良土壤

① 排咸蓄淡：沿岸滩涂围垦初期土壤含盐量高达 0.8% 以上，需要经过排咸蓄淡后，才适宜进行绿化。根据排咸蓄淡的需要开挖河、渠、沟，并建设控水闸，排去积水。然后利用自然降水，通过雨水淋洗，使土壤中的盐分不断地随着水分的渗透流向沟、渠、河，按需要及时启闭控水闸，使咸水不断地排出，就可以使土壤含盐量不断地降低，达到可以绿化的要求。

② 种植绿肥植物，改善土壤团粒结构：绿肥植物有大麦、紫穗槐、紫花苜蓿、蚕豆等，播种时间一般为 10 月份，待第二年 2～3 月份，植株长大后就地深埋，以增加土壤有机质含量，改善土壤团粒结构，提高保水率。

③ 施有机肥改盐治碱：农业上改造盐碱地的行之有效的办法是在盐碱地上施用有机肥，不但能改善土壤结构，而且在腐烂过程中还能产生酸性物质中和盐碱，有利于树木根系生长，提高树木的成活率。

（2）"适地适树"选用耐盐碱植物，实行乔、灌、草综合配置

"适地适树"就是根据绿化的目的和绿化地的立地条件，选择最能适宜该地生长，又能发挥最佳效益的树种来绿化。绿化种植应为复层结构，实行乔、灌、草综合配置并合理密植，用地被植物全面覆盖地表，使绿地尽早郁闭，可以有效抑制土壤返碱。

（3）就地创办苗圃，适时栽种

在盐碱地上就地创办苗圃，对苗木本身就是一个逆环境考验，起"炼苗"作用，"优胜劣汰"，培育出的苗适应性强。另外，就地苗圃的苗木能做到"随起随种"，及时掌握有利天气，对提高成活率很有帮助。种植时间以每年的 2～5 月为主，尤以 2～3 月最佳，选雨后或雨前栽种。

（4）特殊养护措施

盐碱地的绿化工作难度大，要求高。除因地制宜地综合运用盐碱地绿化技术外，起苗、运输、假植、修根、整枝、栽植、浇水等的一般栽植和管理的各项技术环节还要环环扣紧，千方百计地缩短从起苗到栽植的时间，以减少根系水分蒸发，利于树木成活，栽后还要及时进行特殊养护管理。

在工程实践中，科研和施工人员对滨海盐碱地造林和绿化工程施工技术进行了科学的总结，概括为三句话：土壤改良是基础，树种选择是关键，特殊养护是保障。按"先有后好"原则，确保苗木成活率，再在土壤脱盐、培肥后进行优良树种更新，从而达到在滨海盐碱土上快速造林绿化，进而达到良性循环的生态效果和景观效果。

2.10　种植土

2.10.1　种植土的重要性

植物同其他所有生命体一样，必须在一定的生存条件下才能够正常生长，这种必要条

件就是必要的阳光、水分、养料、空气和适宜的温度环境，只有保证多种条件的平衡，才能维持植物正常的生长（2007，王洪成）。

园林绿化工程中的种植土是指理化性能好、结构疏松、通气、保水保肥能力强、适宜于园林植物生长的土壤。随着城市化进程的加快，园林绿化土壤受到了生活垃圾、人为践踏、车辆碾压、建筑垃圾等影响，土壤的结构理化性状遭到严重破坏，不利于园林植物正常生长。理想的种植土应是理化性能好、土质疏松透气、保水保肥能力强，土色通常为土黄色至棕褐色，pH 值为中性或微酸性及微碱性的土壤（2011，艾泽香）。

城市园林绿化工程实施中，土层厚度至少要达到树木、草坪生长所需的最低限度，一般深于根长或土球高度的 1/3 以上，否则不能施工。栽植地段土层结构差，对建筑垃圾、建筑物旧基础、道路路基三合土、生活垃圾等均要彻底清除，深挖至原土后，再回填栽植土。园林植物对土壤的酸碱度适应能力不同，大部分植物适宜在微酸或微碱性土壤生长，一般 pH 值以 6.7～7.5 为宜。过酸或过碱均需采取措施，根据植物的适应性，对土壤进行改良。酸性土壤可试用石灰及有机肥料，碱性土壤施用硫酸亚铁、硫磺与腐殖酸肥料等逐步降低土壤的酸碱度，或采用局部换土法。在黏性重的土壤中植树时，通常采用抽槽换土或客土掺沙、增施腐熟的有机肥料的办法，施肥时，务必使腐熟的有机肥料充分与土壤搅拌均匀，其上再铺置约 10cm 厚的园土，方可种植。在地势低洼、积水较重或地下水位较高地域实施绿化工程时，应按照水的流向铺置排水设施，并适当填土提高树穴的标高方可施工。尤其是雪松、广玉兰、梅花等不耐水湿的树种还要填土抬高种植，以利排水和根系伸展（2011，艾泽香）。

在园林绿化用土中，有的土壤质量差，各种建筑与生活垃圾混杂其中；有的土壤通过外购回填，掺杂着大量塘渣、重黏土；有的土壤土质基本合格但深度不足，难以满足植物生长要求；更糟糕的是绿化工程回填的种植土，在地形改造过程中往往都是用挖掘机、推土机施工作业，经过这些大型机械的碾压，原本质量差的土壤又造成了板结。可想而知，在这样的土壤上栽植的植物是根本无法正常生长的，这种先天不足的情况，以现有的管理条件，通过后期施肥来改良土壤是不现实的（2012，陈玉美）。因此，种植土的利用极为重要。

2.10.2 原土的保护与利用

随着城市绿化的加速发展，城市绿化用途资源越来越显得紧缺，因此对于有限的绿化用土资源要充分利用。

一般的表层土壤，有机质的分解物随同雨水一起慢慢渗入到下层矿物质土壤中去，土色带黑色，肥沃、松软、空隙多，这样的表层土适宜树木的生长发育。在改造地形时，往往是除去表层土壤，这样不能确保栽植树木有良好的生长条件。因而，应保存原有表层土壤，在栽植时予以有效利用（2008，殷华东）。

工程进场前期，业主应会同监理人员、施工单位对原有土壤进行现场踏勘，分析存在问题，共同研究讨论，制订相应的种植土施工方案，形成书面材料督促施工单位实施，从根本上把好种植土质量关。对于那些可以利用的表土，整理地形时要集中堆放，作为绿化种植用土。对于那些在土方工程施工过程中由于大量使用挖掘机、推土机等机械施工，导致植物生长所需有效土层被碾压紧实黏重、土壤透气透水性差、团粒结构被破坏的土壤，作为种植土时要深翻、增施腐熟有机肥或富含有机质的介质、泥炭土等进行土壤改良，以符合要求（2008，殷华东）。

可利用的绿化种植土种类通常有丘陵山黄土、农田土、城市堆垫土三种，我们可以根据土壤的不同种类采取不同的改良措施。

（1）丘陵山黄土其中的多数属于红壤土类中的黄红壤亚类。其表层土多为黄红色，深层土多为红色，石砾含量较多，土质瘠薄，肥力低下，pH 值呈酸性。此类土作为种植土必须筛掉粒径大于 1cm 的石砾、拣除树根等杂物，增施腐熟有机肥或富含有机质的介质、泥炭土等进行土壤改良，以达到符合种植土要求。

（2）农田土多数取自城郊零星荒地或稻田深层黏土层。其土质黏重，通透性差，肥力低下，石砾含量较少，多数 pH 值呈中性偏碱。此类土作为种植土必须掺混一定量的疏松基质，如堆腐木屑、稻壳、垃圾堆肥、中沙等，来提高黏土的通气透水性，增施酸性化肥或有机肥料提高其养分含量，以达到符合种植土要求。

此外，有很多种土壤不适宜植物的生长，如重黏土、沙砾土、强酸性土、盐碱土、工矿生产污染土、城市建筑垃圾土等。因而如何改善土壤理化性状，提高土壤肥力，为植物生长创造良好的土壤环境，则是一项很重要的工作。常用的土壤改良方法有：通过工程措施，如排灌、洗盐、清淤、筑池等以及通过栽培技术措施如深耕、施肥、压沙、客土、修台等方法。此外，还可以通过生物措施改良土壤，如种植抗性强的植物、绿肥植物、养殖微生物等。

有建筑垃圾的土壤、盐碱地、重黏土、粉沙土及含有有害园林植物生长成分的土壤，必须用种植土进行局部或全部更换。山黄泥作为种植土必须是结构疏松、通气、保水、保肥能力强，适宜于园林植物生长的土壤，必要时可掺入适量的泥炭土介质。对黏重土可掺入 30%～40% 的粗沙调整土壤质地。种植地为混凝土块（板）、坚土、废基、重黏土、低洼地等不透气或积水时必须打碎、穿孔、开排水沟或垫碎石，然后在碎石面层加到适合不同植物生长要求的土层厚度。种植土中影响植物生长发育的石砾、瓦砾、砖块、树根、杂草根、玻璃、塑料废弃物、泡沫等混杂物，施工企业必须清除。若土质较差，对于种植乔木或酸性植物的土壤应进行人工换土，采用酸性营养土进行改良。定期进行过磷酸钙施肥（2011，艾泽香）。

2.10.3　种植土的配制

适宜植物生长的最佳土壤是：矿物质 45%，有机质 5%，空气 20%，水 30%（以上按体积比）。矿物质是由大小不同的土壤颗粒组成的。种植树木和草类的土质最佳重量百分比（%）如表 2-44 所示。

园林树木和草类的土质最佳重量百分比类型　　　　　　　　　表 2-44

种别	黏土	黏砂土	砂
树木	15%	15%	70%
草类	10%	10%	80%

园林植物对种植土质量要求具体理化指标如表 2-45 所示。

园林植物种植土质量要求   表 2-45

种植土分类	pH 值	有机质(%)	密度(g/cm³)	有效土层(cm)	石砾	
					粒径(cm)	含量(%)
花坛土	6.0~7.5	≥2.5	≤1.20	≥30	≤1	<8
树穴土	6.5~7.8	≥2.0	≤1.30	乔木不小于100 灌木不小于60	乔木小于5 灌木小于5	乔木小于10 灌木小于10
草坪土	6.5~8.0	≥2.0	≤1.30	≥30	<1	<8
盆栽土	6.0~7.5	≥3.0	≤1.00	>8	无	无

目前，国内外将种植土基质分为土壤基质和无土基质两大类。一般用天然土壤与其他物质、肥料配制的基质称为土壤基质，有时又可称为营养土；不含天然土壤，而用泥炭、蛭石、珍珠岩、树皮等人工或天然的材料配制的基质称为无土基质。

常用基质有田园土、泥炭、草炭、木屑等。轻质人工土壤的自重轻，多采用土壤改良剂以促进形成团粒结构，保水性及通气性良好，且易排水。常见栽植基质性能见表 2-46。

常见栽植基质性能   表 2-46

材料名称	性 能 指 标	缺 点
土壤	密度通常大于 1000kg/m³	密度较大
泥炭	饱和水分条件下密度约 500kg/m³，pH 值 5.5~6.0	易分解流失
蛭石	饱和水分条件下密度约 330~450kg/m³，中性或微碱性，孔隙度 95%	易破碎，不耐压
珍珠岩	密度 0.03~0.16kg/m³，孔隙度 93%	无养分吸收能力，易破碎
煤渣	密度 500~1000kg/m³	密度大
腐熟锯木屑	风干密度 0.35~0.50kg/m³，湿密度 70~85kg/m³	—

基质可以单独使用，也可以与其他基质配比使用。基质调制总的要求是降低基质的密度，使其比较疏松，增加孔隙度，增加透气、透水性能。基质的混合，以 2~3 种混合比较适宜，如泥炭与蛭石各占 50%，是目前国内外应用较广的一种配方。泥炭与锯末或炭化物与蛭石各占 50%混合的基质，效果也很好。泥炭、蛭石、锯末或土壤、炭化物、蛭石或土壤、锯末、蛭石各占 1/3 的混合基质，使用效果都较好。无论是有机基质或无机基质均可混合使用，其效果可以从基质的性质、经济成本与对苗木生长的影响三个方面进行比较判断（表 2-47）。

不同基质的综合比较分析   表 2-47

基质	通气性	保水性	成本[1](元/kg)	生长状况[2]
蛭石	好	很好	4.2	3
珍珠岩	很好	适中	6	3
浮石	很好	适中	3.6	3
沙	好	差	0.03	—
炉渣	好	好	0.5	—
锯末	适中	很好	0.01	—

续表

基质	通气性	保水性	成本①（元/kg）	生长状况②
沙+陶粒	好	差	—	3
泥炭	好	很好	1	3
沙+炉渣	好	适中	—	2
沙+泥炭	很好	好	—	3
珍珠岩+泥炭	很好	好	—	3
炉渣+泥炭	很好	好	—	3
陶粒+珍珠岩	很好	一般	—	3
蛭石+珍珠岩	好	好	—	4
蛭石+泥炭	一般	一般	—	3
泥炭+浮石	一般	适中	—	4
锯末+陶粒	好	适中	—	3
锯末+珍珠岩	好	好	—	3

① 两种基质混合使用时，其成本可按比例计算。
② 生长状况综合评价等级：1为苗木枯黄，无生气；2为生长正常，开花少；3为生长良好，开花中等；4为生长健壮，结构紧凑，冠幅大，开花多，叶色浓绿。

从国内外种植土发展的轨迹来看，出于经济与环保的考虑，价廉而又能够循环使用且不污染环境的农林有机废弃物的利用，已逐渐成为种植土发展与应用的主要方向。一些城市代谢物，经过一定措施处理，不但能增加有机质含量，改善土壤的透气、透水性，提高土壤肥力，还能在一定程度上实现城市区域生态系统的物质循环和物质再利用，体现城市发展的可持续性。比如：①植物垃圾：每年城市中都会有大量的枯枝落叶等植物垃圾，燃烧会对环境造成污染，最好的办法是让其进入生物循环链，经粉碎机集中粉碎后，可沤制成有机肥料，掺入土中改良土壤。②淤泥：城市河道清理的淤泥、水草和污水厂沉淀淤泥，富含有机质，但直接使用对植物容易造成伤害，可以经处理后用于改良绿化用土。

2.10.4　种植土的生产

种植土的生产是将已选择的基质材料粉碎过筛，按照基质配方配制，并调至一定的湿润状态，供填装容器进行育苗或栽培使用。种植土配制一般可采用机械调配和手工调配两种方法，大规模或工厂化的生产，均采用专门的基质处理机，可以同时控制2种或3种基质的定量比例粉碎、过筛、混合，并可加入化肥或有机肥料搅拌均匀，一次性完成基质的混合配制。而小规模的生产，则用移动式小型粉碎机或人工打碎过筛，加入肥料混合拌匀。

人工配制基质的基本步骤包括：①根据基质配方准备好所需材料；②按比例将不同基质混合；③配制好的基质再放置4～5天，使土肥进一步腐熟；④进行基质消毒，把消毒剂（如3%硫酸亚铁溶液，每立方米施用30L）与基质均匀搅拌，或者在50～80℃温度下熏蒸，保持20～40min；⑤按比例放入复合肥或氮、磷肥；⑥配制好的基质，应及时装填容器使用，不立即使用时应归堆贮存，用防水布、塑料薄膜等覆盖起来，以免雨水淋湿及草籽随风飘入。

不同苗木的生长，对基质的酸碱度要求不同。一般针叶树种要求的 pH 值为 4.5～5.5，阔叶树种为 5.7～6.5。因此，调配好的基质应及时测定其 pH 值，并对照培育树种的要求进行调整，使其对苗木生长发育有利。调整 pH 值的方法是：基质偏酸可用氢氧化钠调整，偏碱可用磷酸，或过磷酸钙水溶液调整。另外，基质的 pH 值随着苗木的生长而变化，同时也受到施肥的影响。当施肥使基质的 pH 值下降时，一般加入硝酸钙；当 pH 值上升时，加入硫酸铵予以调节。或者在灌溉水中加入磷肥，将水的 pH 值调整到适合树木生长的要求。在育苗过程中，为了不使基质 pH 值变化过大，通常在偏酸的基质中加入石灰石粉末，在碱性基质中加入石膏粉以消除基质碱性。在中性或酸性基质中，施用石膏粉的直接作用是供应苗木钙和硫元素，通过钙离子的拮抗作用，减少铝、锰、氯等离子的危害，通过代换作用，使基质中的有效钾增加。

2.10.5 典型案例

1. 以浙江萧山国际酒店屋顶花园的建设为具体案例，来分析现代屋顶花园种植土的应用

种植区是屋顶花园的重要组成部分，它的好坏直接影响到植物能否健壮地生长。种植区的土壤既要尽可能地模拟大自然之土壤，又受到屋顶载荷、排水和防水等条件的制约。萧山国际酒店屋顶花园的种植层采用了图 2-151 的结构。在施工中，作了以下考虑。

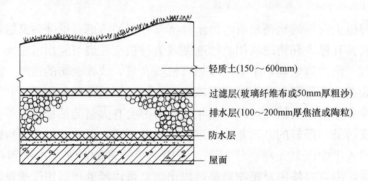

图 2-151 种植层的剖面

（1）种植层的厚度。根据微地形处理的需要和各种植物的生长特点选择最合适的厚度。各类植物所需的最小厚度如图 2-152 所示。

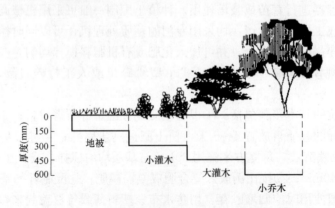

图 2-152 不同植物生长所需的最小土壤厚度示意

（2）种植土的组成。为减少屋顶载荷，种植土必须用轻质有机和无机介质加工而成。萧山国际酒店屋顶花园采用30％的木屑（经腐烂发酵）、46％的腐殖土、19％的本地园土、5％的砂混合而成。自重较轻又有利于排水。

（3）过滤层的设置。为防止种植土流失而造成肥力下降及屋顶排水系统堵塞，在种植土的底部设置玻璃纤维布作为过滤层，防止种植土中细小颗粒的流失。

（4）排水层的设计。排水层常用200mm厚的陶粒，非级配的砾石子或焦渣，既可迅速排除底层积水，又对人工土的通气和储水有着良好的改善作用。

2. 客土种植在滨海盐碱地的应用具有重要的意义

潍坊滨海经济开发区原用地大部分为盐田，地势较低洼平缓，立地条件较差，反碱情况严重，给绿化带来很大困难，因此采用客土种植模式进行绿化。在施工中，首先根据设计要求和现场勘察情况，组织现场清理，然后清运碱土，接着进行盐碱隔离层的铺设，最后进行客土回填。客土选择肥沃的种植土，回填时采用从一侧倒压的方式进行，施工时，边回填边用机械向里推。完成后将绿地表面整平。注意保护周围的绿化设施，标志好绿地内的管线、检查井等公共设施，避免遭到破坏。客土回填完成后，在苗木栽植前，采用挖掘机深翻绿地，深度一般为0.6～0.8m，不能间距太大，不能破坏隔离层。绿地翻整后，须表面平整，大水浇灌并充分沉实，避免苗木栽植后造成绿地不均匀沉降。

该绿化种植模式能够当年施工、当年见效，且客土绿化选择植物品种的范围大，景观效果好，目前在潍坊滨海经济开发区的道路、公园、绿地园林绿化中得到了广泛应用。

3. 种植土在北方某小区花园中的应用

北方某小区绿地土壤质量差，大部分为重黏土，而且，整理地形时基本采用挖掘机、推土机施工，经碾压的土壤不通气、不透水，一遇到雨天绿地中就大量积水，严重阻碍了植物生长甚至造成植物死亡。因此，在业主的要求下对花园进行了改造。

（1）对施工绿地进行全面的平整，清除杂物。在整地过程中根据施工图进行地形的处理改造，并用石磙压平，凹凸保证不大于2cm。

（2）对于土壤中出现的心土、未成熟土进行熟化处理，采用添加有机复合肥或购置优质种植土混合使用的措施进行改良。对于紧实的土壤结合机耕细耙和人工耙锄，直到疏松为止。

（3）根据设计要求，结合苗木、草坪的生态学特性及立地条件，对所有苗木种植面进行处理，清除种植面上的残枝、杂草、石头、渣土等杂物，保证种植土具有较好的通气、透水和保肥性能。

（4）对不符合设计要求的种植面进行局部的土方调整，并进行更加细致的平整，使种植面满足设计要求。

经改造后，小区花园焕然一新，植物生长茂盛，形成了良好的景观效果。

2.11 雨水花园

雨水花园是自然形成的或人工挖掘的，具有审美性和生物保水功能的渗透性浅口绿地，被用于汇聚并吸收来自屋顶或地面的雨水，是一种生态的、可持续的雨洪控制与雨水利用设施。

2.11.1 雨水花园的意义

1. 增加城市地基含水量，活化城市土壤生态系统

城市中硬地太多，水分流失量大，雨水无法自然返回大地，严重破坏了自然土地的保水能力，致使城市的地下浅层水源干枯，城市蓄热量降低，而雨水花园的出现正好有效地解决了这个问题。

2. "湿地"之蓄洪及净化，减少污染能力

降雨的时候，雨水花园还可以蓄洪。通过浅滩、小瀑布以及串联的水池的做法减缓了雨水的流速，另外它还可以容纳大量地雨水渗入。过剩的雨水则经过明沟流入公共排水管道。

利用植被的吸附、凝结能力，降低城市大气污染，部分吸收空气中和雨水中所含的硝酸盐及其他有害物质，植被生长还可以大量地吸收碳氧化合气体放出氧气，改善城市空气质量。植被还可以有效地消耗城市噪声能量，吸收部分城市噪声，降低噪声对城市生活的干扰。那些被吸附和凝结的污染物将被植被部分地作为营养利用和吸收。

3. 降低城市下水系统的压力及对市政设施的要求

城市排水管网负荷与日俱增，城市基础设施不堪重负，城市建设价格不断上涨。城市内部交通拥堵，噪声、粉尘充斥，城市失去了良性的自然生态循环，自然调节力极度下降。城市机能效率逐渐低下，雨水花园的渗水和蓄洪作用能大大降低城市下水系统的压力及对市政设施的要求。

4. 夏季降温作用

在夏天，雨水花园的大量蓄水由液体蒸发成气体，这个转变过程要吸热，从而降低温度，改善城市气候环境。

5. 调节气候，减低城市热岛效应

由于植被的光合作用性能所产生的植物光合驱动力，植物泵可将大部分集水从根系输送到叶面，再通过叶面蒸发到空气中，在蒸发中带走热量。植被叶面的向阳面和背阳面有着明显的温差效应，植物泵的驱动也消耗掉许多热能。利用这个特性可大量吸收城市辐射热，调节空气温度和湿度。

雨水花园中的植物具有光合作用、蓄水特性和滤水性能等植物生态习性，利用它对温度、辐射和空气湿度的调节能力、吸尘能力，以及它对城市季风运动的影响和消解城市噪声等功效来改善城市小环境的生态。植被走廊可以与城市水域体系相结合构成城市结构中的"城市生态廊道"。城市生态廊道和城市冷桥空间将为城市提供舒适的新鲜空气，消减城市热岛和温室效应对城市环境的影响，修复城市已被破坏的城市生态链。

2.11.2 雨水花园的建设原则

雨水花园建造时除考虑场地形态外，还需要综合考虑气候、水文、地质、土壤、植物等多种因素。因此，设计人员除了将雨水花园这种形式及理念运用到实际项目中外，还应与水文学、土壤学、植物学等专业人员相互协作。总的来说，应遵循以下基本原则。

1. 因地制宜

雨水花园的建设要充分考虑居住区绿地的位置、类型、功能和性质，因地制宜，充分利用原有地形地貌进行建设。

2. 经济美观

雨水花园需要考虑自身成本问题，尽量减少土方量，本着以最少的投入获取最大功能的原则进行建造；其次要考虑到景观效果，使其与周围的环境相协调，服从整体风格，建造精美的景观设施。

3. 生态优先

雨水花园在结构设计和植物选择配置上应尽量做到生态优先，模仿自然，进行仿生设计，使其对环境的破坏影响降到最小，做到与生态过程相协调，尊重生物多样性，减少对资源的掠夺，保持营养和水循环，维持植物生境和动物栖息地的质量，以改善人居环境、维护生态系统的健康。

2.11.3　施工技术措施

雨水花园在施工上主要包括选址、土壤渗透性检测、结果及深度的确定、面积的确定、平面布局、植物的选择及配置等方面。

1. 选址

对于雨水花园位置的选择，应该考虑以下几点：

（1）为了避免雨水侵蚀建筑基础，雨水花园的边线距离建筑基础至少 2.5m。

（2）雨水花园的位置不能选在靠近供水系统的地方或是水井周边。

（3）雨水花园不是水景园，所以不能选址于经常积水的低洼地。如果将雨水花园选在土壤排水性较差的场地上，雨水往地下渗透速度较慢，会使雨水长时间积聚在雨水花园中，既对植物生长不利，同时又容易滋生蚊虫。

（4）在地势较平坦的场地建造雨水花园会比较容易而且维护简单。

（5）尽量让雨水花园处于阳面，不要将其建在大树底下。应研究雨水花园的位置与周边环境的关系，及对整个景观的影响。

2. 土壤渗透性检测

检测准备建雨水花园的场地内土壤的渗透性是建造雨水花园的前提。沙土的最小吸水率为 210mm/h，沙质壤土的最小吸水率为 25mm/h，壤土的最小吸水率为 15mm/h，而黏土的最小吸水率仅为 1mm/h。比较适合建造雨水花园的土壤是沙土和沙质壤土。

可以通过一个简单的渗透试验来检验场地的土壤是否适合建雨水花园。方法是在场地上挖掘一个 15cm 深的小坑，往里注满水，如果 24h 之后水还没有渗透完全，那么该场地不适合建雨水花园。如果土壤渗透性较差，可以进行局部客土处理。将沙土、腐殖土、表层土按 2：1：1 的比例配置。

3. 确定结构及深度

雨水花园的构造：

雨水花园主要由五部分组成（图 2-153）。其中，在填料层和砾石层之间可以铺设一层沙层或土工布。根据雨水花园与周边建筑物的距离和环境条件可以采用防渗或不防渗两种做法。当有回用要求或要排入水体时还可以在砾石层中埋置集水穿孔管。

（1）蓄水层。为暴雨提供暂时的储存空间，使部分沉淀物在此层沉淀，进而促使附着在沉淀物上的有机物和金属离子得以去除。其高度根据周边地形和当地降雨特性等因素而

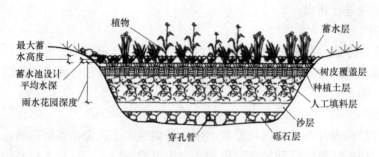

图 2-153　雨水花园的组成结构

定。一般多为 100～250mm。

（2）覆盖层。一般采用树皮进行覆盖，对雨水花园起着十分重要的作用，可以保持土壤的湿度，避免表层土壤板结而造成渗透性能降低。在土壤界面上营造了一个微生物环境，有利于微生物的生长和有机物的降解，同时还有助于减少径流雨水的侵蚀。其最大深度一般为 50～80mm。

（3）植被及种植土层。种植土层为植物根系吸附以及微生物降解碳氢化合物、金属离子、营养物和其他污染物提供了一个很好的场所，有较好的过滤和吸附作用。一般选用渗透系数较大的沙质土壤，其主要成分中沙子含量为 60％～85％，有机成分含量为 5％～10％，黏土含量不超过 5％。种植土层厚度根据植物类型而定，当采用草本植物时一般厚度为 250mm 左右。种植在雨水花园的植物应是多年生的，可短时间耐水涝，如大花萱草、景天等。

（4）人工填料层。多选用渗透性较强的天然或人工材料，其厚度应根据当地的降雨特性、雨水花园的服务面积等确定，多为 0.5～1.2m。当选用沙质土壤时，其主要成分与种植土层一致。当选用炉渣或砾石时，其渗透系数一般不小于 10～5m/s。

（5）砾石层。由直径不超过 50mm 的砾石组成，厚度 200～300mm。在其中可埋置直径为 100mm 的穿孔管，经过渗滤的雨水由穿孔管收集进入邻近的河流或其他排放系统。通常在填料层和砾石层之间铺一层土工布是为了防止土壤等颗粒物进入砾石层，但是这样容易引起土工布的堵塞。也可在人工填料层和砾石层之间铺设一层 150mm 厚的沙层，防止土壤颗粒堵塞穿孔管，还能起到通风的作用。

在雨水花园的顶部还设有溢流口，通过溢流管将过多的雨水排入其他的排水系统。雨水花园的深度一般指蓄水层的深度，其数值一般在 7.5～20cm 之间，不宜过浅或过深。深度过浅，若要达到吸收全部雨水的目的，则会使雨水花园所占面积过大。而深度过深，会使雨水滞留时间加长，不仅导致植物的生长受到影响，还容易滋生蚊虫。同时在无雨时节，雨水花园看起来如同一个大坑，影响景观效果。此外，雨水花园的深度与场地的坡度有一定的关系。场地的坡度应当小于 12％。坡度越缓，雨水花园的深度就相对越浅。一般来说，坡度小于 4％，深度 10cm 左右比较合适；坡度在 5％～8％之间，深度 15cm 左右；坡度在 9％～12％之间，则雨水花园的深度可以达到 20cm。当然，还应该根据土壤条件进行相应调整。对于渗透性稍差的土壤来说，深度可以适当减少。

4. 确定面积

雨水花园的面积主要与其有效容量、处理的雨水径流量及其渗透性有关。要精确地定量雨水花园的表面积，国内外有以下几种方法。

1）基于达西定律的渗透法

（1）达西定律

表征渗流能量损失与渗流流速之间的关系，其表达式如式（2-1）所示：

$$v = KJ = Kh_w/l \qquad (2-1)$$

式中 v——断面平均流速（m/s）；

K——沙质土壤的渗透系数（m/s）；

J——下渗起止断面间的水力坡度；

h_w——沿下渗方向的水头损失（m）；

l——下渗起止断面间的距离（m）。

（2）雨水花园面积计算

当蓄水层蓄满水时，流速如式（2-2）所示：

$$v_1 = K(2h + d_f)/d_f \qquad (2-2)$$

当蓄水层未蓄水时，流速如式（2-3）所示：

$$v_2 = Kd_f/d_f = K \qquad (2-3)$$

式中 v_1、v_2——断面流速（m/s）；

h——蓄水层设计平均水深，一般为最大水深 h_m 的 1/2（即 $h = h_m/2$）（m）；

d_f——雨水花园的深度，一般包括种植土层和填料层（m）。

设计时，常取其平均值，如式（2-4）所示：

$$v = (v_1 + v_2)/2 = K(2h + d_f)/2d_f + K/2 = K(h + d_f)/d_f \qquad (2-4)$$

渗滤的基本规律有：

$$A_f = V/t_f v \qquad (2-5)$$

$$V = A_d H\phi \qquad (2-6)$$

式中 A_f——雨水花园的表面积（m²）；

V——雨水花园的雨水汇流总量（m³）；

t_f——蓄水层中的水被消纳所需的时间（s）；

A_d——汇流面积（m²）；

H——设计降雨量（按设计要求决定）（m）；

ϕ——径流系数。

将式（2-4）、式（2-6）代入式（2-5）中得：

$$A_f = A_d H\phi d_f/[K(h + d_f)t_f] \qquad (2-7)$$

此方法主要依据雨水花园自身的渗透能力和达西定律而设计，忽略了雨水花园构造空隙储水量的潜力和植物对蓄水层的影响。在新西兰等地，降雨量常按当地两年重现期日降雨量的 1/3，约 25mm 计算。填料采用沙质壤土，渗透系数不小于 0.3m/天，蓄水层一般为 100～250mm，蓄水层中的水被消纳的时间一般为 1～2 天。

2）蓄水层有效容积法

这是一种在水量平衡的基础上，利用雨水花园蓄水层的有效容积消纳径流雨水的设计方法。根据植被被淹没的状态又分为两种情况。

（1）部分植被的高度小于最大蓄水高度，则植被在蓄水层中所占体积如式（2-8）

所示：

$$V_v = nA1h_v \tag{2-8}$$

式中　V_v——植被在蓄水部分所占的体积（m^3）；

　　　　n——植被的数量；

　　　$A1$——茎干的平均横截面积（m^2）；

　　　h_v——淹没在水中的植被平均高度（m）。

令植物面积占有率 f_v 为：

$$f_v = nA_1/A_f \tag{2-9}$$

式中　f_v——植物横截面积占蓄水层表面积的百分比。

将式（2-9）代入式（2-8）中得：

$$V_v = f_v h_v A_f \tag{2-10}$$

则实际可蓄水的体积如式（2-11）所示：

$$V_w = h_m A_f - V_v = h_m A_f - f_v h_v A_f = A_f(h_m - f_v h_v) \tag{2-11}$$

式中　V_w——实际可蓄水的体积（m^3）；

　　　h_m——最大蓄水高度（m）。

根据水量平衡，进入雨水花园的径流量（$V = A_d H\phi$）等于实际蓄水体积，即 $V = V_w$，则有：

$$A_f = HA_d\phi/(h_m - f_v h_v) \tag{2-12}$$

（2）植被高度均超出蓄水高度，则有 $h_v = h_m$，式（2-11）可化为：

$$V_w = A_f h_m(1 - f_v) \tag{2-13}$$

则雨水花园面积为：

$$A_f = HA_d\phi/h_m(1 - f_v) \tag{2-14}$$

此法主要利用雨水花园蓄水层的有效容积滞留雨水，考虑了植物对蓄水层储水量的影响，但未考虑雨水花园的渗透能力和空隙储水能力。实际应用中大多采用第二种情况进行计算，主要是用于处理初期雨水，处理的雨水径流量一般按 12mm 的降雨量设计。

3）完全水量平衡法

（1）水量平衡分析基本原理

假定雨水花园服务的汇流范围内的径流雨水首先汇入雨水花园（当一般雨水花园面积占全部汇流面积的比例较小，即直接降落到雨水花园本身的雨水量较少时，可忽略不计），当水量超过雨水花园集蓄和渗透能力时，开始溢流出该计算区域，此时，在一定时段内任一区域各水文要素之间均存在着水量平衡关系，如式（2-15）所示：

$$V + U1 = S + Z + G + U2 + Q1 \tag{2-15}$$

式中　V——计算时段内进入雨水花园的雨水径流量（m^3）；

　　　$U1$——计算时段开始时雨水花园的蓄水量（m^3）；

　　　S——计算时段内雨水花园的雨水下渗量（m^3）；

　　　Z——计算时段内雨水花园的雨水蒸发量（m^3）；

　　　G——计算时段内雨水花园种植填料层空隙的储水量（m^3）；

　　　$U2$——计算时段结束时雨水花园的蓄水量（m^3）；

　　　$Q1$——计算时段内雨水花园的雨水溢流外排量（m^3）。

通常，计算时段可以取独立降雨事件的历时，此时，由于蒸发量较小，Z 可以忽略。而且在设计雨水花园时，一定设计标准对应的溢流外排雨水量可假设为 0。如果计算时段开始与终了时雨水花园内蓄水量之差以 V_w 表示，即 $V_w = U2 - U1$（实际计算时可视时段开始时雨水花园无蓄水，即 $U1 = 0$），即：$V_w = U2$，如式

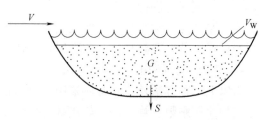

图 2-154　雨水花园计算模型示意

(2-16) 所示。图 2-154 所示为雨水花园计算模型示意。

$$V = G + V_w + S \tag{2-16}$$

（2）径流雨水量

径流雨水量可采用式（2-6）计算，其中 H 可根据当地的降雨特性和设定的削减雨水的目标来确定，雨水花园主要针对较频繁的暴雨事件，设计降雨量一般不超过 0.03m。

（3）雨水花园下渗量

计算时段雨水花园的下渗量，如式（2-17）所示：

$$S = K(d_f + h)A_f T/d_f \tag{2-17}$$

式中　T——计算时间（min），常按一场雨 120min 计。根据雨水花园构造及土壤条件不同，式（2-17）中的 K 取值各异，主要分为以下三种情况：

① 当雨水花园底层设有防渗膜或填料外土壤的渗透系数 $K2 \ll$ 种植土渗透系数 $K1$（一般人工填料的渗透系数大于种植土的渗透系数）时，$K2$ 起限制主导作用，此时下渗量较小，可忽略不计，即 $S = 0$。

② 当雨水花园底部有排水穿孔管或 $K2 \gg K1$ 时，取 $K = K1$。

③ 当 $K2 < K1$ 时，取 $K = K2$。

（4）蓄水量

当雨水花园中的径流量大于同时间的土壤渗透量时，必然在雨水花园形成蓄水。假定雨水花园中的植被高度均超出上部蓄水高度，则实际蓄水量如式（2-18）所示：

$$V_w = A_f h_m (1 - f_v) \times 10^{-3} \tag{2-18}$$

（5）空隙储水量

$$G = nA_f d_f \phi \tag{2-19}$$

式中　n——种植土和填料层的平均空隙率，一般取 0.3 左右。

（6）雨水花园面积的计算

结合上述公式可得雨水花园的面积如式（2-20）所示：

$$A_f = \frac{A_d H \varphi d_f}{60KT(d_f + h) + h_m(1 - f_v)d_f + n_f^2} \tag{2-20}$$

当 $S = 0$，亦即 $K = 0$ 时，式（2-20）可化为：

$$A_f = \frac{A_d H \varphi}{h_m(1 - f_v) + nd_f} \tag{2-21}$$

此方法主要针对一场雨的雨量来设计，其目的不仅是用来处理初期雨水，而且是要在净化雨水的基础上削峰减量，最终实现无溢流外排现象。如果将处理后的水加以收集利

用，也应采用此法进行计算。

当然要注意：雨水花园主要是消纳较频繁事件的雨水径流，而非极端事件，所以一般根据当地降雨特性和雨水花园的削减目标选用一个合适的降雨量。

4）基于汇水面积的比例估算法

除以上三种方法外，有时还采用简单的估算方法，即根据雨水花园服务的汇水面积乘以相应的比例系数计算求得，如式（2-22）所示：

$$A_f = A_d B \tag{2-22}$$

式中　B——修正系数。

当汇流面积均为不透水面积时，计算出的雨水花园的面积一般为汇水面积的5%～10%。此法计算简单，但需通过多年的工程经验积累才能建立这样的公式，且精度不高，对降雨特征变化较大和不同标准要求的适应性较差。

可以看出，以上三种方法都有各自的特点，也都有一定的局限性。在使用时要分析雨水花园的结构特点、功能侧重、设计标准和所在地的土质特性等因素选择使用。基于达西定律的渗滤法适用于沙质土壤的雨水花园；蓄水层有效容积法适用于雨水花园中黏土较多、场地不受限制的区域；完全水量平衡法对于城市区域雨水径流污染严重而选用渗滤速度大的人工材料，需着重考虑渗滤和滞留时用；比例估算法主要用于粗略计算和有丰富经验时。

5. 确定平面布局

雨水花园的平面形式比较自由，可以根据个人喜好以及所处的场地环境自由安排。但为了能尽可能地发挥雨水花园的作用，其长宽比应该大于3：2。

6. 选择适宜植物

1）原则

雨水花园是靠其土壤与植物共同作用来处理雨水的，因此对雨水花园植物的选择也是非常重要的。植物的选择有以下几点原则。

（1）以乡土植物为主，不能选择入侵性植物

本土植物对当地的气候条件、土壤条件和周边环境有很好的适应能力，在人为建造的雨水花园中能发挥很好的去污能力并使花园景观具有极强的地方特色。但国外在雨水花园的研究、建造和植物选择、培育方面有着更多的经验，提供了丰富的植物选材，可以在试验驯化的前提下谨慎选用，既提高花园中物种的多样性，又避免物种入侵。

（2）选择既耐旱又能耐短暂水湿的植物

因雨水花园中的水量与降雨息息相关，存在满水期与枯水期交替出现的现象。因此，种植的植物既要适应水生环境又要有一定的抗旱能力，同时作为一个需经常处理污染物的人工系统，容易滋生病虫害，所选的植物也要具有较高的抗逆性，能抗污染、抗病虫害、抗冻、抗热等。

（3）选择根系较发达、叶繁茂、净化能力强的植物

植物对于雨水中污染物质的降解和去除机制主要有三个方面：一是通过光合作用，吸收利用氮、磷等物质；二是通过根系将氧气传输到基质中，在根系周边形成有氧区和缺氧区穿插存在的微处理单元，使得好氧、缺氧和厌氧微生物均各得其所，发挥相辅相成的降解作用；三是植物根系对污染物质，特别是重金属的拦截和吸附作用。因此，根系发达、

生长快速、茎叶肥大的植物能更好地发挥上述功能，是雨水花园植物选择的重要标准。其次，雨水花园在降雨期间水体流动速度较快，因此要求植物拥有较深的根系。

（4）选择香花性植物

一方面，香花性植物可以引诱昆虫帮助传送花粉，以便雨水花园内的植物能更好地繁殖；另一方面，香花性植物可以消灭周围的微生物或者毒害邻近的植物，以达到维护雨水花园稳定性的目的。

（5）选择可相互搭配种植的植物，提高去污性和观赏性

研究表明，不同植物的合理搭配可提高对水体的净化能力：可将根系泌氧性强与泌氧性弱的植物混合栽种，构成复合式植物床，创造出有氧微区和缺氧微区共同存在的环境，从而有利于总氮的降解；可将常绿草本与落叶草本混合种植，提高花园在冬季的净水能力；可将草本植物与木本植物搭配种植，提高植物群落的结构层次性和观赏性。

2）适用雨水花园植物

在丰富的湿生、水生植物及耐水湿的乔木品种中，根据以上原则、前人的研究成果、植物的自身习性选择出一些可供雨水花园使用的植物品种（表 2-48～表 2-50）。其次，有一定耐涝能力的草坪草和观赏草也可用于雨水花园（表 2-51）。

可供雨水花园使用的湿生植物 表 2-48

名　称	科　属	优　点	缺　点
芦苇 Phragmites australis	禾本科芦苇属	根系发达,可深入地下 60～70cm,具有优越的传氧性能,有利于 COD 的降解,适应性、抗逆性强	植株较高,蔓延速度过快,小面积雨水花园中不适用
芦竹 Arundo donax	禾本科芦竹属	生物量大,根状茎粗壮,较耐旱	植株较高,小面积雨水花园不适用
香根草 Vetiver zizanioides	禾本科香根草属	根系强大,抗旱、耐涝、抗寒热、抗酸碱,对于氮磷的去除效果明显	植株较高,生长繁殖快,小面积雨水花园中不适用
香蒲 Typha latifdia	香蒲科香蒲属	根系发达,生产量大,对于 COD 和氨态氮的去除效果明显	——
美人蕉 Canna indica	美人蕉科美人蕉属	对于 COD 和氨态氮的去除效果明显	根系较浅
香菇草 Hydrocotyle vulgaris	伞形科天胡荽属	喜光,可栽于陆地和浅水区,对污染物的综合吸收能力较强	不耐寒
细叶莎草 Cyperus alternifolius 'Gracilis'	莎草科莎草属	根系深,对营养元素的综合吸收能力较强,叶细,观赏性强	不耐寒
姜花 Hedychium coronarium	姜科姜花属	生物量大,对氮元素的吸收能力较强,观赏性强	不耐寒、不耐旱
茭白 Zizania caduciflora	禾本科茭白属	对 Mn、Zn 等金属元素有一定富集作用,对 BOD_5 的去除率较高,可食用	不耐旱
慈姑 Sagittaria sagittifolia	泽泻科慈姑属	叶形奇特,观赏性强,对 BOD_5 的去除率较高,可食用	根系较浅
薏苡 Coixlacrymajobi	禾本科薏苡属	根系发达,生物量大,可食用,有一定抗旱性	——

续表

名　称	科　属	优　点	缺　点
灯心草 Junous effusus	灯心草科灯心草属	半常绿,较耐旱,根状茎粗壮横走,净水效果良好	—
石菖蒲 Acorus gramineas	天南星科菖蒲属	常绿,根状茎横走,多分枝	不耐旱
旱伞草 Cyperus alternifolius	莎草科莎草属	常绿,茎直立、丛生、无分枝、三棱形、高可达 50～160cm	不耐寒
条穗苔草 Carex nemostachys	莎草科苔草属	常绿,喜光,喜湿润,较耐寒	
千屈菜 Lythrum salicaria	千屈菜科千屈菜属	较耐旱,观赏性强	污染物质的去除能力不强
黄菖蒲 Iris pseudacorus	鸢尾科鸢尾属	较耐旱,观赏性强	
泽泻 Alisma orientale	泽泻科泽泻属	耐寒耐旱,观赏性强	
红莲子草 Alternanthera paronychioides	苋科苋属	较耐旱,叶终年通红,观赏性强	
三白草 Saururichinensis	三白草科三白草属	较耐旱,观赏性强	

可供雨水花园使用的水生植物　　　　　　　　　　　　　　　表 2-49

名　称	科　属	优　点	缺　点
凤眼莲 Eichhornia crassipes	雨久花科凤眼莲属	繁殖能力强,除氮效果佳	需严格控制种植范围,冬季休眠
大漂 Pistia stratiotes	天南星科大漂属	繁殖能力强,除氮效果佳	需严格控制种植范围,冬季休眠
水蕹 Aponogeton lakhonesis A. Camus	水蕹科水蕹属	生物量大,除氮效果佳	冬季休眠
水芹 Oenanthe javanica	伞形科水芹属	生物量大,除氮效果佳,可食用	夏季休眠
睡莲 Nymphoides tetragona	睡莲科睡莲属	能吸收水中的汞、铅、苯酚等有毒物质	
荇菜 Nymphoides peltatum	龙胆科荇菜属	喜阳耐寒,观赏性强	—
萍蓬草 Nuphar pumilum	睡莲科萍蓬草属	喜阳耐寒,观赏性强	—

可供雨水花园使用的耐水湿植物　　　　　　　　　　　　　表 2-50

名　称	科　属	优　点	缺　点
湿地松 Pinus elliottii	松科松属	常绿,耐寒、耐水湿	碱土中种植有黄化现象
水杉 Metasequoia glyptostroboides	杉科水杉属	耐寒、耐水湿能力强	落叶需清理干净
落羽杉 Tazodium distichum	杉科落羽杉属	喜光,极耐水湿	落叶需清理干净
池杉 Taxodium ascendens	杉科落羽杉属	喜光,极耐水湿	落叶需清理干净
垂柳 Salix babylonica	杨柳科柳属	喜光、耐寒、耐水湿	—
枫杨 Ptericarya stenoptera	胡桃科枫杨属	喜光,耐寒、耐水湿	—

可供雨水花园使用的草坪草和观赏草　　　　　　　　　　　表 2-51

名　称	科　属	优　点	缺　点
狗牙根 Cynodonactylon (Linn) Pers.	禾本科狗牙根属	根茎发达,繁殖迅速,较耐涝	—
雀稗 Paspalumthunbergii Kuntb ex Stend.	禾本科雀稗属	湿地上常见草种,耐涝	—

续表

名　　称	科　　属	优　　点	缺　　点
马蹄金 *Dichondrarepens* Forst.	旋花科马蹄金属	耐阴、耐湿，稍耐旱	不耐践踏
斑叶芒 *Miscanthussinensis* andress'Zebrinus'	禾本科芒属	喜光，耐寒，耐旱，耐涝	—
细叶芒 *Miscanthus sinensis*	禾本科芒属	喜光，耐寒，耐旱，耐涝，花期9～10月，初粉红，逐渐变红，秋季银白色，观赏性强	—
花叶燕麦草 *Arrhenatherumelatius* cv. Variegatom	禾本科燕麦草属	喜光，耐寒，耐旱，耐水湿	—
蒲苇 *Cortaderia selloana*	禾本科蒲苇属	常绿，耐寒，耐旱，观赏性强	—
细叶针茅 *Stipa lessingiana* Trin. et Rupr.	禾本科针茅属	常绿，叶细长，喜光，管理粗放	—
金叶苔草 *Carex* 'Evergold'	莎草科苔草属	常绿，叶金黄，喜光，观赏性强	不耐涝
棕叶苔草 *Carex kucyniakii*	莎草科苔草属	常绿，叶终年棕黄色，喜光，观赏性强	不耐涝

3）雨水花园中植物的配置方法

（1）以控制径流污染为目的的雨水花园的植物配置方法

此类雨水花园可用于停车场、广场、道路的周边，由于所处理的雨水污染较为严重，需选择对于各类污染物吸收能力较强的植物，花园可以人工湿地的形式来进行设计，通过植物、动物、土壤的综合作用来净化、吸收雨水。

在水文条件良好，设计区域内自身有一定湿地基础的情况下，可以营造自然形式的湿地系统，反之则可营造较为规则的人工湿地。

在植物的配置上，自然式湿地沉淀池的沿岸可成片种植芦苇、香根草等湿生植物，规则式人工湿地的沉淀池可沿岸边设计梯台式的植物床种植湿生植物，池塘中限制性地种植凤眼莲、大漂等水生植物，让悬浮物质得以沉淀的同时，也去除雨水中的部分有机污染物。自然式湿地沿线带状种植各种既能去除有机污染物又有一定观赏价值的湿生植物，如香蒲、灯心草、莎草、茭白、慈姑、美人蕉、姜花等，并要适当配置常绿湿生植物，如石菖蒲、旱伞草等，保证冬季的净水能力，随着水质的逐步改善，在一些水流较缓的区域可种植荇菜、睡莲等水生植物，增加观赏性。规则式湿地则将上述植物根据净水能力的高低，分别种植在各层的植物塘中，随着水质的净化在一些植物塘中可引入鱼类、蛙类等动物形成更复杂的动植物群落。

（2）以控制径流量为目的的雨水花园的植物配置方法

此类雨水花园一般用于处理公共建筑或小区中的屋面雨水、道路雨水等，水质相对较好，植物的选择范围更广，同时这些场所为人员密集区域，花园不仅仅是处理雨水的工具，还要满足人们活动和观赏的需求。

① 控制径流量与活动相结合的植物配置方法

与人员活动相结合的雨水花园适合营造于居住区、公园中，花园面积较大，形成与周边区域平缓过渡的低洼地，其设计形式类似于公共绿地。根据雨水渗透和回收利用的要求，花园中铺设砾石层和填料层后，表层的植被以耐踩踏、耐涝的草本和耐水湿的乔、灌木为主。花园的草坪活动区可选用狗牙根、雀稗等耐涝能力较强的草坪草种，与花园周边道路和园内小径相衔接处可选用香菇草、三白草、鸭跖草等既耐涝又对污染物有一定吸收作用的地被植物，整个区域内配合道路、活动、休息设施栽种湿地松、落羽杉、垂柳、枫杨等耐水湿的高大乔木，增强花园的立体层次及遮阴效果。这样的雨水花园可在雨后形成蓄水湿地，承担处理雨水的功能，天气晴朗时形成具有一定坡度和遮阴的草地，成为人们户外活动的重要场所。

②　控制径流量与观赏相结合的植物配置方法

与观赏相结合的雨水花园则适合营造在办公、商业、学校等公共区域，花园的面积较小或偏于狭长，因此需要营造得较为精致，满足公共区域中人们的观赏要求，形似水景园。根据用地情况，花园可以营造成长而蜿蜒的水渠或方正有序的水池。在植物的配置方面，上述两种雨水花园都以雨水为唯一水源，地表具有良好的渗透性，因此花园存在丰水期和枯水期的交替变化，植物应以既耐涝又耐旱的观赏性湿生草本为主。在长条形的水渠中可选择美人蕉、黄菖蒲、千屈菜、泽泻、红莲子草、石菖蒲等中小型湿生植物，随意而自然地点缀在池边石缝及卵石浅滩中，吸收雨水中各种有害的污染物并固定水渠边缘的碎石和沙土。如果进入花园的初期雨水所含污染物质较多，也可以考虑在接近进水口的1～2个水池中限制性地种植凤眼莲、大漂等去污能力较强的水生植物，并适当降低该水池的渗水能力，使其保持一定的水位。在方正集中的水池中，可重点选择禾本科、莎草科等中小型的湿生植物和具有一定耐涝能力的观赏草，如：旱伞草、细叶莎草、多穗苔草、花叶卡开芦、花叶燕麦草、矮蒲苇、斑叶芒、细叶芒等进行较为规则、整齐的种植，体现观赏草群体的色彩和叶片线形之美。

2.11.4　经典案例

1. 波特兰雨水花园

1）项目简介

波特兰市位于美国西北部的俄勒冈州，是俄勒冈州最大的城市。由于其地处哥伦比亚河和威拉河的交汇处，针对每年几乎持续9个月的大雨，波特兰市进行了一项雨水渗透试验。植根于波特兰的风景园林师Murase与他人合作设计了可以渗透大部分甚至全部从停车场排出的降雨的雨水花园。

该项目由迈耶·里德景观设计事务所设计。构思为从 22253m² 的屋顶上集中降雨，然后经由会议中心南面的落水口抽送至花园，使得大量降雨渗入地面。

在波特兰的很多地方，首先要考虑的是如何防止雨水给超负荷的城市下水管道带来问题，但是在这里情况并非如此，因为几十米以外就是威拉河。雨水可以通过雨水管道顺畅地排入河中，设计师可以通过吸收雨水来过滤掉植物根部和土坡里的微生物（主要是汽车尾气中的微粒），达到改变水质的主要目标（图 2-155、图 2-156）。

2）应用方式

波特兰雨水花园由如下三大体系组成。

（1）雨水花园跌水体系

雨水花园在造型上利用一系列浅滩、小瀑布以及被玄武岩堰分隔而成的串联水池的做法，减缓了暴雨流下来的速度。在每一个水池都积满水之后，雨水才从水池边溢出，跌落0.46m 到下一个水池里，而沉淀物则稳定地遗留在水池中。整个人造水渠平均长约969m，宽1.8m。这些水池不仅可以起到蓄水的作用，还可以使得雨水有充分的时间渗入

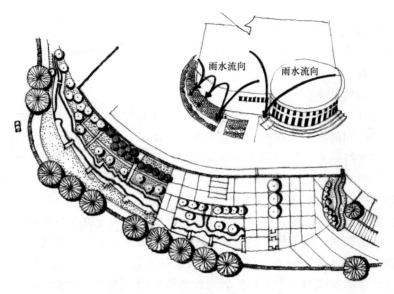

图 2-155 波特兰雨水花园平面示意图

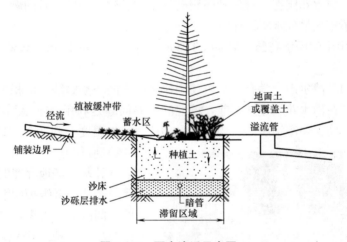

图 2-156 雨水渗透示意图

地下。

（2）雨水花园石材体系

雨水花园水渠底部的青灰色石板，使得雨水能够在上面自由流淌；边缘的鹅卵石又能够使多余的雨水很快地渗入地下，被土壤吸收；水渠墙面粗犷的玄武岩营造出了一种自然的氛围。这些有声有色、有动有静的细节体现了风景园林师对自然法则的理解及敏锐的洞察力和高水平的设计智慧。迈耶·里德的主水渠设计堪称是对太平洋西北部石头的一种完美构图，具体如下：

① 水渠的底面为坚硬的铺路石板，石材来自于华盛顿和爱达荷边境上的一个采石场；

② 用来稳固整个体系侧边的斜坡的河石来自蒙大拿的五彩缤纷，其直径从 2cm 至 10cm 不等；

③ 为使泄洪道沿着体系的长度方向延伸，水渠源头的挡土墙由蒙大拿的一种短而结

实的石头组成；

④沿水渠长度方向的垂直元素由采自华盛顿的摩西湖地区的青铜色柱状玄武岩组成；

⑤大楼南侧铺设的长而干燥的巨石墙以及沉淀池的冲刷水池采用产自华盛顿 Camas 以外的玄武岩巨石。

（3）雨水花园植被体系

为营造人工湿地的自然环境，雨水花园的水渠两旁种植了许多水生植物。这些生长在鹅卵石和碎石缝中间的水生植物不仅使雨水花园增添了绿色，使其显得更加生动、活泼和自然，而且植物本身还可以吸收各种有害的污染物。例如，周边马路上冲刷下来的油污等。此外，植物的根系还可以将碎石和沙土牢牢地固定住，防止因长时间水流冲刷而引起水土流失和地基层松动的问题。

上述三大体系的完美组合，从理论方面进行证明，可以允许大量的雨水渗入，特别是在较短的持续小雨期间，效果将尤为明显。项目工程师比尔·科普介绍说已出现了大量雨水正在被吸收的良好迹象。例如，在大雨后雨水并不长久滞留在水池中。在一场大雨期间，超过层叠式池塘容积的雨水最后汇集到地势最低的水池中。雨水经由一个虹吸管出口溢出到较低的水池，流入一条直径 0.76m 的公共排水管道。

总的来说，雨水花园在处理俄勒冈州会议中心扩建部分的雨水问题上是成功的。它在波特兰市荣获了年度最佳水资源保护奖。

2. 塔博尔山中学雨水花园（Mount Tabor Middle School Rain Garden）

1）项目简介

波特兰市的塔博尔山中学有一个由校园建筑围合的小型庭院，面积为 380m²。场地原为沥青停车场，在雨水花园建造之前，场地的主要问题是利用率不足和小气候温度过高。即使天气温和，沥青停车场所产生的热量也会使教室内温度上升（图 2-157）。

图 2-157　塔博尔山中学雨水花园

2）应用方式

设计基于场地存在的问题，提供了一个简单经济、低维护的解决方案。通过对庭院空间的重新组织，把这个未充分使用的停车场改造成一个创新性的雨水花园，集艺术、教育和生态功能于一体。场地的雨洪管理采用雨水花园原理并结合园林手法，实现就地管理。由校园沥青游乐场、停车场及屋顶约 2800m² 不透水面积汇集的雨水径流，通过一系列排水沟和管道转移到 190m² 的雨水花园中。进入花园后，雨水在下渗的同时与植物和土壤相互作用。随着暴雨强度的增加，花园内的雨水径流逐渐上升，一旦超过 20cm 的设计深度，水就流出花园并进入与之相结合的下水道系统。雨水花园的下渗率在 5~10cm/h 之间，这意味着任何滞留在雨水花园中的径流都能在几个小时后完全下渗。

花园中设计了一条约 0.6m 宽的细沙"走廊"，它在视觉上连接了雨水花园的两端。这一简单的设计不仅可以使参观者观察到雨水从多个方向跌落到花园中的过程，也可作为维修人员进入雨水花园而不破坏植被和土壤结构的通道。在植物设计方面，花园中混植了矮生的灯心草和莎草，在保证整体纹理和色彩的同时也允许杂草在其中生长，进而减少未来频繁的养护。

对于小面积内向型场地的雨水管理，一般采用集中处理的方式，在场地中心设置雨水花园。通过管道、沟渠等设施将屋顶、道路等硬质场地中的雨水引入雨水花园。植物选择以耐湿、耐旱的多年生乡土植物为主，以适应雨季、旱季的不同水分条件。因为场地位于学校这类人流活动集中的场所，设计还应考虑雨水花园对交通的影响，同时建议设置一些方便参观者近距离观察雨水花园的设施，充分发挥其教育功能。

3. 西南第 12 大道绿街工程 （SW12th Avenue Green Street Project）

1）项目简介

该项目毗邻波特兰市中心，场地为街道类线性空间。

2）应用方式

该改造工程就地管理街道中的雨水径流，避免了雨水径流直接从下水道流入城市河道。设计将原街道中人行道和马路道牙之间未充分利用的种植区转变为雨水花园，通过雨水收集池收集、减缓、净化并渗透街道中的雨水径流。设计沿街道一侧设置了 4 个连续的雨水收集池，每个收集池长 5.4m，宽 1.5m，通过预制混凝土板围合边界。雨季时，来自 740m² 面积的雨水径流顺着下坡（2% 的坡度）和现有路道牙流到第一个雨水收集池。30cm 宽的路道牙开口引导街道径流进入雨水收集池。收集池能够容纳的水深为 6cm，水渗透到土壤中的速度是 10cm/h。如果雨量过于密集，水将从雨水收集池的第二条路道牙缺口溢出，回流到街道，并沿下坡进入下一个雨水收集池。当水量超过所有收集池容量时，溢出的雨水才进入市政排水系统。

每一个雨水收集池同时也是种植池，其中密集地种植了平展灯心草（*Juncus patens*）和多花篮果树（*Nyssa sylvatica*），这两种植物都有耐湿和耐旱的特点。平展灯心草能帮助减缓水流速度，其根系结构则有助于水渗入并通过土壤。每个种植池的混凝土衬垫旁都种了一列平展灯心草，它们能有效地阻挡雨水径流中的杂质和沉积物。植物种植的密度大于城市雨水管理手册所要求的密度，这样做是为了减少维护费用（如除草、灌溉等），同时迅速创造了一处具有美感和吸引力的景观。另外，沿雨水花园还设置了一系列解说牌，阐释其工作流程，极具教育意义。

对于街道等线性空间，雨水花园的布置应该沿线展开。径流的流向在不影响交通的前提下，通过街道固有的坡度、雨水收集池闸口等方式加以引导。径流过程中，雨水花园能够滞留雨水，延长径流时间，实现有效的雨水下渗。选用的植物除具备耐湿、耐旱的特性外，还应具备过滤杂质、吸附有害物质的能力。种植设计应与街道整体环境相协调。

4. 停车场生态设计 （Ecology in the Parking Lot）

1）项目简介

美国佐治亚州坎通市某大型工厂场地总面积 28.3hm²。主体建筑位于场地中心，因为工厂的需要，周边布置了总面积为 4hm² 的大型停车场。

2）应用方式

对于此类大面积不透水区域的雨洪管理，通常的做法是通过管道、沟渠等硬质排水设施予以引导，最终流向市政排水设施。而该设计则尽量少地使用硬质排水设施，选择利用地形分散引导雨水。场地中没有路道牙、管道和人工井等设施，在 5% 坡度的地形上，雨水能迅速流入周边的草地、池塘和湿地（笔者认为这个项目中的"湿地"可以看做是雨水花园的一种形式）。设计的亮点是这些分布在停车场周围的湿地，其对于停车场范围内的雨水处理起到了关键的作用。高一级的湿地的雨水达到最大蓄水量时就会溢出，流入下一级湿地，直至超出所有湿地容量，雨水才汇入场地外的河流。屋顶、停车场和道路中的雨水在此过程中得到有效的疏散，滞留在湿地和池塘中的雨水可以下渗到土地中。湿地中种植着多种既耐水湿又耐旱的植物。这些洼地在雨季展现出湿地的面貌，在旱季则变成草地，形成一种变化的景观。对于建筑集中且有大面积不透水表面的场地，应考虑分散式的雨洪管理方法，利用地形引导雨水径流，进入就近的雨水花园中，并形成多级雨水滞留池系统。其种植设计应随意而自然，物种也应相对多样，以乡土植物为主，尽量选择多年生既耐湿又耐旱的植物。

致　谢

　　本书在撰写过程中得到了许多朋友和同行的大力支持，我们对此深表诚挚的谢意。他们是黎干生、李婷婷、何晓颖、洪隽琰、陈京京、童丽娟、张佳琪、赵静、郝思嘉、李晨希、莫林芳、周亚玮和白净。此外，我们还要感谢上海园林绿化建设有限公司、上海市园林工程有限公司、上海景观实业发展有限公司、上海新园林实业有限公司的鼎力相助。最后，衷心感谢中国建筑工业出版社和本书编辑于莉的耐心指导。

参 考 文 献

1 总论

[1] 陈爽，王进，詹志勇. 生态景观与城市形态整合研究 [J]. 地理科学进展，2004 (5).

2 各论
2.1 屋顶花园

[1] 王军利. 屋顶花园的简史、现状与发展对策 [J]. 中国农学通报，2005 (12).

[2] 李雁冰，林思祖，陈本学，曹光球. 屋顶花园的现状及思考 [J]. 安徽农业科学，2007 (28).

[3] 许荷. 屋顶花园构造探析 [D]. 北京：北京林业大学，2007.

[4] 赵卫艳. 浅谈我国屋顶花园设计的作用、现状和原则 [J]. 河南农业，2009 (4).

[5] 蒋海波. 屋顶花园设计与施工实践 [J]. 南方园艺，2010 (1).

[6] 周娟，廖欣星. 浅析屋顶花园设计要点 [J]. 科技经济市场，2007 (12).

[7] 谭国山. 屋顶花园防水排水探讨 [J]. 广东建材，2006 (8).

[8] 冯间开. 屋顶花园防排水设计 [J]. 给水排水，2007 (S1).

[9] 黄森木. 屋顶花园的种植基质 [J]. 湖南林业，2007 (9).

[10] 许荷，瞿志. 北京屋顶花园构造 [J]. 中国园林，2006 (4).

[11] 林夏珍. 论屋顶环境与屋顶花园 [J]. 浙江林学院学报，1998 (1).

[12] 吉文丽，李卫忠，王诚吉，姚爱静. 屋顶花园发展现状及北方屋顶花园植物选择与种植设计 [J]. 西北林学院学报，2005 (3).

2.2 垂直绿化
2.3 特殊空间绿化

[1] 刘炜. 厦门城市垂直绿化综合评价及绿化技术研究 [D]. 福州：福建农林大学，2010.

[2] 王欣歆. 南京城市园林中垂直绿化研究 [D]. 南京：南京农业大学，2010.

[3] 马少龙. 福州市城市垂直绿化美学评价及构建初探 [D]. 福州：福建农林大学，2011.

[4] 刘光立. 垂直绿化及其生态效益研究 [D]. 成都：四川农业大学，2002.

[5] 武新，张立新，尤长军. 增加城市绿量的好方法——垂直绿化 [J]. 辽宁农业职业技术学院学报，2002 (3).

[6] 许晓利，苏维. 城市绿地空间的再创造——垂直绿化 [J]. 河北林果研究，2004 (3).

[7] 谢浩. 垂直绿化在城市中的应用 [J]. 建材发展导向，2011 (5).

[8] 宋肇军. 浅析城市垂直绿化 [J]. 现代园艺，2012 (2).

[9] 杨有强，马传峰. 垂直绿化植物及其在园林中的应用科技信息 [J]，2011 (17).

[10] 曾誉. 长沙市垂直绿化植物选择与应用研究 [D]. 长沙：中南林业科技大学，2009.

[11] 李宝辰. 天津市垂直绿化植物种类选择及其应用的研究 [D]. 天津：天津大学，2012.

[12] 肖寒. 城市空间立体绿化的模式与未来的发展 [D]. 北京：北京林业大学，2012.

[13] 赵玮. 立体花坛研究 [D]. 南京：南京林业大学，2008.

[14] 韦菁. 立体花坛在城市绿化中的应用研究 [D]. 南京：南京林业大学，2012.

[15]　虞莉霞. 城市绿色生态植物墙 [J]. 园林，2009 (12).

[16]　尚全明. 深圳地区垂直绿化现状及植物墙技术发展探析 [J]. 中国园艺文摘，2012 (7).

[17]　包建忠，刘春贵，王腾，陈秀兰. 观赏植物室内绿化装饰设计与日常管理 [J]. 江苏农业科学，2012 (2).

[18]　黄秋萍. 浅谈室内绿化布置 [J]. 现代园艺，2010 (2).

[19]　周翠微. 室内绿化设计的原则与方法 [J]. 广州番禺职业技术学院学报，2010 (5).

[20]　孙茂林. 室内绿化装饰设计研究 [D]. 重庆：西南大学，2011.

[21]　符秀玉. 室内植物幕墙设计及植物材料选择 [D]. 杭州：浙江农林大学，2011.

[22]　任艾英. 室内绿化设计研究 [J]. 山西农业科学，2008，36 (8).

2.4　河道治理的生态景观技术

[1]　费成效，黄百顺，顾娜. 城市河道治理模式发展趋势研究探讨 [J]. 江淮水利科技，2011 (2).

[2]　戴梅. 对河道治理及生态修复的思考 [J]. 水科学与工程技术，2010 (2).

[3]　由文辉，顾笑迎. 国外城市典型河道的治理方式及其启示 [J]. 城市公用事业，2008 (4).

[4]　刘绍煊. 河道治理的有效方法探索 [J]. 黑龙江科技信息，2010 (23).

[5]　行航. 河道治理及沿岸绿化工程探讨——以深圳龙岗河为例 [J]. 技术与市场，2011 (7).

[6]　杨森林. 河道治理与规划的初步分析 [J]. 今日科苑，2008 (22).

[7]　陈勋，李梅凤，黄成业. 河道治理中的生态水利应用探究 [J]. 中华民居，2011 (11).

[8]　刘冰. 浅谈生态水工学与河道治理 [J]. 民营科技，2012 (3).

[9]　朱晓丽. 浅析河道治理与水环境保护 [J]. 浙江水利科技，2005 (2).

[10]　王凯霞，张晓涛，王德业. 浅议河道治理和生态水利 [J]. 科技视界，2012 (6).

[11]　张兴奇，秋吉康弘，黄贤金. 日本琵琶湖的保护管理模式及对江苏省湖泊保护管理的启示 [J]. 资源科学，2006 (6).

[12]　李明慧. 生态护岸技术在清河河道治理中的应用 [A]//中国水利学会 2010 学术年会论文集（下册），2010.

[13]　季树勋. 生态修复技术在城市污染河道治理中的应用 [J]. 科技资讯，2008 (2).

2.5　山体边坡治理

[1]　张永兴. 边坡工程学 [M]. 北京：中国建筑工业出版社，2010.

[2]　赵方莹，赵廷宁. 边坡绿化与生态防护技术 [M]. 北京：中国林业出版社，2009.

[3]　许文年，夏振尧，周明涛，刘大翔，夏栋. 植被混凝土生态防护技术理论与实践 [M]. 北京：中国水利水电出版社，2012.

[4]　朱兴莉. "回归自然"的边坡治理复绿方案——江苏北固山边坡复绿工程研究 [J]. 中国园艺文摘，2012 (4).

[5]　任洌锌. 九寨沟景区公路扩建山体边坡治理实践 [J]. 四川建筑，2009 (6).

[6]　杨永兵，施斌. 边坡治理中的植物固坡法 [J]. 上海地质，2001 (4).

[7]　杨志法，张路青，祝介旺. 可用于边坡治理的 6 项新技术 [J]. 高科技与产业化，2006 (Z1).

2.6　湿地的再造与修复

[1]　沈士德，梁和平. 基因工程菌在富营养化水体中应用的试验研究 [J]. 勘察科学技术，2003 (6)：21-23.

[2]　贾萍，宫辉力，赵文吉，李小娟. 我国湿地研究的现状与发展趋势 [J]. 首都师范大学学报（自然科学版），2003 (3)：84～88，95.

［3］　谢运球. 恢复生态学 ［J］. 中国岩溶，2003（1）：28-34.

［4］　李丽，石月珍. 我国湿地现状及恢复研究 ［J］. 水利科技与经济，2004（1）：34-36.

［5］　李春晖，郑小康，牛少凤，蔡宴朋，沈楠，庞爱萍. 城市湿地保护与修复研究进展 ［J］. 地理科学进展，2009，2802：271-279.

［6］　裴希超，许艳丽，魏巍. 湿地生态系统土壤微生物研究进展 ［J］. 湿地科学，2009，702：181-186.

［7］　阮晶晶，高德，洪剑明. 人工湿地基质研究进展 ［J］. 首都师范大学学报（自然科学版），2009，30（11906）：85-90.

［8］　孙黎，余李新，王思麒，罗言云. 湿地植物对去除重金属污染的研究 ［J］. 北方园艺，2009（20712）：125-129.

［9］　梅瑜，孔旭晖. 利用水生植物进行污水净化的研究进展 ［J］. 广东农业科学，2010，37（23902）：155-157.

［10］　柴培宏，代嫣然，梁威，成水平，吴振斌. 湖滨带生态修复研究进展 ［J］. 中国工程科学，2010，1206：32-35.

［11］　朱启红，夏红霞. 新型人工湿地植物种类筛选研究 ［J］. 水生态学杂志，2010，31（17206）：30-35.

［12］　周丹丹，吴文卫. 湖滨带基底修复工程技术研究 ［J］. 安徽农业科学，2011，39（32803）：1671-1672.

［13］　崔丽娟，张曼胤，张岩，赵欣胜，王义飞，李伟，李胜男. 湿地恢复研究现状及前瞻 ［J］. 世界林业研究，2011，2402：5-9.

［14］　李胜男，崔丽娟，赵欣胜，张曼胤，王义飞，李伟，张岩，宋洪涛. 湿地水环境生态恢复及研究展望 ［J］. 水生态学杂志，2011，3202：1-5.

［15］　谢娇，鲍建国，易振辉. 人工湿地植物特性的研究及植物配置分析 ［J］. 化学工程与装备，2011（17104）：164-166.

［16］　崔丽娟，张曼胤，李伟，赵欣胜，张岩，王义飞，李胜男. 湿地基质恢复研究 ［J］. 世界林业研究，2011，2403：11-15.

［17］　吕忠海，吴建平. 人工湿地植物配置需考虑的几个方面 ［J］. 养殖技术顾问，2012（20404）：256.

［18］　崔保山，刘兴土. 湿地恢复研究综述 ［J］. 地球科学进展，1999（4）：45-51.

［19］　徐丽花，周琪. 不同填料人工湿地处理系统的净化能力研究 ［J］. 上海环境科学，2002（10）：603～605，644.

［20］　李雪梅，杨中艺，简曙光，黄增贤，梁近光. 有效微生物群控制富营养化湖泊蓝藻的效应 ［J］. 中山大学学报（自然科学版），2000（1）：82-86.

［21］　张蔚萍，胡庆华. 水生生物污水处理技术 ［J］. 环境与可持续发展，2006（5）：18-19.

［22］　秦怡，李勇，金龙，黄勇. 人工湿地中常用填料和植物对污染物去除效果的比较 ［J］. 江苏环境科技，2006（5）：46-48.

［23］　徐德福，李映雪. 用于污水处理的人工湿地的基质、植物及其配置 ［J］. 湿地科学，2007（1）：32-38.

［24］　唐显枝，林艳，张媛，张弛，王斌. 人工湿地系统植被构建方式探讨 ［J］. 四川环境，2008，27（12006）：36-40.

［25］　李先会. 水生植物—微生物系统净化水质效应研究 ［D］. 江南大学，2008.

［26］　刘晓明. 上海世博会园区景观绿化建设 ［M］. 上海：上海科学技术出版社，2010.

［27］　陈伟良，臧道华. 园林建设工法（2009 年版）. ［M］. 上海：上海科学技术出版社，2010

[28]　李辉解. 城市湿地生态修复与景观规划研究——以厦门五缘湾湿地公园为例 [J]. 福建热作科技，2011（3）.

2.7　大苗种植

[1]　郭学望，包满珠. 园林树木栽植养护学 [M]. 第 2 版. 北京：中国林业出版社，2004.
[2]　李红光. 北方黄山栾大苗栽植技术 [J]. 中国花卉报，2009（5）.
[3]　牟言平. 北方夏季大苗栽植流程及技术措施 [J]. 现代园艺，2011（13）.
[4]　刘斌. 绿化大苗——云杉的栽植和管理 [J]. 甘肃林业，2012（2）.
[5]　庞士坤. 红叶李大苗栽植管理技术 [J]. 安徽农学通报，2011（17）.
[6]　李书玲，岳永力. 城市园林树木栽植技术要领 [J]. 河北林业，2004（6）.
[7]　孙力革，孙敏茹. 云杉移植技术要点 [J]. 河北林业，2007（3）.
[8]　亢奋敏. 提高云杉移植成活率的技术探讨 [J]. 山西林业，2004（5）.
[9]　康清亮. 提高大苗栽植成活率技术探讨 [J]. 林业科技，2006（5）.
[10]　邓惠静. 苗木移栽成活机理与技术要点分析 [J]. 北方园艺，2004（2）.

2.8　容器苗

[1]　任志聪，胡宏强. 提高容器苗质量的关键技术 [J]. 陕西林业科技，2005（2）：76-78.
[2]　成仿云. 园林苗圃学 [M]. 北京：中国林业出版社，2011.

2.9　盐碱地绿化技术

[1]　徐家林. 盐碱地城市的园林绿化 [J]. 园林科技，2009（3）：22-25.
[2]　郭清越. 华东地区盐碱土改良和绿化技术的研究现状 [J]. 今日科苑，2008（18）.
[3]　王金芬，刘雪梅. 浅谈滨州市区立地盐碱条件下的绿化技术 [J]. 北方园艺，2008（2）：160-162.
[4]　张璐，孙向阳，尚成海，田赟. 天津滨海地区盐碱地改良现状及展望 [J]. 中国农学通报，2010，26（18）：180-185.
[5]　许苑红. 浅谈盐碱地园林绿化施工 [J]. 建筑学研究前沿，2012（9）.
[6]　张晓玉，乔艳荣. 盐碱地园林绿化原则 [J]. 内蒙古林业.
[7]　陶杨华. 浙江沿海盐碱地绿化适生树种及技术措施初探 [J]. 科技资讯，2009（17）.

2.10　种植土

[1]　王洪成. 北方屋顶花园植物配置与种植土选择 [J]. 黑龙江生态工程职业学院学报，2007（5）：28.
[2]　陈玉美. 关于园林绿化建设中种植土问题的探讨 [J]. 城市建设理论研究，2012（9）.
[3]　殷华东. 浅谈城市园林绿化工程种植土质量控制 [J]. 科技资讯，2008（33）：86-87.
[4]　艾泽香. 城市园林种植土的质量控制 [J]. 大科技，2011（3）：311.
[5]　侯红波，陈明皋，郭天峰. 无土栽培之不同基质的比较研究 [J]. 湖南林业科技，2003（12）：73-75.
[6]　单晓玲. 屋顶花园的设计与施工初探 [J]. 浙江林学院学报，1999，16（4）：401-405.

2.11　雨水花园

[1]　曾忠忠，刘恋. 解析波特兰雨水花园 [J]. 建筑，2007（4）：34-35.
[2]　刘佳妮. 雨水花园的植物选择 [J]. 北方园艺，2007（2）：43-45.
[3]　洪泉，唐慧超. 从美国风景园林师协会获奖项目看雨水花园在多种场地类型中的应用 [J]. 风景

园林，2012（1）：109-112.

[4]　王淑芬，杨乐，白伟岚. 技术与艺术的完美统一——雨水花园建造探析 [J]. 中国园林，2009（6）：54-57.

[5]　赵晶. 道路与场地中雨水花园景观生态思想的引入 [J]. 江苏农业科学，2012（3）：152-154.

[6]　张善峰，王剑云. 让自然做功——融合"雨水管理"的绿色街道景观设计 [J]. 生态经济，2011（11）：182-189.

[7]　杨锐，王丽蓉. 雨水花园：雨水利用的景观策略 [J]. 建筑，2011（12）：51-55.

[8]　向璐璐，李俊奇，邝诺，车伍，李艺，刘旭东. 雨水花园设计方法探析 [J]. 给水排水，2008（6）：47-51.

[9]　李俊奇，向璐璐，毛坤，李宝宏，李海燕，车伍. 雨水花园蓄渗处置屋面径流案例分析 [J]. 中国给水排水，2010（10）：129-133.

[10]　万乔西. 雨水花园设计研究初探 [D]. 北京：北京林业大学，2010：33-35.

[11]　张钢. 雨水花园的设计研究 [D]. 北京：北京林业大学，2010：24-26.

图目录

表目录